高等职业教育园林园艺类专业规划教材

园艺产品营养与检测

主　编　贾生平
副主编　王运文　樊存虎　赵　辉
参　编　王晓彬　王　芬　景　贝　王　蕊
主　审　张苏勤

机械工业出版社

本书融合了园艺产品营养与检测的相关知识。主要内容包括三个方面：一是重点介绍了园艺产品中的营养成分及与人类健康方面的知识；二是介绍了园艺产品的营养价值及中毒和预防方面的知识；三是介绍了园艺产品的营养成分检测方面的知识。

本书共分七个项目，包括园艺产品的营养成分、园艺产品生物活性物质及生理作用、各类园艺产品的营养价值、园艺产品与常见营养性疾病、园艺产品污染及预防、园艺产品中毒及预防、园艺产品的营养检测。最后一个项目为本书试验内容，可增强学生的园艺产品营养成分检测的操作技能。

本书可作为高等职业院校、高等专科院校、成人高校、民办高校及本科院校等相关专业的教学用书，还可作为社会从业人士的业务参考书及培训用书。

本书配有电子课件，凡使用本书作为教材的教师可登录机械工业出版社教育服务网 www.cmpedu.com 免费下载。咨询邮箱：cmpgaozhi@ sina.com。咨询电话：010-88379375。

图书在版编目（CIP）数据

园艺产品营养与检测 / 贾生平主编. —北京：机械工业出版社，2018.2
高等职业教育园林园艺类专业规划教材
ISBN 978-7-111-59041-5

Ⅰ.①园… Ⅱ.①贾… Ⅲ.①园艺作物—质量分析—高等职业教育—教材 Ⅳ.①S609

中国版本图书馆 CIP 数据核字（2018）第 018628 号

机械工业出版社（北京市百万庄大街 22 号 邮政编码 100037）
策划编辑：王靖辉 覃密道 责任编辑：王靖辉 陈 洁
责任校对：潘 蕊 刘雅娜 封面设计：马精明
责任印制：孙 炜
北京中兴印刷有限公司印刷
2018 年 4 月第 1 版第 1 次印刷
184mm×260mm · 10.25 印张 · 248 千字
0001—2000 册
标准书号：ISBN 978-7-111-59041-5
定价：27.00 元

前　言

　　园艺产品营养与检测是园艺专业和食品专业的专业课程之一。它是研究园艺产品的营养与其营养成分具体检测技术的一门应用科学。学生通过对本书的学习，必须掌握园艺产品具体营养成分及营养成分的检测方法，这样才能在园艺产品和食品的转换及加工应用等相关领域较好地开展工作。

　　本书的主要任务是研究园艺产品的营养成分及营养与人体健康的关系；在全面理解各类园艺产品营养价值及其所具有的各种功能的基础上，系统掌握园艺产品品质分析的理论和实际技能；为不断开发新型、优质、高营养价值的园艺产品资源，调整人类膳食结构，改善居民营养状况和提高居民的健康水平服务。

　　本书是高职高专园艺类专业的教学用书，也是相关专业师生、园艺行业各层次及各工种的不同岗位人员的参考用书。本书在编写过程中，内容以"实用、够用"为度，具有较强的实用性；同时还注重将近年来园艺产品营养领域研究的新成果、新发现、新应用添加到相关的章节中，具有较强的实效性；最后增设了试验内容，具有较强的适用性。本书注重拓宽学生的知识面和提高实践能力，紧密联系园艺产品与营养健康、疾病及各营养成分检测方面的知识，避免与交叉学科有关知识的重复。本书力求体现"厚基础、强能力、高素质、广适应"和素质教育与创新教育的教学目标，各项目前有学习目标，明确了学习重点；各项目后配有适量的思考题，便于学生自学和练习。

　　本书由运城农业职业技术学院贾生平任主编，编写分工如下：贾生平项目六、王运文项目一、樊存虎项目二、赵辉项目七、王晓彬项目五、王蕊绪论、王芬项目四、景贝项目三。全书由贾生平、樊存虎、王蕊统稿，由吕梁学院张苏勤审稿。

　　本书在编写过程中参考了许多国内外园艺产品及相关检测技术方面的最新专著和文献，以便能充分地反映园艺产品营养与检测方面的最新研究成果，在此向各专著和文献的作者表示感谢。

　　由于编者水平有限，书中难免有疏漏和不妥之处，敬请各位专家和广大读者批评指正，以便修订改正。

编　者

目　　录

绪　　论

知识目标

- 掌握园艺产品的基本概念。
- 熟悉园艺产品营养与检测的研究内容。
- 了解园艺产品检测的现状及未来趋势。

能力目标

- 通过对园艺产品营养与检测相关知识的掌握，提高我国园艺产品的质量。

一、园艺产品营养与检测的研究内容

1. 园艺产品的概念

园艺产品是指以园艺作物为对象经生产过程形成的产品。

广义的园艺产品包括可食性的产品，如水果、蔬菜，也包括可供观赏的观赏植物，还包括作为生产资料的种子、苗木，甚至包括非物质的园艺旅游、观光、体验、休闲等文化产品。狭义的园艺产品主要是指可供食用的果品、蔬菜、饮品及可供观赏的观赏植物。

我国已成为世界上最大的园艺产品生产国、消费国和国际贸易大国，园艺产业已成为我国农业和农村的支柱产业。园艺产业对促进农村经济发展和增加农民收入具有重要的作用。园艺产业在解决城乡居民就业，维护社会稳定中作用突出。园艺产业还保证全民健康，提高生活质量；出口创汇，平衡我国农产品国际贸易。

人们对园艺产品的营养及保健价值的认识逐渐深入。园艺产品在品质的形成、保持及改良方面的研究取得了可喜的进展。园艺产品品质检测技术不断提高，多项关于园艺产品品质的标准和法律制定、颁布，我国园艺产品品质研究实力逐渐增强。

2. 园艺产品营养与检测研究的内容

园艺产品营养与检测是建立在营养学和食品营养分析的基础上，是一门专门研究园艺产品营养、品质及其变化的学科，是对各类园艺产品组成成分营养素功能及检测分析的原理方法进行研究的一门应用性学科。它是园艺学的一个重要分支，具有很强的技术性和实践性。

园艺产品营养与检测研究的内容广泛，主要包括以下几个方面：

（1）园艺产品营养素及其分析方法　食品的营养素按照目前新的分类方法，包括宏量营养素、功能性活性成分、微量营养素和其他膳食成分。

1）宏量营养素：蛋白质、脂类、碳水化合物。

2）功能性活性成分：活性多糖、多酚、多肽等。

3）微量营养素：维生素（包括脂溶性维生素和水溶性维生素）、矿物质（包括常量元素和微量元素）。

4）其他膳食成分：膳食纤维、水及植物源食物中的非营养素类物质。

上述这些物质是决定园艺产品品质和营养价值的主要指标。对上述营养素进行分析检测的方法是园艺产品营养与检测的主要研究内容。

（2）园艺产品中的有害物质及其分析　园艺产品中的有害物质来源于污染。食品污染主要来源于两个方面：一是原材料受产地空气、土壤、水源、农药、肥料等环境的污染；二是食品加工、储藏、包装、销售过程中的污染。因此，保持良好的产地生态环境和良好的加工、储藏、包装、销售过程是防止园艺产品污染的重要措施。

园艺产品的污染就其性质来说，可归结为生物性污染和化学性污染。生物性污染是指微生物污染（主要是指有毒霉菌污染）。化学性污染包括农药残留、兽药残留、重金属、来源于包装材料的有害物质（如塑料中的聚氯乙烯及其添加剂、印刷油墨中的多氯联苯）等。化学性污染有时也会来源于园艺产品储藏和加工过程中所用的材料和可能产生的有害物质，如熏烤或油炸加工过程中可能产生的致癌物质、储藏过程中产生的黄曲霉毒素等。因此，园艺产品有害物质分析通常包括以下内容：

1）农药残留：有机磷农药、有机氯农药等。

2）有害化学元素：砷、汞、铅、镉等。

3）其他有害物质：黄曲霉毒素、多氯联苯等。

4）微生物检测。

（3）园艺产品中的有毒物质及其预防　园艺产品中的有毒物质属于植物性毒物，当人们误食后会造成中毒反应，称为植物性食物中毒。植物性食物中毒主要有三种：

1）将天然含有有毒成分的植物或其加工制品当作食品，如桐油、大麻油等引起的食物中毒。

2）在食品的加工过程中，将未能破坏或除去有毒成分的植物当作食品食用，如木薯、苦杏仁等。

3）在一定条件下，不当食用大量有毒成分的植物性食品，如食用鲜黄花菜、发芽马铃薯、未腌制好的咸菜或未烧熟的扁豆等造成中毒。

二、园艺产品营养与检测的现状、发展方向

1. 我国园艺产品营养与检测的现状

加入 WTO（世界贸易组织）以后，与大田作物相比，我国以水果、蔬菜、花卉为主的劳动密集型的园艺产业迎来了良好的机遇。立足国际与国内市场，着力提高园艺生产水平、产品质量和加工水平，我国的农业出口具有很大的发展空间。

目前，世界上有三分之一以上人口仍受营养不良、营养或膳食结构不平衡等问题的困扰。随着现代社会的发展，人们的健康意识变得越来越强，对食品的要求也越来越高，期待通过摄食一些有益于健康的食品达到防治疾病的效果已成为一种普遍需求。园艺产品中含有大量有益于人体健康的营养和生物活性物质，能平衡人体的营养需求，对人体的营养和健康具有其他食品不能替代的重要性。现有研究表明，除水分外，园艺产品是人类膳食中蛋白质

和氨基酸、维生素、矿物质、膳食纤维等的重要来源。园艺产品中丰富多样的营养和生物活性物质使其成为人们的食品中营养均衡的食物之一。另外，园艺产品中各种特殊的生物活性物质使其具有重要的防病、治病、美容和保健等一系列功效。然而，这些有关园艺产品营养和生物活性物质对人体的营养、健康、医学、美容和保健价值的报道多数还需要更进一步的、直接的科学证据。建立园艺产品营养学，进一步对园艺产品中的营养和生物活性物质开展科学及深入系统的研究，同时，将园艺产品营养学与医学的研究相结合，必将为利用园艺产品中的营养和生物活性物质为人类的营养和健康服务奠定坚实的科学基础。

近年来，我国园艺产品的品质有了显著的提高，市场竞争力大大增强，但仍有许多园艺产品因品质差而缺乏竞争力。2000 年，我国园艺产品及其加工品出口创汇 39 亿美元，占农产品出口总额的 25%。但是，园艺产品质量与标准化存在差距。中国水果的优等品率大致为 31%，美国、巴西、新西兰、澳大利亚等国家的水果优等率在 71% 以上。中国农产品在质量安全、检测检疫等方面的标准与国外差异较大，由于生产的小规模特点，实现生产标准化相当困难。

针对目前园艺产品质量、档次不高，以及营销手段比较落后等现状，我国外向型园艺产业发展的主要任务是实现四个转变：实现园艺生产由零星分散的粗放经营向区域化、规模化的集约经营转变；实现园艺产品由数量型向质量型转变；实现由注重初级产品生产向注重加工增值转变；实施全球化发展战略，实现由单一市场向多元化市场转变。发展外向型园艺产业的基础工作是加强质量标准和检测体系、良种繁育体系、市场与信息服务体系的建设。

2. 园艺产品营养和检测的发展方向

安全、营养与健康是 21 世纪人类社会对食品的普遍要求。园艺产品作为人类食物的重要组成部分，要到达这个目标并解决人类社会目前面临的食品营养与安全问题，园艺产品营养与检测的建立和发展是其坚实的科学基础。园艺产品营养与检测的研究成果不仅可以丰富现有的园艺产品品质概念，为园艺产品的科学研究提供依据，为中医药学科利用园艺产品中的营养和生物活性成分提供科学信息，而且也可以使食品营养学对园艺产品的营养和生物活性物质的研究更加深入。园艺产品营养与检测具有良好的发展前景。纵观现有相关学科对园艺产品营养和生物活性物质研究的现状，未来园艺产品营养学研究的重点领域应当是：

1）我国特有园艺产品资源中营养物质和生物活性物质的发现、分离、提纯、鉴定和科学利用研究。

2）各种园艺产品中与人类重大疾病的预防与治疗相关活性物质的研究，如三萜类化合物（柠檬苦素、诺米林等）抗艾滋病病毒功效的研究。

3）保健园艺产品的研制和开发。保健食品被誉为 21 世纪的食品，具有重要的人体生理调节功能。保健食品的研制开发是当代食品研发的世界潮流，园艺产品中丰富的营养及生物活性物质为保健园艺产品的研发提供了广阔的前景。

4）一些园艺产品果实中重要的营养物质和生物活性物质的遗传和环境控制机理及其相应的调控措施的研究。

随着科学技术的迅猛发展，各种园艺产品检验的方法不断得到完善、更新，在保证检测结果准确度的前提下，园艺产品检验正向着微量、快速、可同时测量若干成分的自动化仪器分析方向发展。许多高灵敏度、高分辨率的分析仪器越来越多地应用于园艺产品质量检测，为园艺产品的开发与研究、园艺产品的安全与卫生检验提供了更有力的手段。例如，近年来国内外比较热门的近红外光谱分析技术（NIRS），能够比较快速地检测各种果树和蔬菜的外形、大小、破损程度、成熟度，以及蛋白质、碳水化合物、维生素、糖、酸等主要营养物质含量。除了近红外光谱分析技术（NIRS）应用于果蔬的分析检测外，现代园艺产品检验技术中还涉及了各种仪器检验方法，许多新型、高效的仪器检验技术也都应运而生。随着微电脑的普及应用，更使仪器分析方法提高到了一个新的水平。

思考题

1. 试述园艺产品的概念及营养与检测的内容。
2. 查阅有关文献或网站，写一篇关于园艺产品营养与检测方面的小论文。

园艺产品的营养成分

园艺产品作为人们日常饮食来源的一个主要组成部分，包含着丰富的营养成分，其营养价值有别于其他的食物来源，园艺产品除了为人体提供碳水化合物、蛋白质、脂肪以外，更重要的是提供维生素、矿物质和一些生物活性成分，对维持人体的营养健康起着重要的作用。

任务一　碳水化合物

一、碳水化合物的类型及营养学意义

1. 单糖

食物中的单糖主要为葡萄糖、半乳糖、果糖等。

（1）葡萄糖　葡萄糖是最常见的六碳单糖。葡萄糖在生物学领域具有重要地位，是活细胞的能量来源和新陈代谢的中间产物，即生物的主要供能物质。植物可通过光合作用产生葡萄糖。葡萄糖广泛存在于生物界。葡萄、无花果等甜果及蜂蜜中，游离的葡萄糖含量较多。葡萄糖在糖果制造业和医药领域有着广泛应用。

（2）半乳糖　半乳糖是单糖的一种，可在奶类产品或甜菜中找到。半乳糖在植物界常以多糖形式存在于多种植物胶中，如红藻中的 K-卡拉胶就是 D-半乳糖和 3,6-内醚-D-半乳糖组成的多糖。游离的半乳糖存在于常青藤的浆果中。半乳糖为白色晶体。D-半乳糖和 L-半乳糖均天然存在。D-半乳糖一般作为乳糖的结构部分存在于牛奶中，牛奶中的乳糖被人体分解为葡萄糖和半乳糖后被吸收利用。

（3）果糖　果糖中含 6 个碳原子，也是一种单糖，是葡萄糖的同分异构体，它以游离状态大量存在于水果的浆汁和蜂蜜中，果糖还能与葡萄糖结合生成蔗糖。果糖具有口感好、甜度高、升糖指数低及不易导致龋齿等优点。果糖的甜度是蔗糖的 1.8 倍，是所有天然糖中

甜度最高的糖。果糖存在于水果和蜂蜜中，并且几乎总是与葡萄糖同时存在于植物中，尤以菊科植物为多。大多数水果中均含有果糖。

2. 双糖

双糖是由两个单糖缩合而成的，常见的双糖有蔗糖、麦芽糖和乳糖。

（1）蔗糖　蔗糖是一种双糖，它是由一分子的葡萄糖和一分子的果糖组成。蔗糖是从糖料作物甜菜或甘蔗中提取出来的。蔗糖被人食用后，在胃肠中由转化酶转化成葡萄糖和果糖，一部分葡萄糖随着血液循环往往全身各处，在细胞中氧化分解，最后生成二氧化碳和水并产生能量，为脑组织功能、人体的肌肉活动等提供能量并维持体温。因此，蔗糖是天然食品，是大自然赐予人类的恩惠。蔗糖对人类的健康起了重要的作用。

（2）麦芽糖　麦芽糖是两个葡萄糖分子以 α-1,4-糖苷键连接起来的双糖。在自然界中，麦芽糖主要存在于发芽的谷粒，特别是麦芽中，故得此名称。在淀粉转化酶的作用下，淀粉发生水解反应，生成的就是麦芽糖，麦芽糖再发生水解反应，生成两分子葡萄糖。

（3）乳糖　乳糖也是一种双糖，哺乳动物的乳汁中含有乳糖，园艺产品中不含有乳糖。部分人食用乳糖后会出现一些不适症状，称为乳糖不耐症，是指摄食乳糖和含乳糖的制品后出现急性腹痛、腹泻、腹胀等代谢紊乱症状，是乳糖吸收不良的表现，主要因为缺乏乳糖酶。

3. 低聚糖

含有 2~10 个糖苷键聚合而成的一类小分子多糖称为低聚糖，又称为寡糖。

目前，已知的几种具有重要功能性的低聚糖有低聚异麦芽糖、低聚果糖、低露甘露糖、低聚半乳糖、低聚壳聚糖、大豆低聚糖。人体胃肠道内没有水解它们的酶系统，因而它们不被消化吸收而直接进入大肠内优先为双歧杆菌所利用，是双歧杆菌的增殖因子。一般低聚糖的甜度相当于蔗糖的30%~60%，可以作为食品的调味料。低聚糖有促进人体肠道有益菌的增殖及它的低热值等生理活性。

低聚糖可以从天然食物中萃取出来，也可以利用淀粉及双糖（如蔗糖等）生物发酵合成。

4. 多糖

由 10 个以上单糖组成的大分子糖为多糖。营养学上具有重要作用的多糖有三种，即糖原、淀粉和纤维素。按其是否能被人体消化吸收，多糖分为可消化吸收多糖和不可消化吸收多糖（膳食纤维）。

（1）糖原　糖原也称为动物淀粉，由肝脏和肌肉合成和储存。肝脏中储存的糖原可维持正常的血糖浓度。肌肉中的糖原可提供机体运动所需的能量。

（2）淀粉　淀粉是葡萄糖的高聚体，通式是 $(C_6H_{10}O_5)_n$，水解到二糖阶段为麦芽糖，化学式是 $C_{12}H_{22}O_{11}$，完全水解后得到葡萄糖，化学式是 $C_6H_{12}O_6$。淀粉有直链淀粉和支链淀粉两类。淀粉是植物体中储存的养分，储存在种子和块茎中，各类植物中的淀粉含量都较高。

淀粉是能被人体消化吸收的植物性多糖，是人类碳水化合物的主要来源，也是最丰富且最廉价的热能营养素。

（3）纤维素　纤维素是植物细胞壁的主要成分。纤维素是自然界中分布最广、含量最多的一种多糖，占植物界碳含量的50%以上。棉花的纤维素含量接近100%，为天然的最纯纤维素来源。一般木材中的纤维素占 40% ~ 50%，还有 10% ~ 30% 的半纤维素和 20% ~ 30% 的木质素。

人类膳食中的纤维素主要含于蔬菜和粗加工的谷类中，虽然不能被消化吸收，但有促进肠道蠕动，利于排便等功能。草食动物则依赖其消化道中的共生微生物将纤维素分解，从而得以吸收利用。食物纤维素包括粗纤维、半粗纤维和木质素。食物纤维素是一种不被消化吸收的物质，过去被认为是"废物"，现在被认为是人类健康的保障，在延长生命方面有着重要的作用。因此，人们称它为第七种营养素。

二、碳水化合物的生理功能

1. 供给能量

每克葡萄糖产热 16kJ（约 4kcal），人体摄入的碳水化合物在体内经消化变成葡萄糖或其他单糖参加机体代谢。目前还没有规定每个人膳食中碳水化合物所占比例的具体数量，我国营养专家认为碳水化合物所产热量以占总热量的 60% ~ 65% 为宜。平时摄入的碳水化合物主要是多糖。

2. 构成细胞和组织

碳水化合物在细胞中和其他成分结合形成复合物，主要以糖脂、糖蛋白和蛋白多糖的形式存在，分布在细胞膜、细胞器膜及细胞质中。

3. 节约蛋白质作用

当机体能量不足时，机体为了满足自身对葡萄糖的需要，可动用蛋白质和脂肪代谢产生的能量来弥补。如果膳食提供足够数量的有效碳水化合物，人体就首先利用碳水化合物作为能量来源，这样节省蛋白质来参与构成组织。

而且，在摄入蛋白质的同时摄入糖类，有利于氨基酸的活化、ATP 的形成，从而利于蛋白质的合成，增加体内氮的储留。营养学上称此作用为碳水化合物对蛋白质的节约作用。

4. 抗生酮作用

脂肪在体内彻底氧化被代谢分解需要葡萄糖的协同作用。脂肪代谢的中间产物乙酰辅酶 A 需要与葡萄糖代谢产生的草酰乙酸反应形成柠檬酸后进入三羧酸循环，才能彻底氧化。当碳水化合物供给不足或因疾病（糖尿病）不能利用碳水化合物时，乙酰辅酶 A 在体内堆积，导致脂肪的氧化不全，产生过量的酮体（乙酰乙酸、丙酮、β-羟基丁酸等），产生酮血症。酮体是酸性物质，在体内过多会引起酸中毒。如果膳食中提供充足的有效碳水化合物，就可源源不断地为脂肪代谢提供大量草酰乙酸以保证其代谢顺利进行，防止酮血症发生。

5. 维持脑细胞的正常功能

葡萄糖是维持大脑正常功能的必需营养素。当血糖浓度下降时，脑组织可因缺乏能源而使脑细胞功能受损，造成功能障碍，并出现头晕、心悸、出冷汗、甚至昏迷。

6. 解毒

糖类代谢可产生葡萄糖醛酸，葡萄糖醛酸与体内毒素（如药物、胆红素等）结合进而解毒。

7. 加强肠道功能

膳食纤维可防治便秘、预防结肠和直肠癌及防治痔疮等。

8. 增加食品风味

葡萄糖、蔗糖等在食品生产中用作甜味剂，赋予各种食品甜味。

三、碳水化合物的食物来源

膳食中可利用的碳水化合物主要是淀粉类多糖，其主要存在于植物性食品中。粮谷类、薯类、根茎类、豆类、坚果类（栗子等）食品含淀粉较高。

一般蔬菜、水果含有一定量的双糖、单糖，另外还含有纤维素和果胶类物质。

任务二　脂　　类

由脂肪酸和醇作用生成的酯及其衍生物统称为脂类，一般其不溶于水而溶于脂溶性溶剂。脂类是油、脂肪、类脂的总称。

一、脂类的分类及营养学意义

1. 油脂

油脂主要是指油和脂肪，一般把常温下为液体的称为油，而把常温下为固体的称为脂肪。日常食用的油脂，如猪油、牛油、豆油、花生油、棉籽油、菜籽油均属于此类。

脂肪是甘油和各种脂肪酸所形成的甘油三酯。人体脂肪约占脂类的 95%，主要存在于脂肪组织内，主要分布存皮下、大网膜、肠系膜及肾周围等。脂肪是人体重要的供能物质，也是人体的储能物质。人体脂肪含量常受营养状况和体力活动因素的影响而增减。当能量摄入过多，脂肪含量增加；当机体能量消耗较多而摄入量不足时，体内脂肪就大量动员，经血循环运输到各组织，被氧化消耗，供给能量。

2. 类脂

（1）磷脂　磷脂是指含有磷酸的脂类，属于复合脂。磷脂为两性分子，一端为亲水的含氮或磷的头，另一端为疏水（亲油）的长烃基链。由于此原因，磷脂分子亲水端相互靠近，疏水端相互靠近，常与蛋白质、糖脂、胆固醇等其他分子共同构成磷脂双分子层，即细胞膜的结构。磷脂是组成生物膜的主要成分，其中最重要的是卵磷脂、大豆磷脂等。

（2）固醇　固醇可分为胆固醇和植物固醇。

1）胆固醇。胆固醇是重要的动物固醇，广泛存在于动物性食物中，食物中的肉类、鸡蛋是含胆固醇较多的常用食物之一。植物性食物中胆固醇较少，人体也能自身合成，一般不易缺乏。

2）植物固醇。植物固醇是植物细胞壁的主要成分，如豆固醇（大豆）、谷固醇、菜油固醇、燕麦固醇、麦角固醇等。植物固醇是植物中的一种活性成分，对人体健康有很多益处。

二、脂类的生理功能

1. 脂肪的生理功能

（1）供给能量　每克脂肪供能可高达 38 kJ，比碳水化合物和蛋白质高约一倍。

（2）提供必需脂肪酸　脂肪中的不饱和脂肪酸，如亚油酸、亚麻酸等，是身体所必需但又不能在体内合成的必需脂肪酸，只有靠从食物中获取。

（3）促进脂溶性维生素的吸收　食物脂肪有助于脂溶性维生素的吸收。脂溶性维生素只有溶解于脂肪中才能被人体吸收。

（4）维持体温和保护脏器　脂肪可隔热、保温，支持和保护体内各种脏器，使之不受损伤，从而具有保护机体的作用。

（5）增加饱腹感　脂类在胃中停留时间较长，50 g脂肪需经4~6 h才能从胃中排空。另外，在食品加工中油脂能改善食品感官性状，主要是色泽、风味和口感，如油炸食品特有的美味、酥松感。

2. 磷脂的生理功能

磷脂对活化细胞、维持新陈代谢、基础代谢及荷尔蒙的均衡分泌，以及增强人体的免疫力和再生力都能发挥重大的作用。另外，磷脂还具有促进脂肪代谢、防止脂肪肝、降低血清胆固醇、改善血液循环、预防心血管疾病的作用。

（1）乳化作用　磷脂可以分解过高的血脂和过高的胆固醇，清扫血管，使血管循环顺畅，被公认为"血管清道夫"。日常饮食中肉类摄取过多，造成胆固醇、脂类沉积于血管壁，导致血管通道狭窄，引发高血压。血液中的血脂块及脱落的胆固醇块遇到血管窄小位置，被卡住通不过，就造成了堵塞，形成栓塞。而磷脂强大的乳化作用可乳化血管内沉积在血管壁上的胆固醇及脂类，形成乳白色液体，排出体外。冠心病、结石都是同等道理。

（2）增殖作用　人体神经细胞和大脑细胞是由磷脂所构成的细胞薄膜包覆，磷脂不足会导致薄膜受损，造成智力减退和精神紧张。而磷脂中所含的乙酰基团进入细胞间隙与胆碱结合，形成乙酰胆碱。乙酰胆碱则是各种神经细胞和大脑细胞间传递信息的信号分子，可以加快神经细胞和大脑细胞间信息传递的速度，增强记忆力，预防老年痴呆。

（3）活化细胞　磷脂是细胞膜的重要组成部分，肩负着细胞内外物质交换的重任。如果人每天所消耗的磷脂得不到补充，细胞就会处于营养缺乏状态，失去活力。

3. 胆固醇的生理功能

（1）形成胆酸　胆汁产于肝脏而储存于胆囊内，是消化脂肪的重要消化液，肝脏产生新的胆酸就需要胆固醇的参与。

（2）构成细胞膜　胆固醇是构成细胞膜的重要组成成分，细胞膜包围在人体每一细胞外，胆固醇为它的基本组成成分。

（3）合成激素　激素是协调多细胞机体中不同细胞代谢作用的化学信使，参与机体内各种物质的代谢，包括糖、蛋白质、脂肪、水、电解质和矿物质等的代谢，对维持人体正常的生理功能十分重要。人体的肾上腺皮质和性腺所释放的各种激素，如皮质醇、醛固酮、睾丸酮、雌二醇及维生素D都属于类固醇激素，其前体物质就是胆固醇。

（4）其他生理功能　体内胆固醇过量时便会导致高胆固醇血症，对机体产生不利的影响。现代研究已发现，动脉粥样硬化、静脉血栓的形成与胆石症与高胆固醇血症有密切的相关性。高胆固醇血症是导致动脉粥样硬化的一个很重要的原因。植物固醇无导致动脉粥样硬化的作用。在肠黏膜上，植物固醇（特别是谷固醇）可以竞争性抑制胆固醇的吸收。

三、脂肪酸

脂肪酸是由碳、氢、氧三种元素组成的一端含有一个羧基的长的脂肪族碳氢链，是脂肪、磷脂等的主要成分。脂肪酸在有充足氧供给的情况下，可氧化分解为二氧化碳和水，释放大量能量。因此，脂肪酸是机体主要能量的来源之一。自然界约有 40 多种不同的脂肪酸，它们是脂类的关键成分。许多脂类的物理特性取决于脂肪酸的饱和程度和碳链的长度，自然界中绝大多数的脂肪酸都是偶数碳原子的直链脂肪酸，奇数碳原子的脂肪酸为数很少，其中能被人体利用的只有偶数碳原子的脂肪酸。

1. 分类

脂肪酸可按其结构、构型的不同进行分类，也可从营养学角度，按其对人体营养价值进行分类。

（1）按脂肪酸碳链的长短分类　按脂肪酸碳链上所含碳原子数目来分类，脂肪酸分为短链脂肪酸、中链脂肪酸、长链脂肪酸。

1）短链脂肪酸：碳链上碳原子个数为 2~6 个，如丁酸和己酸等，也称为挥发性脂肪酸。

2）中链脂肪酸：碳链上碳原子个数为 8~12 个，如辛酸和癸酸。

3）长链脂肪酸：碳链上碳原子个数为 14 个以上，如棕榈酸、硬脂酸、亚麻酸等。

（2）按脂肪酸的结构分类　按脂肪酸的不同结构，脂肪酸可分为饱和脂肪酸和不饱和脂肪酸，不饱和脂肪酸又分为单不饱和脂肪酸和多不饱和脂肪酸。

1）饱和脂肪酸。饱和脂肪酸分子中不含双键，如含有 16 个碳原子的软脂酸和含有 18 个碳原子的硬脂酸。饱和脂肪酸广泛存在于动物油脂中，椰子油、可可油、棕榈油等少数植物中也多含此类脂肪酸。饱和脂肪酸能促进人体对胆固醇的吸收，使血管中胆固醇含量升高，两者易结合沉积于血管壁，是血管硬化的重要原因。

2）单不饱和脂肪酸。单不饱和脂肪酸分子中只有一个双键，以前通常指的是油酸，现在的研究证实还有肉豆蔻油酸、棕榈油酸、蓖麻油酸、芥酸、鲸蜡烯酸等。

据相关研究，单不饱和脂肪酸降低血胆固醇、甘油三酯和低密度脂蛋白胆固醇的作用与多不饱和脂肪酸相近，但大量摄入亚油酸在降低低密度脂蛋白胆固醇的同时，高密度脂蛋白胆固醇也降低，而大量摄入油酸则无此种情况。同时，单不饱和脂肪酸不具有多不饱和脂肪酸潜在的不良作用，如促进机体脂质过氧化、促进化学致癌作用和抑制机体的免疫功能等。所以，为降低膳食中饱和脂肪酸的含量，以单不饱和脂肪酸取代部分饱和脂肪酸有重要意义。

在心血管病的流行病学调查中发现，地中海地区的一些国家，其每日摄入的脂肪量很高，但其冠心病发病率和血胆固醇水平皆远低于欧美国家，究其原因，主要是该地区居民以橄榄油为主要食用油脂，而橄榄油富含单不饱和脂肪酸，由此引起了人们对单不饱和脂肪酸的重视。食用油脂中所含的单不饱和脂肪酸主要为油酸，茶油和橄榄油中油酸的含量达 80% 以上，棕榈油中油酸的含量也较高。

3）多不饱和脂肪酸。多不饱和脂肪酸分子中含有两个或两个以上双键，如含有 18 个碳原子的亚油酸和亚麻酸，主要分布于植物性油脂中，含四个以上双键的脂肪酸只存在于海洋动物的脂肪中。多不饱和脂肪酸在一般植物和鱼类的脂肪中的含量比在畜禽类脂肪中的含量高，而细菌所含的不饱和脂肪酸全部为单不饱和脂肪酸。

多不饱和脂肪酸能抑制人体对胆固醇的吸收，并能使胆固醇分解为胆酸，对心血管系统有利。多不饱和脂肪酸对人体健康虽然有很多益处，但不可忽视其易发生脂质过氧化作用，对细胞和组织可造成一定损伤。

因此，在考虑脂肪推荐摄入量时，必须同时考虑饱和脂肪酸、多不饱和脂肪酸和单不饱和脂肪酸三者间的合适比例。

（3）不饱和脂肪酸根据其双键位置的不同分类　自然界中比较常见的不饱和脂肪酸根据其双键位置的不同主要分为三大类：以橄榄油所含油酸为代表的 $n-9$ 系列不饱和脂肪酸、以植物油中所含的亚油酸为代表的 $n-6$ 系列不饱和脂肪酸及以鱼油所含的二十碳五烯酸（EPA）和二十二碳六烯酸（DHA）为代表的 $n-3$ 系列不饱和脂肪酸。生物活性很强的 α-亚麻酸也属于 $n-3$ 系列。

$n-3$ 系列不饱和脂肪酸中对人体最重要的两种不饱和脂肪酸是 DHA 和 EPA。EPA 是二十碳五烯酸的英文缩写，具有清理血管中的垃圾（胆固醇和甘油三酯）的功能，俗称"血管清道夫"。DHA 是二十二碳六烯酸的英文缩写，具有软化血管、健脑益智、改善视力的功效，俗称"脑黄金"。

$n-3$ 系列多不饱和脂肪酸是由寒冷地区的水生浮游植物合成，以食此类植物为生的深海鱼类（野鳕鱼、鲱鱼、鲑鱼等）的内脏中富含该类脂肪酸。1970 年，两位丹麦的医学家霍巴哥和洁地伯哥经过研究确信，格陵兰岛上的居民患有心脑血管疾病的人要比丹麦本土居民少得多。格陵兰岛位于北冰洋，岛上居住的因纽特人以捕鱼为主，他们喜欢吃鱼类食品。由于天气寒冷，他们极难吃到新鲜的蔬菜和水果。就医学角度来说，常吃动物脂肪而少食蔬菜和水果的人易患心脑血管疾病，寿命会缩短。但是事实恰恰相反，因纽特人不但身体健康，而且在他们之中很难发现高血压、冠心病、脑中风、脑血栓、风湿性关节炎等疾病。无独有偶，这种不可思议的现象同样也发生在日本的北海道岛上，当地渔民的心脑血管疾病发病率明显低于其他区域，北海道居民心脑血管疾病的发病率只有欧美发达国家的1/10。在我国，也有研究发现浙江舟山地区渔民血压水平较低。其实问题就在于上述这些人的膳食中以鱼类为主，鱼类富含长链不饱和脂肪酸，这就是他们保持心血管健康的原因之一。

（4）根据脂肪酸的空间结构分类　在不饱和脂肪酸中，由于双键的存在可出现顺式及反式的立体异构体，即顺式脂肪酸和反式脂肪酸。在自然状态下，大多数的不饱和脂肪酸为顺式脂肪酸，只有少数是反式脂肪酸，反式脂肪酸主要存在于牛奶和奶油中。人类使用的反式脂肪主要来自经过部分氢化的植物油。

植物油加氢可将顺式不饱和脂肪酸转变成室温下更稳定的固态反式脂肪酸。氢化植物油（也称人造黄油）与普通植物油相比更加稳定，呈固体状态，可以使食品外观更好看，口感松软，与动物油相比价格更低廉，增加产品货架期和稳定食品风味。

许多流行病学调查或动物试验结果都显示反式脂肪的各种危害，其中关于心血管健康的影响具有最强的证据。摄入过多的反式脂肪酸可使血液中胆固醇含量增高，从而增加心血管疾病发生的危险。反式脂肪是饮食中的一个"风险因素"，应该尽量减少它的摄入。

2. 人体必需脂肪酸及生理功能

（1）必需脂肪酸　人体自身能合成多种脂肪酸，包括饱和脂肪酸、单不饱和脂肪酸和多不饱和脂肪酸。但人体不能合成或合成不足的亚油酸（$n-6$）和 α-亚麻酸（$n-3$）必须由食物提供，此类称为必需脂肪酸。

亚油酸是维持人体健康所必需的，只要能供给足够量的亚油酸，人体就能合成所需要的其他 $n-6$ 类脂肪酸，但亚油酸必须通过食物供给人体，因此称为必需脂肪酸。

亚麻酸（$n-3$）也属于必需脂肪酸，其可衍生为二十碳五烯酸（EPA）和二十二碳六烯酸（DHA）。亚麻酸在人体内不能合成，也必须由食物供给，将其列为必需脂肪酸。

（2）必需脂肪酸的生理功能

1）组成磷脂的重要成分。

2）对胆固醇代谢十分重要。

3）合成前列腺素（PG）、血栓烷（TXA）、白三烯（LT）的原料。前列腺素是由亚油酸合成的含 20 个碳原子的不饱和脂肪酸的局部性激素。前列腺素对血液凝固的调节、血管的扩张与收缩、神经刺激的传导、生殖和分娩的正常进行及水代谢平衡等起作用。此外，母乳中的前列腺素可防止婴儿消化道损伤。因此，亚油酸含量正常与否，直接关系到前列腺素的合成量，从而影响到人体功能的正常发挥。血栓烷、白三烯则参与血小板凝聚、平滑肌收缩、免疫反应等过程。

4）维持正常视觉功能。α-亚麻酸可在体内转变为二十二碳六烯酸（DHA），DHA 在视网膜光受体中含量丰富，是维持视紫红质正常功能的必需物质。因此，必需脂肪酸对增强视力及维护正常视力有良好的作用。

此外，必需脂肪酸可以迅速修复因 X 射线、高温等因素而受伤的皮肤，还能促进乳汁的分泌。

四、膳食脂类营养价值评价

食物脂肪的营养价值与许多因素有关，主要有脂肪的消化率、脂肪酸组成及含量、脂溶性维生素及油脂稳定性等方面。

1. 食物脂肪的消化率

食物脂肪的消化率与其熔点有密切关系。一般认为熔点在 50 ℃以上者，消化率较低，一般为 80% ~ 90%；而熔点接近或低于人体体温的消化率则高，可达 97% ~ 98%。

熔点又与食物脂肪中所含不饱和脂肪酸的种类和含量有关。含不饱和脂肪酸和短碳链脂肪酸越多，其熔点越低，越容易消化，机体的利用率也较高。

一般植物油脂熔点较低，易消化。而动物油脂则相反，通常消化率较低。

2. 必需脂肪酸的含量

必需脂肪酸的含量与组成是衡量食物油脂营养价值的重要方面。

植物油中含有较多的必需脂肪酸，是人体必需脂肪酸（亚油酸）的主要来源，故其营养价值比动物油脂高。但椰子油例外，其亚油酸含量很低，并且不饱和脂肪酸含量也少。

3. 脂溶性维生素含量

植物油脂中含有丰富的维生素 E，谷类种子的胚中含量较为突出。

动物储存脂肪中几乎不含维生素，一般器官脂肪中含量也不多，而肝脏中的脂肪含维生素 A、维生素 D 丰富，特别是一些海产鱼类肝脏脂肪中含量很高。奶和蛋的脂肪也含有较多的维生素 A、维生素 D。

4. 油脂的稳定性

耐储藏、稳定性高的油脂不易发生酸败，也是考察脂肪优劣的条件之一，但影响油脂稳定性的因素很多，主要与油脂本身所含的脂肪酸、天然抗氧化剂及油脂的储存条件和加工方法等有关。

植物油脂中含有丰富的维生素 E，它是天然抗氧化剂，使油脂不易氧化变质，有助于提高植物油脂的稳定性。

五、食物来源

脂类物质在自然界的含量比较丰富，但不同种类之间的差异较大。

1）作为脂肪的来源，主要是各种植物油和一定量的动物脂肪。植物中以大豆、花生、油菜、芝麻、葵花籽、南瓜子、油茶籽等的种子含油量高，坚果类核桃、松子、榛子、橄榄、可可等油脂含量丰富，核果类桃、杏等的果核中含量丰富，谷物种子的胚中含量也高。

2）磷脂存在于所有动物、植物的细胞内。在植物中则主要分布在种子、坚果及谷物中。鸡蛋黄和大豆中含有丰富的磷脂。其他植物，如玉米、棉籽、菜籽、花生、葵花籽中含有一定量磷脂，只是含量相对较低。

3）自然界中的胆固醇主要存在于动物性食物之中。植物固醇广泛存在于植物的根、茎、叶、果实和种子中，来源于植物种子的油脂中都含有植物固醇，主要存在于麦胚油、大豆油、菜籽油、燕麦油等植物油中。

4）动物脂肪一般含40%～60%的饱和脂肪酸，30%～50%的单不饱和脂肪酸，多不饱和脂肪酸含量极少。植物油约含10%～20%的饱和脂肪酸和80%～90%的不饱和脂肪酸，而多数含多不饱和脂肪酸较多，也有不少植物油含单不饱和脂肪酸较多。

5）必需脂肪酸主要来源于植物，亚油酸主要存在于植物油、坚果类（核桃、花生）；亚麻酸主要存在于绿叶蔬菜、鱼类脂肪及坚果类。

例如，茶油和橄榄油中油酸含量达79%～83%，红花油含亚油酸75%，葵花籽油、豆油、玉米油中的含量也达50%以上。一般食用油中α-亚麻酸的含量很少。绿叶蔬菜的脂肪含量都低于1%，但它们的脂肪酸有50%是亚麻酸。坚果类也是亚油酸的重要食物来源，如核桃、花生仁亚油酸的含量皆达38%，尤其核桃的亚麻酸含量也高，达12.2%。

任务三 蛋 白 质

蛋白质是形成生命和进行生命活动不可缺少的基础物质，没有蛋白质就没有生命。它是与生命及与各种形式的生命活动紧密联系在一起的物质。机体中的每一个细胞和所有重要组成部分都有蛋白质参与。人体内蛋白质的种类很多，性质、功能各异，但都是由20多种氨基酸按不同比例组合而成的，并在体内不断进行代谢与更新。

一、蛋白质的分类及营养意义

根据食物中组成蛋白质的氨基酸情况，在营养学中将蛋白质分为三大类：

（1）完全蛋白质 完全蛋白质不仅能保证人体正常生理需要，而且还能促进儿童生长发育。例如，肉、蛋、乳、鱼中的蛋白质，以及含量不多的小麦麦谷蛋白和玉米中的谷蛋白等都是完全蛋白质。

（2）半完全蛋白质 半完全蛋白质所含氨基酸的种类齐全，但各种氨基酸之间的比例不适合人体需要。例如，将此类蛋白质作为膳食中蛋白质的唯一来源时，只能维持生命，不能促进生长发育。小麦、大麦中的麦胶蛋白均属于此类。

（3）不完全蛋白质 不完全蛋白质中所含的必需氨基酸种类不全。不完全蛋白质既不能维持生命，也不能促进生长发育，膳食中将此类蛋白质作为唯一蛋白质来源时，将会造成蛋白质缺乏性营养不良。例如，玉米中的醇溶蛋白、动物结缔组织和肉皮中的胶原蛋白、豌豆中的大豆球蛋白等。

二、蛋白质的生理功能

蛋白质是构成人体的重要物质。生命的产生、存在与消亡无一不与蛋白质有关，所以没有蛋白质就没有生命。由于蛋白质的结构千差万别，因而具有多种多样的生物学功能，主要表现在以下几个方面：

1. 构成和修补人体组织

蛋白质是一切生命的物质基础，是机体细胞的重要组成部分，是人体组织更新和修补的主要原料。人体的每个组织：毛发、皮肤、肌肉、骨骼、血管、韧带、内脏、大脑、血液、神经、内分泌等都是由蛋白质组成，所以说，饮食造就人本身。蛋白质对人的生长发育非常重要。

2. 构成酶的成分

构成人体必需的催化和调节功能的各种酶。人们身体中有数千种酶，每一种只能参与一种生化反应。人体细胞里每分钟要进行一百多次生化反应。酶有促进食物的消化、吸收、利用的作用。相应的酶充足，反应就会顺利、快捷地进行，人们就会精力充沛，不易生病。否则，反应就变慢或被阻断。

3. 构成抗体

抗体有白细胞、淋巴细胞、巨噬细胞、免疫球蛋白、补体、干扰素等。这些物质七天更新一次。当蛋白质充足时，这个部队就很强，在需要时，数小时内可以增加 100 倍。

4. 构成激素的成分

激素具有调节体内各器官的生理活性的作用。胰岛素由 51 个氨基酸分子合成。生长素由 191 个氨基酸分子合成。

5. 调节渗透压

蛋白质可维持机体内渗透压的平衡及体液酸碱平衡，如白蛋白。

6. 运输工具

维持肌体正常的新陈代谢和各类物质在体内的输送。载体蛋白对维持人体的正常生命活动是至关重要的，可以在体内运载各种物质。例如，血红蛋白可输送氧（红细胞更新速率250 万个/s），脂蛋白可输送脂肪、细胞膜上的受体和转运蛋白等。

7. 供给能量

虽然蛋白质在体内的主要功能并非供给能量，但是由于新陈代谢作用，蛋白质将不断分解，释放能量。另外，当向人体提供热能的主要来源糖和脂肪供应不足时，机体会动用蛋白质氧化分解提供热能。

三、氨基酸

氨基酸是构成蛋白质的基本单位，赋予蛋白质特定的分子结构形态，使它的分子具有生化活性。氨基酸是构成动物营养所需蛋白质的基本物质，是含有一个碱性氨基和一个酸性羧基的有机化合物。氨基连在 α-碳上的为 α-氨基酸。组成蛋白质的氨基酸均为 α-氨基酸。在自然界中共有 300 多种氨基酸，其中 α-氨基酸有 21 种。α-氨基酸是肽和蛋白质的构件分子，也是构成生命大厦的基本砖石之一。

1. 必需氨基酸

必需氨基酸是人体不能合成或合成的速度不能满足机体需要，必须由食物供给的氨基酸，包括赖氨酸、蛋氨酸、色氨酸、苏氨酸、缬氨酸、亮氨酸、异亮氨酸、苯丙氨酸。组氨酸为婴儿必需氨基酸，成人需要量很少。

胱氨酸和酪氨酸在体内分别可由蛋氨酸和苯丙氨酸转变而成，因此不完全依赖食物获得。膳食胱氨酸和酪氨酸供应充足时可以节约 30% 蛋氨酸和 50% 苯丙氨酸，所以在计算食物必需氨基酸组成时，往往将含硫氨基酸的蛋氨酸和胱氨酸、芳香族氨基酸的苯丙氨酸和酪氨酸合并计算。当膳食中胱氨酸和酪氨酸含量丰富时，可减少机体对蛋氨酸和苯丙氨酸的需要，正因如此，人们有时把胱氨酸和酪氨酸称为半必需氨基酸。

人体蛋白质与食物蛋白质在必需氨基酸的种类和含量上存在着差异。在营养学上用氨基酸模式来反映这种差异。

某种蛋白质中各种必需氨基酸的构成比例称为氨基酸模式。其计算方法是将该种蛋白质中的色氨酸含量定为 1，分别计算出其他必需氨基酸的相应比值，这一系列的比值就是该种蛋白质的氨基酸模式。

鸡蛋和母乳蛋白质中必需氨基酸模式与人体氨基酸模式接近，其营养价值高于其他食物蛋白质，通常称为参考蛋白质。

有些食物蛋白质中虽然含有种类齐全的必需氨基酸，但是氨基酸模式和人体蛋白质氨基酸模式差异较大。食物蛋白质中一种或几种必需氨基酸含量相对较低，导致其他的必需氨基酸在体内不能被充分利用而浪费，造成其蛋白质营养价值较低，这种含量相对较低的必需氨基酸称为限制氨基酸。其中，相对含量最低的成为第一限制氨基酸，余者以此类推。植物蛋白质中，赖氨酸、蛋氨酸、苏氨酸和色氨酸含量相对较低，为植物蛋白质的限制氨基酸。谷类食物中赖氨酸含量最低，为谷类食物的第一限制氨基酸，其次是蛋氨酸和苯丙氨酸。大豆、花生、牛奶、肉类相对不足的限制氨基酸为蛋氨酸，其次为苯丙氨酸。此外，小麦、大麦、燕麦和大米还缺乏苏氨酸（第二限制氨基酸），玉米缺色氨酸（第二限制氨基酸）。

2. 非必需氨基酸

非必需氨基酸是人体能自行合成或由其他氨基酸转变而来，不必由食物供给的氨基酸。

非必需氨基酸并非机体不需要，从营养学的角度来看，常见的 20 种氨基酸中，它们都是机体蛋白质的构成材料，除了 8 种是必需氨基酸，其余 12 种都是非必需氨基酸，上述 20 种氨基酸人体均需要，而 8 种必需氨基酸是构成蛋白质的关键部分。

3. 条件必需氨基酸

人体能够合成，但在严重应激的状态或某些疾病的情况下，需要量大大增加，超过了机体的合成能力，容易发生缺乏，并对机体产生有害的影响，进一步减弱免疫功能，这类氨基酸称为半必需或条件性必需氨基酸，主要有牛磺酸、精氨酸与谷氨酰胺三种。

四、蛋白质互补

将不同食物混合，在氨基酸构成上以相互补充其必需氨基酸的不足，提高氨基酸的营养价值，称为蛋白质的互补作用。

提高食物蛋白质营养价值的关键在于提高食物蛋白质的利用率，蛋白质利用率的高低取决于食物蛋白质 8 种必需氨基酸的种类、含量和比例关系。

引入现代管理学中的"木桶理论"这一概念，通常我们采用两种办法：

1）利用食物强化的方法直接向食品中加入限制氨基酸，使其必需氨基酸的模式更接近人体必需氨基酸模式。

2）利用蛋白质互补原理：通过食物合理科学的搭配，将一种或两种以上的食物蛋白质混合食用，其所含的氨基酸取长补短，尤其是第一限制氨基酸的互补作用，可大大提高食物蛋白质的利用率。

蛋白质的互补作用在日常生活中也常用，如八宝粥、素食锦、饺子、主副食搭配等。蛋白质互补作用不但可以在植物性蛋白质之间发挥作用，在动物与植物蛋白质之间也可以发挥作用。

蛋白质互补的原则：

1）搭配的食物种类越多越好。

2）多种多样的食物要同时吃。

3）食物的种属越远越好。

五、蛋白质的食物来源

1. 动物性食物

畜、禽、鱼、肉类食物中蛋白质含量一般为 16% ~ 20%；蛋类为 12% ~ 14%；奶类中鲜奶为 1.5% ~ 4%、奶粉为 25% ~ 27%。

2. 植物性食物

干豆类为 20% ~ 24%，其中大豆高达为 40%，是唯一能替代动物性蛋白质的植物蛋白质。

硬果类食物，如花生、核桃、葵花籽、莲子为 15% ~ 25%；谷类为 6% ~ 10%；薯类为 2% ~ 3%。

水果、蔬菜中的蛋白质含量比较低，不是人体所需蛋白质的主要来源，但从营养学角度讲，其具有提高谷物中蛋白质在人体中吸收率的作用。

任务四　维　生　素

一、概述

1. 定义

维生素是维持机体正常生理功能及细胞内特异代谢反应所必需的一类微量有机化合物。

2. 共同特点

1）它们都以本体或可被机体利用的前体形式存在于天然食物中。

2）大多数维生素不能在体内合成，也不能大量储存于组织中。

3）它们不是构成各种组织的原料，也不提供能量。

4）每日生理需要量很少，但在调节物质代谢过程中却起着十分重要的作用。其需要量以 mg 或 μg 计量。

5）常以辅酶或辅基的形式参与酶的功能。

6）不少维生素具有几种结构相近、生物活性相同的化合物，如维生素 A_1 与维生素 A_2、维生素 D_2 和维生素 D_3、吡哆醇、吡哆醛与吡哆胺等。

3. 分类

（1）脂溶性维生素分类　脂溶性维生素包括维生素 A、维生素 D、维生素 E、维生素 K。它们不溶于水而溶于脂肪及有机溶剂（如苯、乙醚及氯仿等）中。它们在食物中常与脂类共存，在酸败的脂肪中容易被破坏；其吸收与肠道中的脂类密切相关；主要储存于肝脏中，通过胆汁缓慢从肠道排出体外。如果摄取过多，可引起中毒；如果摄取过少，可缓慢地出现缺乏症状。

（2）水溶性维生素分类　水溶性维生素分类包括 B 族维生素（维生素 B_1、维生素 B_2、维生素 B_6、叶酸、维生素 B_{12}、泛酸、生物素等）和维生素 C 等。

与脂溶性维生素不同，水溶性维生素及其代谢产物较易自尿中排出，体内没有非功能性的单纯的储存形式。当机体饱和后，摄入的维生素必然从尿中排出；反之，若组织中的维生素枯竭，则给予的维生素将大量被组织取用，故从尿中排出减少，因此必须每天通过食物供给。

二、脂溶性维生素

1. 维生素 A（视黄醇，抗干眼病维生素）

维生素 A 包括具有视黄醇生物活性的一大类物质。狭义的维生素 A 指视黄醇，广义而言则包括已经形成的维生素 A 和维生素 A 原。

（1）已经形成的维生素 A　动物体内具有视黄醇生物活性功能的维生素 A 称为已形成的维生素 A，包括视黄醇、视黄醛、视黄酸等物质。在体内，视黄醇可以被氧化为视黄醛，视黄醛可进一步氧化为视黄酸。

维生素 A 有维生素 A_1 和维生素 A_2 之分。两者的生理功能相似。

1）维生素 A_1。维生素 A_1 又称为视黄醇，主要存在于海产鱼中。通常所说的维生素 A 则指维生素 A_1。

2）维生素 A_2。维生素 A_2 又称为脱氢视黄醇，主要存在于淡水鱼中。维生素 A_2 的生物活性为维生素 A_1 的40%。

（2）维生素 A 原　在植物中不含已形成的维生素 A，在黄色、绿色、红色植物中含有类胡萝卜素，其中一部分可在体内转变成维生素 A 的类胡萝卜素称为维生素 A 原。

（3）生理功能　肝脏中能储存维生素 A 总量的90%以上。肾脏中储存量约为肝脏的1%。眼色素上皮中维生素 A 则是视网膜备用库。维生素 A 的吸收率明显高于胡萝卜素。

1）维持正常视觉。维生素 A 最常见的作用是暗光下保持一定视力，与预防夜盲症有关。人眼视网膜含有两种光接收器，即暗光下敏感的杆状细胞及对强光敏感的锥状细胞。视紫红质是视网膜杆状细胞内的光敏感色素，由视蛋白和视黄醛缩合而成。视紫红质感光后，由11-顺式视黄醛转变为全反型视黄醛，以致与视蛋白分离（即视紫红质被漂白），此变化引发神经冲动，传入大脑即变为影像，这一过程称为光适应。此时若进入暗处，因对光敏感的视紫红质消失，故不能见物。若有充足的全反型视黄醛（来自肝脏及视紫红质漂白产物），并重新合成视紫红质，恢复对光的敏感性，从而能在一定照度的暗处见物，这一过程称为暗适应。

2）维持上皮细胞结构的完整性。维生素 A 缺乏时，可引起上皮组织改变，如腺体分泌减少、皮肤干燥、角化过度及增生、脱屑等，最终导致相应组织器官功能障碍。其可能的作用机制是：维生素 A 有可能参与糖基转移酶系统的功能，对糖基起运转和活化的作用。当维生素 A 不足时，会抑制黏膜细胞中糖蛋白的生物合成，从而影响黏膜的正常功能。

3）促进生长发育。维生素 A 可促进蛋白质的生物合成及骨细胞的分化，加速生长，并能增强机体抵抗力。

4）防癌作用。维生素 A 可促进上皮细胞正常的分化，抑制癌变。维生素 A 可降低 3，4-苯并芘对大鼠肝、肺的致癌作用，也可抑制亚硝胺对食道的致癌作用。类胡萝卜素抑癌作用可能与其抗氧化有关。

5）维持正常的免疫功能。

（4）缺乏症　维生素 A 缺乏可引起以下症状：

1）暗适应能力降低及夜盲症。

2）皮肤干燥症和眼干燥症。表现为皮肤干燥，形成鳞片并出现丘疹、异常粗糙且脱屑，总称为毛囊角化过度症。

缺乏维生素 A，最显著的是眼部因角膜和结膜上皮的退变，泪液分泌减少而引起眼干燥症，患者常感眼睛干燥、怕光、流泪、发炎、疼痛，严重的引起角膜软化及溃疡，还可出现角膜皱褶及毕脱氏斑（少儿维生素 A 缺乏的最重要临床诊断体征），发展下去可导致失明。

（5）过量及毒性　维生素 A 过多往往是服用维生素 A 制剂或食用海洋鱼类及某些野生动物肝脏引起的，一般膳食是不会引起中毒的。食物中大量的类胡萝卜素虽会造成皮肤变黄，但未见其危害性。

（6）食物来源　人体从食物中获得的维生素 A 主要有两类：

1）维生素 A 原。维生素 A 原，即各种类胡萝卜素，主要存在于深绿色、红色、黄色蔬菜和水果等植物性食物中。含量较丰富的有菠菜、苜蓿、豌豆苗、红心甜薯、胡萝卜、青椒和南瓜等。

2）维生素 A。维生素 A 来自动物性食物，多数以酯的形式存在于动物肝脏、奶及奶制品（未脱脂）和禽蛋中。

2. 维生素 D（钙化醇，抗佝偻病维生素）

维生素 D 是类固醇的衍生物，是具有胆钙化醇生物活性的一类化合物，以维生素 D_2 和维生素 D_3 最为常见。维生素 D_2 是由酵母菌或麦角中的麦角固醇经紫外线照射而产生的。维生素 D_3 是由人和动物的皮肤中 7-脱氢胆固醇在阳光或紫外线的照射下而产生的。哺乳动物对维生素 D_3 和维生素 D_2 的利用无差别。

（1）生理功能　维生素 D 主要与钙和磷的代谢有关，它影响这些矿物质的吸收及它们在骨组织内的沉积。维生素 D 在体内肝、肾处转化为活性形式，并被运送至肠、骨等处，与甲状旁腺素共同作用，维持血钙水平。

当血钙水平过低时，维生素 D 促使钙在肾小管的重吸收，将钙从骨中动员出来；在小肠可促进钙结合蛋白合成，增加钙吸收。当血钙水平过高时，维生素 D 促使甲状旁腺素产生降钙素，阻止钙从骨中动员，使钙、磷从尿中排出。

（2）缺乏症　人体发生维生素 D 缺乏的两大主要原因是由于膳食中缺乏维生素 D 和日

光照射不足。

1）佝偻病。维生素 D 缺乏，骨骼不能正常钙化、变软、易弯曲、畸形，同时影响神经、肌肉、造血、免疫等组织器官的功能。佝偻病多见于婴幼儿。

2）骨软化症。骨软化症易发生于成人，特别是妊娠、哺乳的妇女和老年人，主要表现为骨软化和易折断。初期，腰背部、腿部不定位且时好时坏地疼痛，常在活动时加剧；严重时造成骨骼脱钙、骨质疏松，有自发性、多发性骨折。

（3）过量及毒性　通常膳食的维生素 D 来源一般不会造成过量。维生素 D 中毒的报道罕见。

（4）食物来源　动物性食品是天然维生素 D 的主要来源，含脂肪高的海鱼和鱼卵、动物肝脏、蛋黄、奶油和奶酪等含量均较多；瘦肉、奶含量较少，故许多国家在鲜奶和婴儿配方食品中强化维生素 D。蔬菜、谷物和水果含少量或不含维生素 D。

经常晒太阳是人体获得充足有效的维生素 D 的最好来源，特别是婴幼儿、特殊的地面下工作人员。鱼肝油是维生素 D 的丰富来源，含量高达 8500 IU/100 g，其制剂可作为婴幼儿维生素 D 的补充剂，在防治佝偻病上有很重要的意义。

3. 维生素 E（生育酚，抗不育维生素）

维生素 E 是一组具有生育酚活性的化合物，包括 α-生育酚、β-生育酚、γ-生育酚，它们都具有活性，其中 α-生育酚的生物活性最大。

（1）生理功能　维生素 E 的生理功能有：

1）抗氧化作用。

2）抗衰老。

3）与动物的生殖功能有关。

4）调节体内某些物质的合成。

（2）缺乏症　维生素 E 广泛存在于食物中，因而较少发生由于维生素 E 摄入量不足而产生的缺乏症。如果膳食脂肪在肠道内的吸收发生改变时，多不饱和脂肪酸摄入过多，也可发生维生素 E 缺乏。

由于胎盘转运维生素 E 效率较低，新生儿特别是早产儿血浆中维生素 E 水平较低，因此，细胞膜上多不饱和脂肪酸常易遭氧化与过氧化损伤，红细胞脆性增加，从而导致新生儿易发生溶血性贫血。补充维生素 E 可减少贫血，恢复血红蛋白的正常水平。

（3）过量及毒性　与其他脂溶性维生素相比，维生素 E 的毒性比较低，但大剂量维生素 E 可引起短期的胃肠道不适。摄入大量的维生素 E 可能干扰维生素 A 和维生素 K 的吸收。

（4）食物来源　谷类食物和油脂类食物是维生素 E 的主要来源。

4. 维生素 K（抗出血维生素）

维生素 K 是肝合成凝血因子所必需的，因此，其对于人体具有凝血作用。维生素 K 缺乏时会延长血液凝固时间而造成出血过多。

维生素 K 广泛存在于动植物食品中，一般不容易缺乏。

绿色蔬菜，如菠菜、莴苣、萝卜缨、甘蓝等是膳食维生素 K 的极好来源，其次是动物内脏、肉类与奶类等。

三、水溶性维生素

1. 维生素 C（抗坏血酸）

维生素 C 在自然界中有 L-型和 D-型两种，D-型无生物活性。L-型又分为脱氢型和还原型，两者可通过氧化还原互变，都具有生物活性，具有强还原性。

（1）性质　植物组织中含有抗坏血酸酶，能催化维生素 C 氧化。因此，新鲜水果、蔬菜储存过久，其中的维生素 C 可遭破坏。

（2）生理功能　维生素 C 的生理功能有：

1）抗氧化作用。

2）促进胶原组织的合成。维生素 C 可使脯氨酸与赖氨酸羟化变成羟脯氨酸及羟赖氨酸后合成胶原组织。胶原组织是体内的结缔组织、骨及毛细血管的重要构成成分。在创伤愈合时，结缔组织的生成是前提。当维生素 C 缺乏时，羟化酶活性下降，胶原纤维合成受阻，可造成伤口愈合缓慢、血管壁脆性增强、牙齿易松动出血等。

3）解毒作用。重金属离子能与含巯基的酶类结合而使酶失去活性，从而使代谢发生障碍而中毒。还原型谷胱甘肽能与重金属离子结合排出体外。维生素 C 可使氧化型谷胱甘肽生成还原型谷胱甘肽，自身成为脱氢抗坏血酸，故维生素 C 能保护酶的活性巯基而具有解毒作用。

4）参与机体的造血机能。维生素 C 可使三价铁还原为二价铁，提高机体对铁的吸收能力，故可预防缺铁性贫血。另外，维生素 C 可将叶酸还原成活性型（四氢叶酸）叶酸，对预防巨幼红细胞贫血有积极的意义。

5）参与胆固醇代谢。改善胆固醇代谢，预防心血管病。维生素 C 可以增强血管组织和减少血液中胆固醇的含量，对于动脉硬化性心血管疾病及高血压、中风等病都有很好地预防和治疗效果。缺乏维生素 C 时，胆固醇不易分解成胆酸，而使血清胆固量提高，容易导致血管粥状硬化及血栓症。

6）提高免疫力。人类和动物的负疫系统的主要工作是由白细胞和淋巴球来完成的。白细胞和淋巴球中维生素 C 的含量是血液中维生素 C 含量的 30 倍。白细胞和淋巴球必须有足够维生素 C 才能吞噬滤过性病毒与细菌，所以人体的免疫力，是和维生素 C 的存量密切相关的。

7）维生素 C 可以阻断亚硝胺在体内的合成。

（3）缺乏症与毒性　膳食中维生素 C 长期缺乏会导致坏血病。早期的症状为疲劳和嗜睡，皮肤出现小瘀点或瘀斑，牙龈疼痛出血，伤口愈合不良，幼儿骨骼发育异常，还可发生轻度贫血。

典型症状：牙龈肿胀出血、溃烂、牙齿松动、毛细血管脆性增加，严重者可导致皮下、肌肉、关节出血及血肿。

维生素 C 很少引起明显的毒性，但当一次口服数克剂量时，可能出现腹泻、腹胀。

（4）食物来源　维生素 C 主要来源于新鲜的蔬菜和水果，如辣椒、菠菜、柑橘、山楂、红枣等含量均较高。野生的蔬菜及水果，如苋菜、苜蓿、刺梨、沙棘、猕猴桃、酸枣等含量尤其丰富。

2. 维生素 B_1（硫胺素，抗脚气病、抗神经炎因子）

维生素 B_1 又称为硫胺素。硫胺素的商品形式是它的盐酸盐和硝酸盐两种形式。从膳食中摄取的硫胺素则有游离硫胺素、硫胺素焦磷酸盐和蛋白质磷酸复合物。

（1）性质　一些天然食物中含有抗硫胺素因子，如生鱼片及软体动物内脏中含有硫胺素酶，这种酶会造成硫胺素的分解破坏。曾经有报道，动物长期食用生鱼片而出现维生素 B_1 缺乏症。一些蔬菜、水果，如红色甘蓝、黑加仑、茶和咖啡中含有的多羟基酚类物质，可以通过氧化还原反应过程使硫胺素失活。

（2）生理功能　维生素 B_1 参与体内物质合成和能量代谢，以辅酶形式参与糖的分解代谢，有保护神经系统的作用；还能促进肠胃蠕动，增加食欲。

（3）缺乏症　当身体缺乏维生素 B_1 时，热能代谢不完全，会产生丙酮酸等酸性物质，出现疲乏、淡漠、食欲减退、恶心、忧郁、沮丧、双腿麻木等症状，进而损伤大脑、神经、心脏等器官，由此出现的一系列症状，总称为"脚气病"。其主要可分为三类。

1）干型脚气病：以上行性多发性神经炎症为主，表现为指和趾麻木，肌肉酸痛、压痛等。

2）温型脚气病：以水肿和心脏病为主，出现足胫浮肿麻木、身重无力、呼吸不顺畅等症状。

3）婴儿脚气病：顾名思义，这种病多发生在婴儿身上，一般为 2~5 个月的婴儿，而且很多都是由于母乳中缺乏维生素 B_1 而引起的。这种病会突然发生，而且病情很急。初期表现为食欲不振、呕吐、兴奋、心跳加快、呼吸急促和呼吸困难；病情进一步发展会出现嗜睡、惊厥、呆滞、颈肌和四肢柔软等症状；若病情发展迅速且严重，甚至可能导致婴儿死亡。

（4）食物来源　维生素 B_1 含量丰富的食物有粮谷类、豆类、干果、酵母、硬壳果类，尤其在粮谷类的表皮部分含量更高，但随精加工程度而逐渐减少，故碾磨精度不宜过度。芹菜叶、莴笋叶中含量也较丰富，应当充分利用。动物瘦肉、内脏、蛋类及绿叶菜中含量也较高。蔬菜除鲜豆外含量相对较少。

3. 维生素 B_2（核黄素）

食物中的核黄素多以结合型（辅酶衍生物的形式）存在，结合型核黄素对光稳定。牛奶中的核黄素大部分为游离型，日照两个小时可损失一半。

（1）生理功能　维生素 B_2 的生理功能有：

1）参与体内生物氧化和能量生成。

2）核黄素还能激活维生素 B_6。参与色氨酸转化为烟酸，并且与体内铁的吸收、储存与动员有关。

3）核黄素具有抗氧化活性。

（2）缺乏症　核黄素缺乏的临床症状不像其他一些维生素缺乏症特征那样特异，孤立的核黄素缺乏很少发生。由于核黄素辅酶参与叶酸、吡哆醛、烟酸的代谢，因此在严重缺乏时常常混杂有其他 B 族维生素缺乏的某些表现。

核黄素缺乏主要表现在唇、舌、口腔黏膜及会阴皮肤处的炎症反应，因而有"口腔-生殖综合症"之称。

1）口角裂纹、口腔黏膜溃疡、嘴唇肿胀及"地图舌"等。

2）皮肤丘疹或湿疹性阴囊炎（女性为阴唇炎）；在鼻翼两侧、眉间、眼外眦及耳后、乳房下、腋下、腹股沟等处可发生脂溢性皮炎。

3）眼部症状包括角膜毛细血管增生、眼睑炎、眼睛对光敏感并易于疲劳、视物模糊、视力下降等。已发现老年白内障与核黄素缺乏有关。

此外，由于核黄素影响铁吸收，可继发缺铁性贫血。

（3）食物来源　核黄素广泛存在于植物与动物性食物中，动物性食物含量较植物性食物高。心、肝、肾、肉、禽、乳及蛋类中含量尤为丰富。大豆和各种绿叶蔬菜也是核黄素的重要来源。

4. 烟酸（维生素 PP、尼克酸，抗癞皮病因子）

（1）性质　烟酸在体内还包括具有生理活性的烟酰胺，烟酸易转化为烟酰胺。在植物组织中以烟酸形式存在，在动物组织中以烟酰胺形式存在。烟酸常用于食品强化，烟酰胺因无副作用常用于药品，两种均有市售。

（2）生理功能　烟酸的生理功能有：

1）以辅酶 I（NAD）与辅酶 II（NADP）的形式作为脱氢酶的辅酶。

2）烟酸参与脂肪、蛋白质和 DNA 的合成。

3）烟酸在固醇类化合物的合成中也起重要作用，它可以降低体内胆固醇水平。

4）烟酸也是葡萄糖耐量因子的一部分，具有加强胰岛素反应的作用。

（3）缺乏症　癞皮病是一种典型的膳食性缺乏症，主要发生在以玉米、高粱为主食的国家和地区。虽然玉米中烟酸的含量高，但多为结合型，加之色氨酸含量低，故不能满足机体需要。长期服用抗结核药物常可诱发本病。异烟肼对烟酸有拮抗作用，因其结构相似，在抗结核治疗中应注意补充烟酸。

癞皮病最常见的体征是皮肤、口、舌、胃肠道黏膜及神经系统的变化。其典型症状是皮炎、腹泻及痴呆，即所谓的"三 D"症状。

（4）食物来源　烟酸广泛存在于动物和植物性食物中。内脏，如肝脏中含量很高，蔬菜也含有较多的烟酸。牛奶和蛋类中烟酸含量较低，但含有丰富的色氨酸，在体内可以转变为烟酸。玉米、高粱等谷物中大多数烟酸为结合型烟酸，不能被吸收利用，如用碱（小苏打、石灰水等）处理，可有大量游离烟酸从结合型中释放出来而使结合型烟酸的生物利用率增加。

5. 维生素 B₆（吡哆素）

（1）性质　维生素 B_6 是一组含氮的化合物，包括吡哆醇（PN）、吡哆醛（PL）及吡哆胺（PM）三种天然形式。它们性质相近，均具有维生素 B_6 活性。盐酸吡哆醇是最常见的市售维生素 B_6 形式。

（2）生理功能　维生素 B_6 最重要的生理功能是作为辅酶参与约 100 种酶反应。维生素 B_6 以辅酶形式存在时，通常以磷酸吡哆醛（PLP）的形式参与大量的生理活动。

1）在蛋白质代谢中，维生素 B_6 有转氨基作用、脱羧作用、脱氨基作用，以及参与氨基酸的侧链裂解、脱水及转化含硫氨基酸作用。

此外，参与一碳单位的转移和色氨酸转化成烟酸。

2）维生素 B_6 在碳水化合物和脂肪代谢中的作用，与在蛋白质代谢中的作用相比是次要的。它可参与糖原的分解代谢（降解代谢）和脂肪酸代谢。

（3）缺乏症　由于食物中富含维生素 B_6，人体肠道细菌也可合成，严重的维生素 B_6 缺乏已罕见，但轻度缺乏较多见，通常与其他 B 族维生素缺乏同时存在。

维生素 B_6 缺乏可致眼、鼻与口腔周围皮肤脂溢性皮炎，个别还有神经精神症状，如易激动、忧郁和人格改变等。

（4）食物来源　维生素 B_6 的食物来源很广泛，动物性、植物性食物中均含有，但含量均微。酵母粉含量最多，米糠或白米含量也不少，其次来自于干果、肉类、家禽、鱼，马铃薯、甜薯、蔬菜中。

各种食物中每 100 g 可食部分的维生素 B_6 含量如下：酵母粉 3.67 mg、脱脂米糠 2.91 mg、白米 2.79 mg、胡麻粕 1.25 mg、胡萝卜 0.7 mg、鱼类 0.45 mg、全麦抽取物 0.4 ~ 0.7 mg、肉类 0.08 ~ 0.3 mg、牛奶 0.03 ~ 0.3 mg、蛋 0.25 mg、菠菜 0.22 mg、甘薯 0.14 ~ 0.23 mg、豌豆 0.16 mg、黄豆 0.1 mg、橘子 0.05 mg。

6. 叶酸（维生素 B_9、蝶酰谷氨酸，抗贫血维生素）

（1）性质　叶酸是由蝶啶、对氨基苯甲酸和谷氨酸等成分组成的化合物，去掉谷氨酸则叶酸失效。天然存在的叶酸为单谷氨酸盐形式，也有以多谷氨酸盐形式出现的。食物中叶酸的烹调损失率为 50% ~ 90%。

（2）生理功能　食物中叶酸被吸收后转变成四氢叶酸才具有生物活性。一般来说，还原型叶酸的吸收率高、谷氨酸配基越多则吸收率越低。酒精、抗癫痫药物可抑制叶酸的吸收，葡萄糖与抗坏血酸则可促进吸收。

1）叶酸是体内一碳单位转移酶的辅酶，参与一碳单位转移。

2）叶酸参与多种物质的合成，如嘌呤、胸腺嘧啶。

3）叶酸可促进各种氨基酸间的相互转变。

（3）缺乏症　正常情况下，除膳食供应外，人体肠道细菌能合成一部分叶酸，一般不易发生缺乏。膳食摄入不足、酗酒、口服避孕药或癫痫药物等能干扰叶酸的吸收和代谢，常是导致叶酸缺乏的原因。

人类（或其他动物）若缺乏叶酸，则可引起巨红细胞性贫血及白细胞减少症，还会导致身体无力、易怒、没胃口及精神病症状。此外，研究还发现，叶酸对孕妇尤其重要。如果在怀孕前三个月内缺乏叶酸，可导致胎儿神经管发育缺陷，从而增加裂脑儿、无脑儿的发生率。其次，孕妇经常补充叶酸，可防止新生儿体重过轻、早产及婴儿腭裂（兔唇）等先天性畸形。

（4）食物来源　叶酸广泛存在于各种动植物食物中。含量丰富的食物有动物肝脏、豆类、坚果及绿叶蔬菜、水果、酵母等。

7. 维生素 B_{12}（钴胺素，抗恶性贫血维生素）

（1）性质　维生素 B_{12} 是唯一含金属钴的维生素，是一种含有 3 价钴的多环系化合物，4 个还原的吡咯环连在一起变成为 1 个钴啉大环（与卟啉相似），是维生素 B_{12} 分子的核心。所以，含这种环的化合物都被称为类钴啉。遇热可有一定程度的破坏，但短时间的高温消毒损失小，遇强光或紫外线易被破坏。普通烹调过程损失量约 30%。

（2）生理功能　维生素 B_{12} 的生理功能有：

1）增加叶酸利用率来影响核酸和蛋白质的合成，从而促进红细胞的发育和成熟，预防巨幼红细胞性贫血发生。

2）维生素 B_{12} 辅酶作为甲基的载体参与同型半胱氨酸甲基化生成蛋氨酸的反应。

（3）缺乏症　维生素 B_{12} 的缺乏主要是由于胃黏膜缺乏分泌内因子的能力或其他慢性腹泻疾病、寄生虫感染等引起维生素 B_{12} 吸收（或再吸收）不良所造成的。此外，有些药物，如对氨基水杨酸胍、慢释钾及秋水仙碱等可特异性地阻碍维生素 B_{12} 吸收。缺乏维生素 B_{12} 可导致巨幼红细胞性贫血和同型半胱氨酸血症，此时需要用维生素 B_{12} 治疗，必须注射，口服无效，肠道吸收有限，并且需内因子。

（4）食物来源　在自然界中，维生素 B_{12} 的唯一来源是通过草食动物的瘤胃和肠中的许多微生物作用合成的。因此，它广泛存在于动物性食品中，而植物性食品中含量极少。动物内脏、肉类是维生素 B_{12} 的丰富来源。乳及乳制品中含有少量维生素 B_{12}。

8. 胆碱

胆碱是卵磷脂的重要组成部分。

1）胆碱对大脑记忆区的神经元及神经突触的形成有关键作用，故可促进脑发育并提高记忆力。

2）促进脂肪代谢以防止脂肪异常堆积。

3）可调控细胞凋零，抑制癌细胞的增殖。

9. 生物素

生物素包括维生素 B_7、维生素 H、辅酶 R。

生物素缺乏现象比较罕见，长期进行血液透析的患者、烧伤患者、酒精中毒及慢性肝病患者血浆中生物素浓度会降低。

任务五　矿　物　质

一、概述

1. 种类

人体质量的 95% ~96% 是碳、氢、氧、氮等构成的有机物和水分，其余 4% ~5% 则由多种不同的无机元素组成，其中有 20 多种是人体必需或可能必需的，营养学中称这类营养素为矿物质，也称为矿物盐或无机盐。

根据在体内的含量和人体需要量的不同，矿物质可分成常量元素和微量元素两大类。常量元素包括钙、磷、镁、钾、钠、氯、硫七种元素，其在体内的含量一般大于人体质量的 0.01%，每日需要量在 100 mg 以上。微量元素在体内含量小于 0.01%，每日需要量在 100 mg 以下，甚至以微克计。

2. 生理功能

（1）常量元素的生理功能

1）构成人体组织的重要成分。

2）维持正常的渗透压和酸碱平衡，以及维持神经肌肉的兴奋性。

3）构成酶的成分或激活酶的活性。

（2）人体必需微量元素的生理功能

1）酶和维生素必需的活性因子。

2）构成某些激素或参与激素的作用。

3）参与核酸代谢。

4）协助常量元素和宏量营养素发挥作用。

二、常量元素

1. 钙

（1）人体分布　成年人体内钙含量达 850~1200 g。其中，总钙量的99%在骨骼和牙齿等硬组织中，存在的主要形式为羟磷灰石结晶 $[3Ca_3(PO_4)_2 \cdot Ca(OH)_2]$；也有部分是非晶形的磷酸钙，占总钙量的1%，以离子钙、蛋白质结合钙和少量复合钙（可能是柠檬酸盐）存在于血液、软组织和细胞外液中，称为混溶钙池。

（2）生理功能　钙的生理功能有：

1）构成机体骨骼和牙齿的主要成分。

2）维持神经肌肉的兴奋性。

3）钙能使体内某些酶具有活性。

4）钙离子还参与血液凝固过程。

（3）影响钙吸收的因素　正常情况下，膳食中钙的吸收率为20%~30%，只要膳食供给的钙量适当，机体可根据其需要增强或减弱对钙的吸收、储留和排泄。

凡能降低肠道 pH 或增加钙溶解度的物质均能促进钙吸收：

1）维生素 D 的适当供给有利于小肠黏膜对钙的吸收。

2）乳糖可与钙形成可溶性糖钙复合物，有利于钙穿过肠壁以增加钙吸收。

3）一定量的蛋白质水解产物——某些多肽（如酪蛋白酶解产物含有酪蛋白磷酸肽）和氨基酸（如赖氨酸、精氨酸等）可与钙形成可溶性络合物而利于钙的吸收。

4）肠液酸性增加及钙、磷的比例适宜有利于钙吸收。

凡能与钙在肠道形成不溶性复合物的物质不利于钙吸收：

1）一些植物性食物中的植酸和草酸含量高，易与钙形成难溶的植酸钙和草酸钙，不利于钙吸收。有的蔬菜，如苋菜、圆叶菠菜等的草酸含量甚至高于钙含量，烹制时应先焯后炒。

2）膳食纤维中的醛糖酸残基可与钙结合。

3）脂肪消化不良或摄入过多会减少钙的吸收。钙可在肠道中与过量脂肪酸形成难溶于水的钙皂。

4）蛋白质摄入过多又会增加钙的流失。

饮酒过量及活动很少或长期卧床的老人、病人，钙吸收率也会降低。

（4）缺乏症　钙缺乏症是较常见的营养性疾病，主要表现为骨骼的病变。

对于婴幼儿，缺钙时表现为生长发育迟缓、骨和牙质差，严重时骨骼畸形，即佝偻病，表现为鸡胸、肋骨外翻、枕秃、方颅、X 形腿或 O 形腿。

对于成人，缺钙表现为骨质软化和骨质钙不足。

对于老年人，缺钙导致骨质疏松、骨量少、骨密度低，表现为进行性下肢痛、腰背痛、驼背，甚至发生自发性骨折。

此外，钙不足至血钙小于 1.75 mmol/L 时，神经肌肉的兴奋性升高，可出现抽搐等症状。

（5）食物来源　食物中的钙以奶及奶类制品最好，不但含量丰富且吸收率高，是理想的供钙食品。

水产品、豆制品及坚果中含钙丰富。绿叶蔬菜也是钙的较好来源。谷类及畜肉含钙较低。硬水中含有相当量的钙。

2. 磷

（1）人体分布　成人体内约含磷 650 g，其中 85% ~ 90% 的磷与钙结合存在于骨、牙中，10% 的磷与蛋白质、脂肪等有机物结合参与构成软组织，其余部分广泛分布于体内多种含磷的化合物中。

（2）生理功能　磷的生理功能有：

1）骨骼牙齿和软组织结构的重要成分。

2）调节能量释放。

3）许多酶的组成成分。

4）物质活化。

（3）食物来源　磷在食物中分布很广泛，蛋类、瘦肉、鱼类、干酪及动物肝、肾的磷含量都很高，而且易吸收。植物性食品中的海带、芝麻酱、花生、坚果及粮谷类中的磷含量也比较高。

三、微量元素

1. 铁

（1）人体分布　成人体内含铁 3 ~ 5 g。人体内的铁分为功能铁和储备铁。功能铁约占总铁量的 70%，它们大部分存在于血红蛋白和肌红蛋白中，少部分存在于含铁的酶和运输铁中。储备铁约占总铁量的 30%，主要以铁蛋白和含铁血黄素的形式存在于肝、脾和骨髓中。

（2）生理功能　铁的生理功能有：

1）参与 O_2 和 CO_2 的运输和交换。

2）细胞色素系统的组成成分。

3）与红细胞的形成和成熟有关。

4）作为过氧化氢酶的组成成分。

5）对血红蛋白和肌红蛋白起呈色作用。

（3）影响铁吸收的因素　铁在食物中的存在形式对其吸收率影响很大。食物中的铁可分为血红素铁和非血红素铁两类，它们被吸收的方式不同。

血红素铁主要存在于动物性食品中。血红蛋白和肌红蛋白中的铁能以完整的卟啉铁复合物形式直接被小肠黏膜细胞吸收，再分离出铁并和脱铁的运铁蛋白结合，吸收率比非血红素铁高，吸收过程不受其他膳食因素的干扰。

非血红素铁主要存在于植物性食物中，以氢氧化铁的无机物形式或有机物的络合物形式存在，它们进入体内后需在胃酸作用下把高铁释放出来，并还原为亚铁离子或可溶性络合物后才能被吸收，吸收率较低，常受其他膳食因素的干扰。

膳食中影响铁吸收的因素很多：

1）维生素 C、胱氨酸、赖氨酸、葡萄糖及柠檬酸等，能与铁螯合成可溶性络合物，对植物性铁的吸收有利。

2）植物性食品中存在的草酸、磷酸、膳食纤维及饮茶、饮咖啡等均可对铁吸收起抑制作用。

人体生理状况及体内铁的储备均影响铁的吸收。例如，由于生长、月经和妊娠引起人体对铁需要增加时，铁的吸收量比平时增多。体内储存铁丰富，吸收减少；体内铁储存较少时吸收增加。

（4）缺乏症 铁缺乏可引起缺铁性贫血，它是一种世界性的营养缺乏症，在我国患病率也很高。处于生长阶段的儿童、青春期女青年、孕妇及乳母若膳食中的铁摄入量不足，就更易造成营养性贫血。

贫血的症状为：皮肤黏膜苍白，易疲劳、头晕、畏寒、气促、心动过速、记忆力减退等。当体内血清铁浓度降低严重时，血中血红蛋白的含量减少。成年男子血红蛋白的正常值为 (14 ± 1.38) g/100 mL，女子为 (12.5 ± 1) g/100 mL。

（5）食物来源 动物内脏、血、瘦肉等不仅含铁丰富且吸收率也高。海带、虾仁、芝麻、南瓜子、黑木耳中的铁含量很高。各种豆类含铁量也比较丰富。红糖、干果也是铁的良好来源。蔬菜中如油菜、苋菜、芹菜、韭菜等含铁量较其他蔬菜丰富。

2. 锌

（1）人体分布 成人体内含锌 2 ~ 3 g，存在于所有组织中，肝、肾、胰、脑等组织含锌量较多，正常血清锌浓度为 100 ~ 140 μg/100 mL。

（2）生理功能 锌吸收率一般为 20% ~ 30%，其吸收受膳食中含磷化合物，如植酸的影响而降低其吸收率，过量纤维素及某些微量元素影响其吸收。锌铁比值过小，即铁过多影响锌吸收；大量钙形成锌钙复合物。此外，体内锌的营养状况也影响锌的吸收。

1）锌是许多酶的组成成分或酶的激活剂。

2）锌可以促进生长发育和组织再生。

3）锌与味觉有关。

4）锌促进维生素 A 的代谢和生理作用。

5）锌与免疫功能有关。

（3）缺乏症 锌不同程度地存在于各种动植物食品中，一般情况下可满足人体对锌的基本需要而不致缺乏，但在身体迅速成长时期、妊娠或哺乳期，或者膳食中缺乏动物食品，或者食物单一及过于精细等情况下也可能引起体内锌缺乏。

儿童发生慢性锌缺乏时，主要表现为生长停滞，青少年除生长停滞外还会出现性器官及第二性征发育不全等症状。

孕妇缺锌不同程度地影响胎儿发育；儿童或成人缺锌时会引起味觉减退或食欲不振，因为锌是唾液蛋白——味觉素的组成成分；缺锌还会使伤口愈合慢，机体免疫力降低。

当人体缺锌时，可采用硫酸锌、醋酸锌配合食物调整。

（4）食物来源 动物性食物含锌丰富且吸收率高，植物性食物含锌量较少。贝壳类海产品、红色肉类、动物内脏是锌的极好来源。干果类、谷类胚芽和麦麸也富含锌。奶酪、虾、燕麦、花生等也是良好来源。发酵谷物制品因植酸有一部分被水解，锌的吸收率高于未发酵制品。

3. 碘

（1）人体分布　成人体内仅含碘 20～50 mg，其中约 15 mg 集中在甲状腺中，它是甲状腺素——四碘甲状腺原氨酸（T4，四碘酪氨酸）和三碘甲状腺原氨酸（T3，三碘酪氨酸）的组成成分，两者均为碘化的氨基酸，T3 比 T4 的生物活性高 5 倍。血液中的碘主要为蛋白结合碘。

（2）生理功能　碘在体内的主要功能是用来合成甲状腺素——T4、T3。

1）促进新陈代谢。

2）维持正常的生长发育。

甲状腺素对骨骼和神经系统发育有显著的促进作用。婴幼儿时期甲状腺机能不足，其骨骼生长和脑的发育出现障碍，以致身材矮小和智力低下，称为呆小症。成人甲状腺机能不足，表现为心动过缓、记忆力减退、表情淡漠，以及皮下组织堆积大量黏蛋白样物质和水形成黏液性水肿。

（3）缺乏症与毒性　地方性甲状腺肿（简称地甲肿）与地方性克汀病（简称地克病）是典型的碘缺乏症，它们是世界性的疾病。地甲肿几乎在所有国家都有发生，流行地区主要在远离海洋的内陆山区或不易被海风吹到的地区，其土壤和空气中含碘量较少，导致该地区的水及食物含碘量很少。

甲状腺肿易发生在儿童、女性发育期及妊娠期。在地甲肿地区，若孕妇严重缺碘，所生的婴儿又继续缺乏碘的供给，则婴儿可患一种侏儒型的呆小症，即地克病。

地方性甲状腺肿也可因碘过量引起。

（4）食物来源　海产品中的碘含量大于陆地食物中的碘含量。含碘较丰富的食物包括海带、紫菜、发菜、淡菜、贝类及鲜海鱼等海产品。其中海带含量最高。

动物性食物中的碘含量高于植物性食物。陆地食品以蛋、奶含碘量高，其次为肉类。植物含碘量更低。

机体需要的碘可从饮水、食物及食盐中获得。预防地甲肿可经常食用上述含碘丰富的海带、紫菜，无条件经常食用海产品的内陆山区采用食盐加碘的办法最有效。此外，利用碘化油进行碘补充也是行之有效的办法。

4. 硒

（1）人体分布　人体中硒的总量为 14～21 mg。硒存在于机体的多种功能蛋白、酶、肌肉细胞中，估计人体内硒的 1/3 存在肌肉尤其是心肌中。

（2）生理功能　无机硒与有机硒都易被吸收。吸收率在 50% 以上，代谢后大多数经尿排除，尿硒是判定硒的良好指标。

1）硒是谷胱甘肽过氧化物酶的重要组成成分。

2）硒对某些重金属有解毒作用。

3）硒保护心血管和心肌健康。

此外，一些流行病学调查和动物试验还显示硒有一定的抗肿瘤作用。缺硒地区的肿瘤发病率明显增高。

（3）缺乏症与毒性　硒缺乏已被证实是发生克山病的重要原因。克山病是一种在我国部分地区流行的以心肌坏死为特征的地方性心脏病，病因虽未完全明了，但在多年防治工作中，我国学者发现克山病的发病与硒的营养缺乏有关，并且在用亚硒酸钠进行预防方面取得成功。其易感人群为断乳后至学龄前儿童、育龄妇女，主要症状为心脏扩大、心功能不全、心律失常。

近年来，我国在大骨节病的防治中观察到大骨节病也与缺硒有关，大骨节病是一种地方性、多发性、变形性骨关节病，用亚硒酸钠与维生素 E 治疗儿童大骨节病有显著疗效。

硒摄入过量可致中毒。我国湖北恩施县的地方性硒中毒，与当地水土中硒含量过高，致粮食、蔬菜、水果中含高硒有关。中毒后主要表现为头发变干、变脆、易断裂和脱落，肢端麻木、抽搐，甚至偏瘫，严重时可致死亡。

（4）食物来源　人体对食物中硒的吸收率为 60% ~80%。食物中的硒含量变化很大，主要与所在区域内土壤和水质的硒含量有关。

通常海产品的硒含量较高，如鱿鱼、海参。若按 100 g 食物计，鱿鱼、海参等含硒在 100μg 以上，其他的贝类、鱼类含硒为 30 ~85μg，谷物、畜禽肉为 10 ~30μg，蔬菜中大蒜含硒较丰富，其余大多在 3μg 以下。

5. 氟

（1）人体分布　成年人体内含氟约 2.9 g，氟在人体内的分布主要集中在骨骼、牙齿、指甲和毛发中，尤以牙釉质中含量最多，内脏、软组织、血浆中含氟量较低。饮用水中的氟 90% 以上可被吸收，而食物中的氟的吸收率一般在 50% ~80%。

（2）生理功能　氟主要预防龋齿和老年骨质疏松症。牙齿和骨骼的主要成分是羟磷灰石，容易被酸类腐蚀，当体内有充足的氟时，氟可取代羟磷灰石中的羟基，生成氟磷灰石。与羟磷灰石相比，氟磷灰石光滑坚硬、耐酸耐磨。

（3）缺乏症与毒性

1）氟缺乏可发生龋齿、老年骨质疏松症。

2）氟过量易引起斑牙症，以及骨骼肌和韧带钙化从而引起运动障碍。

（4）食物来源　一般情况下，每日从饮用水中摄取的氟约占 65%，其余从食物中摄入。一般饮用水中氟的含量为 0.2 ~1.0 mg/kg，软水中不存在氟，而有些硬水中氟的含量可高达 10 mg/kg。氟对牙齿的最适量为 1 mg/kg。

食品中氟的含量一般很低，约低于 1 mg/kg，但海鱼中含量非常丰富，可高达 5 ~10 mg/kg。

茶叶为富氟资源，尤其是中国茶，在干旱地区种植的茶叶中氟的含量可高达 100 mg/kg。

任务六　膳食纤维与水

一、膳食纤维

膳食纤维一词在 1970 年以前的营养学中尚未出现。它是指不易被人体消化的食物成分，主要来自于植物的细胞壁，包含纤维素、半纤维素、树脂、果胶及木质素等。

1. 定义

膳食纤维主要是指不能被人体利用，即不能被人类的胃肠道中消化酶所消化的，并且不被人体吸收利用的可食用植物细胞、多糖、木质素及相关物质的总和。

这一定义包括了食品中大量组成成分，如纤维素、半纤维素、木质素、胶质、黏质、寡糖、果胶及少量组成成分蜡质、胶质、软木质等。

园艺产品营养与检测

2. 膳食纤维的主要成分

非淀粉多糖是膳食纤维的主要成分，包括纤维素、半纤维素、果胶及亲水胶体物质，如树胶及海藻多糖等组分。另外，膳食纤维还包括植物细胞壁中含有的木质素。

近年来又将一些非细胞壁的化合物，如一些也不被人体消化酶所分解的物质，如抗性淀粉及抗性低聚糖、美拉德反应的产物及来源于动物的不被消化酶所消化的物质（如氨基多糖，也称为甲壳素）等也列入膳食纤维的组成成分之中。

3. 膳食纤维的分类

目前，所有的分析方法及其所测出的膳食纤维的组分大致分为可溶性膳食纤维和不可溶性膳食纤维两大类，两者之和为总膳食纤维。

纤维素、部分半纤维素和木质素是三种常见的非水溶性纤维，存在于植物细胞壁中，来自于食物中的小麦糠、玉米糠、芹菜、果皮和根茎蔬菜。非水溶性纤维可降低罹患肠癌的风险，同时可经由吸收食物中的有毒物质来预防便秘和憩室炎，并且降低消化道中细菌排出的毒素。

果胶和树胶等属于水溶性纤维，则存在于自然界的非纤维性物质中。常见的食物中的大麦、豆类、胡萝卜、柑橘、亚麻、燕麦和燕麦糠等食物都含有丰富的水溶性纤维。水溶性纤维可减缓消化速度和最快速排泄胆固醇，有助于调节免疫系统功能，促进体内有毒重金属的排出。所以，水溶性纤维可让血液中的血糖和胆固醇控制在最理想的水平之上，还可以帮助糖尿病患者改善胰岛素水平和甘油三酯。

大多数植物都含有水溶性与非水溶性纤维，所以，饮食均衡才能摄取水溶性与非水溶性纤维从而获得不同的益处。

膳食纤维的种类、食物来源和主要功能见表1-1。

表1-1　膳食纤维的种类、食物来源和主要功能

种　　类		主要食物来源	主要功能
不溶性纤维	木质素	所有植物	增加粪便体积、促进胃肠蠕动
	纤维素	所有植物，如小麦糠、玉米糠、芹菜、果皮和根茎蔬菜	
	多数半纤维素	小麦、黑麦、大米、蔬菜	
可溶性纤维	果胶、树胶、黏胶	多存在于豆类和水果中，如柑橘类、苹果等，海藻中的琼脂、卡拉胶，微生物发酵产生的黄原胶，微生物发酵产生的黄原胶及人工合成的羧甲基纤维素钠盐	延缓胃排空时间、减缓葡萄糖吸收、降低血胆固醇
	少数半纤维素	豆类、燕麦制品等	

（1）总的膳食纤维　总的膳食纤维包括所有的组分在内，如非淀粉多糖、木质素、抗性淀粉（包括回生淀粉和改性淀粉）及美拉德反应产物等。

（2）可溶性膳食纤维　可溶性膳食纤维包括果胶等亲水胶体物质和部分半纤维素。

（3）不可溶性膳食纤维　不可溶性膳食纤维包括纤维素、木质素和部分半纤维素。

4. 膳食纤维的生理作用

（1）防治便秘　膳食纤维体积大，可促进肠蠕动从而减少食物在肠道中的停留时间，

其中的水分不容易被吸收。另一方面，膳食纤维在大肠内经细菌发酵，直接吸收纤维中的水分，使大便变软，产生通便作用。

（2）利于减肥　一般肥胖者大都与食物中热能摄入增加或体能活动减少有关。提高膳食中膳食纤维含量可使摄入的热能减少，在肠道内营养的消化吸收也下降，最终使体内脂肪消耗而起到减肥的作用。橘寒天中的膳食纤维遇水膨胀 200~250 倍，既可以使人产生轻微的饱腹感，减少过多热量的吸收，又可以包覆多余糖分和油脂随同肠道内的老旧沉积废物一同排出体外，可以说是目前较有效的安全减肥方法。

（3）预防结肠癌和直肠癌　结肠癌和直肠癌的发生主要与致癌物质在肠道内的停留时间长，即与肠壁长期接触有关。增加膳食中的纤维含量，使致癌物质的浓度相对降低，再加上膳食纤维有刺激肠蠕动的作用，致癌物质与肠壁接触时间可大大缩短。学者们一致认为，摄取过量的动物脂肪，再加上摄入纤维素不足是导致这两种癌症发生的重要原因。

（4）防治痔疮　痔疮的发生是因为大便秘结而使血液长期阻滞与瘀滞所引起的。由于膳食纤维的通便作用，可降低肛门周围的压力，使血流通畅，从而起防治痔疮的作用。

（5）促进钙质吸收　从膳食中摄入的钙质（RDI = 800~1200 mg/天）只有 30% 被吸收利用，70% 被排出体外。水溶性膳食纤维对钙的生物利用率有影响，其可提高肠道钙吸收、钙平衡和骨矿密度。

（6）降低血脂，预防冠心病　由于膳食纤维中有些成分，如果胶可结合胆固醇，木质素可结合胆酸，使其直接从粪便中排出，从而消耗体内的胆固醇来补充胆汁中被消耗的胆固醇，由此降低了胆固醇，从而有预防冠心病的作用。

（7）改善糖尿病症状　膳食纤维中的果胶可降低食物在肠内的吸收效率，起到降低葡萄糖的吸收速度，使进餐后血糖不会急剧上升，有利于糖尿病病情的改善。近年来，经学者研究表明，食物纤维具有降低血糖的功效。经试验证明，每日在膳食中加入 26g 食用玉米麸（含纤维 91.2%）或大豆壳（含纤维 86.7%），结果在 28~30 天后，糖耐量有明显改善。因此，糖尿病膳食中长期增加食物纤维，可降低胰岛素需要量，控制进餐后的代谢，可作为糖尿病治疗的一种辅助措施。

（8）改善口腔及牙齿功能　现代人由于所食用的食物越来越精且越来越柔软，从而导致使用口腔肌肉和牙齿的机会越来越少，因此，牙齿脱落、龋齿出现的情况越来越多。增加膳食中的纤维素，可以增加使用口腔肌肉和牙齿咀嚼的机会，长期下去，会使口腔得到保健，功能得以改善。

（9）防治胆结石　胆结石的形成与胆汁中胆固醇的含量过高有关，由于膳食纤维可结合胆固醇，促进胆汁的分泌、循环，因而可预防胆结石的形成。有人每天给病人增加 20~30g 的谷皮纤维，一个月后即可发现胆结石缩小，这与胆汁流动通畅有关。

（10）预防妇女乳腺癌　据流行病学发现，乳腺癌的发生与膳食中高脂肪、高糖、高肉类及低膳食纤维摄入有关。因为，体内过多的脂肪促进某些激素的合成，形成激素之间的不平衡，使乳房内激素水平上升而造成乳腺癌的发生。

5. 食物来源

膳食纤维主要来源于谷类、薯类、豆类及蔬菜、水果等植物性食品。

糙米和胚芽精米，以及玉米、小米、大麦、小麦皮（米糠）和麦粉（黑面包的材料）等杂粮中膳食纤维很多。根菜类和海藻类中食物纤维较多，如牛蒡、胡萝卜、四季豆、红

豆、豌豆、薯类和裙带菜等。膳食纤维是植物性成分，植物性食物是膳食纤维的天然食物来源。膳食纤维在蔬菜、水果、粗粮和杂粮、豆类及菌藻类食物中含量丰富。植物的成熟度越高，其纤维含量也就越多。谷类加工越精细则所含的膳食纤维越少。

二、水

水是一切生命必需的物质。尽管它常常不被归为营养素之列，但由于它在生命活动中的重要功能，并且是饮食中的基本成分，必须从饮食中获得，故也常被当作一种营养素看待。

1. 生理功能

1）构成机体的重要组成成分。

2）促进营养素的消化吸收和代谢。

3）调节体温。

4）对机体起润滑作用。

2. 缺水和脱水

摄入不足或水分丢失过多，如呕吐、腹泻、大面积烧伤、大量出汗、过度呼吸等，可引起体内失水，重度缺水可使细胞外液电解质浓度增加，形成高渗，细胞内水分外流，引起脱水。

一般情况下，失水达体重2%时，可感到口渴、尿少；失水达体重10%以上时，可出现烦躁、眼球内陷、皮肤失去弹性、全身无力、体温升高、脉搏增加、血压下降；失水超体重20%时，会引起死亡。

3. 水的平衡

（1）水的摄入及来源　水的摄入及来源包括食物水、饮用水和饮料水、代谢水。代谢水又叫内生水，即物质氧化生成的水。食物进入体内，某些营养成分在代谢过程中氧化生成水。

每100 g营养素在体内的产水量为：糖类60 mL，蛋白质41 mL，脂肪107 mL。但脂肪和蛋白质在体内氧化还要消耗掉一部分水。

（2）水的排出　体内水的排出以经肾脏为主，约占60%，其次是经肺、皮肤和粪便排出。

1）尿液。摄入一般膳食所排尿量为1000 ~ 1500 mL。

2）皮肤蒸发。经皮肤蒸发排出的水分每天有500 mL。

3）肺呼吸。呼吸时也丧失了一部分水分，快而浅的呼吸丧失水分少，缓慢而深的呼吸丧失水分较多。正常人每日由呼吸丧失水分约为350 mL。

4）粪便。粪便中约含水150 mL。

水的排出量应等于摄入量，两者应维持着动态平衡。水的来源和排出量维持在2500 mL左右。

大多园艺产品都富含水分，尤其果蔬中的水分含量一般在90%左右。果蔬中水分含量的多少直接影响到果蔬的质地、口感的好坏。

1. 碳水化合物的生理功能及园艺产品中的食物来源有哪些？

2. 什么是人体必需脂肪酸，有哪些？主要食物来源有哪些？

3. 什么是人体必需氨基酸？什么是蛋白质互补？

4. 食用果蔬较少时容易造成哪些维生素的缺乏？

5. 果蔬中哪些成分影响钙的吸收？

6. 膳食纤维的主要生理作用和食物来源有哪些？

 园艺产品生物活性物质及生理作用

知识目标

● 了解和掌握园艺产品中的生物活性物质及生理作用。

能力目标

● 通过对园艺产品中的生物活性物质及生理作用的了解，能针对不同情况，制订合理的食谱或开发具有各种保健功能的功能性食品。

园艺产品除含有丰富的碳水化合物、蛋白质、脂肪、维生素、矿物质等营养成分外，还含有一些具有特殊功能的生物活性物质，如黄酮类、类胡萝卜素、苦味素、挥发油、膳食纤维及生物碱等。这些物质对人类及各种生物具有生理促进作用，故名为生物活性物质。它们与人类生活关系密切，具有特定的保健功能，而且毒副作用很小，有的甚至没有毒副作用。

在我国的传统中医理论中，许多植物都是药食同源的，在作为日常食用食物的同时还具有医疗、保健作用。大量的现代医学实验也证明，食用某些植物在治疗某些疾病方面具有显著的功效，如南瓜就是糖尿病患者的最佳食品，在防治糖尿病方面具有显著的功效；余甘子果汁能阻断强致癌物 N-亚硝基化合物在动物及人体内的合成。

对食物中天然活性成分的了解，可使人们针对不同情况制订合理的食谱或开发具有各种保健功能的功能性食品，发挥活性成分之间的协同作用，从而预防和减少疾病的发生。

任务一　活性多糖

植物多糖是由许多相同或不同的单糖以 α-糖苷键或 β-糖苷键组成的化合物，普遍存在于自然界植物体中，包括淀粉、纤维素、多聚糖、果胶等。由于植物多糖的来源广泛，不同种的植物多糖的分子构成及分子量各不相同。有些植物多糖如淀粉、纤维素、果胶，早已成为人们日常生活中的重要组成部分。这里讨论的是除淀粉、纤维素以外的具有生物活性的多聚糖。

一、植物活性多糖

植物活性多糖是指除纤维素、半纤维素、果胶以外的，具有特殊生理功能的多糖。其主要有南瓜多糖、大枣多糖、竹叶多糖、绞股蓝多糖、黑豆多糖、无花果多糖、中华猕猴桃多糖、枸杞多糖、螺旋藻多糖、米糠多糖等。

二、真菌多糖

真菌多糖是从真菌子实体、菌丝体、发酵液中分离出的、可以控制细胞分裂分化，调节细胞生长衰老的一类活性多糖。真菌多糖主要有香菇多糖、灵芝多糖、云芝多糖、银耳多糖、冬虫夏草多糖、茯苓多糖、金针菇多糖、黑木耳多糖等。

三、活性多糖的保健功能

科学试验研究显示，许多植物多糖具有生物活性，具有包括免疫调节、抗肿瘤、降血糖、降血脂、抗辐射、抗菌和抗病毒、保护肝脏等保健作用。

1. 活性多糖的免疫调节作用

由于现代医学、细胞生物学及分子生物学的快速发展，人们对免疫系统的认识越来越深入。免疫系统紊乱会导致人体衰老和多种疾病的发生。多糖的免疫调节作用主要是通过激活巨噬细胞、T 淋巴细胞和 B 淋巴细胞、网状内皮系统、补体及促进干扰素、白细胞介素生成来完成的。研究显示，大枣多糖、竹叶多糖、绞股蓝多糖、虫草多糖、黑豆粗多糖、无花果多糖、猴头菇多糖、中华猕猴桃多糖、白术多糖、防风多糖、地黄多糖、枸杞多糖、螺旋藻多糖、杜仲多糖、女贞子多糖等均有提高机体免疫力的功能。菌类植物多糖中云芝多糖、灵芝多糖、茯苓多糖、银耳多糖、香菇多糖早已应用于临床，可增强细胞免疫功能。

2. 活性多糖的抗肿瘤作用

目前研究认为植物多糖主要是通过增强机体的免疫功能来达到杀伤肿瘤细胞的目的，即经过宿主中介作用，增强机体的非特异性和特异性免疫功能，而非直接杀死肿瘤细胞，同时也与多糖影响细胞生化代谢、抑制肿瘤细胞周期和抑制肿瘤组织中超氧化物歧化酶（SOD）活性有明显的关系。枸杞多糖能增强抗癌免疫监视系统的功能；海带多糖对荷瘤 H22 小鼠有明显的抑制作用，其抑瘤率高达 43.5%；灰树花多糖能明显抑制肿瘤生长，并能增强小鼠的免疫功能。其他多糖，如螺旋藻多糖、银耳多糖、人参多糖、香菇多糖、猪苓多糖、枸杞多糖、黄芪多糖、灵芝多糖、竹叶多糖、金针菇多糖、虫草多糖均有抗肿瘤作用。

3. 活性多糖的降血糖、降血脂作用

正常情况下，人体内脂质的合成与分解保持一个动态的平衡，一旦平衡遭到破坏，血脂含量的增高将使动脉内膜受到损伤而导致动脉粥样硬化，从而诱发心脑血管疾病。降低血脂的含量对于防治心血管疾病具有重要意义。据报道，南瓜多糖具有降血糖和降血脂的作用，对糖尿病的防治效果已获确认。动物试验表明，南瓜多糖是较理想的能改善脂类代谢的食疗剂。黑木耳多糖可使小鼠血液中的胆固醇显著降低；海带多糖能明显降低糖尿病小鼠的血糖和尿素氮，并对胰岛损伤有修复作用。银耳多糖、茶叶多糖、魔芋多糖既能降血糖又能降血脂。另外，具有降血糖作用的还有番石榴多糖、人参多糖、乌头多糖、知母多糖、苍术多糖、薏苡仁多糖、山药多糖、麻黄多糖、刺五加多糖、紫草多糖、桑白皮多糖、稻根多糖、米糠多糖、甘蔗多糖、黄芪多糖、灵芝多糖、紫菜多糖、昆布多糖、麦冬多糖、灰树花多糖、黑木耳多糖。

4. 活性多糖的抗辐射作用

在现实生活中，随着科学技术的发展和人们生活的现代化，电子电器越来越普遍，人们越来越多地接触辐射，尤其是放疗的肿瘤患者、职业受照人员的辐射性损害日益受到重视。

动物试验显示，黄芪多糖、人参多糖、当归多糖、柴胡多糖、灵芝多糖、枸杞多糖、黄精多糖、虫草多糖、芦荟多糖、黄蘑多糖、螺旋藻多糖、红毛五加多糖、云芝多糖、木耳多糖能保护小鼠免受辐射损伤。其实，不论是植物来源的多糖，还是动物或微生物来源的多糖，都具有一定的抗辐射作用，其机理一般是多糖通过强化造血系统和活化吞噬细胞的作用来提高机体对辐射的耐受性。

5. 活性多糖的抗菌、抗病毒作用

大量研究表明，许多多糖对细菌和病毒有抑制作用，如艾滋病毒、单纯疱疹病毒、流感病毒、囊状胃炎病毒等。试验证明，银杏胞外多糖与银杏叶多糖可显著抑制致炎剂引起小鼠耳肿胀和毛细血管通透性增加，表明它们具有抗炎作用；紫基多糖不仅能抑制金黄色葡萄球菌等革兰阳性菌，对革兰阴性菌如藤黄色八叠球菌也有抑制作用。大多数多糖的抗病毒机制是抑制病毒对细胞的吸附，这可能是与多糖大分子机械性或化学性竞争病毒与细胞的结合位点有关。因此，利用植物多糖的抑菌作用，把植物多糖作为食品中的一种成分，既可以防腐，也可以为产品增加附加值。在国内，已有利用植物多糖进行抗艾滋病的研究，在某种程度上为开发可替代传统的价格昂贵且副作用较大的抗病毒药物指明了方向。

6. 活性多糖与延缓衰老

在传统的中医延缓衰老的古方中，基本上是以植物药物为主，含量较高的成分多为糖类。现代科学提出了衰老的自由基学说，其基本要点是：在正常情况下，机体内自由基的产生和消失处于动态平衡状态，即自由基在不断产生，同时也不断被消除，以维持机体的正常代谢，但当机体衰老时，自由基产生的量比较多，同时机体清除自由基的能力却降低了，过剩的自由基对机体组织进行攻击，机体的功能发生紊乱并产生障碍而呈现衰老的症状。有研究显示，油柑多糖有清除自由基的作用。肉苁蓉多糖能延缓皮肤衰老，增加胶原纤维含量，改善皮肤弹性，激活超氧化物歧化酶，降低体内脂褐质的堆积。黑木耳多糖具有清除超氧阴离子、抗氧化及保护线粒体的功能。枸杞多糖的抗衰老作用更为突出，对机体多种生理、生化功能的促进与调节作用更为全面。另外，何首乌、人参、黄芪、女贞子的多糖都有一定程度的抗衰老作用。

7. 活性多糖的保肝作用

有研究表明，北五味子粗多糖有保肝作用，能降低小鼠的肝损伤；枸杞多糖可降低肝组织丙二醛的含量，这两种多糖都能提高肝糖原的含量，从而提高机体的能量储备，有利于抵抗有害物质对肝脏的损害。

8. 活性多糖的其他作用

黑木耳多糖与银耳多糖可明显延长特异性血栓及纤维蛋白原的形成时间，表明具有抗血栓作用。茶叶多糖也具有抗凝血、抗血栓的作用。日本专利报道，从丹参中分离出的丹参多糖能够抑制尿蛋白的分泌，减缓肝、肾相关疾病的症状，可制成口服制剂或肌注制剂，减少由于长期服用双嘧达莫等类固醇或血小板抑制剂造成的不良反应。

任务二　功能性低聚糖

低聚糖又称为寡糖，是指由 2～10 个糖苷键将单糖分子连接形成直链或支链的低聚物。低聚糖主要分为普通低聚糖和功能性低聚糖两大类。

功能性低聚糖是指对人、动物、植物等具有特殊生理作用的低聚糖。现在研究认为，功能性低聚糖包括水苏糖、棉籽糖、异麦芽酮糖、乳酮糖、低聚果糖、低聚木糖、低聚半乳糖、低聚异麦芽糖、低聚异麦芽酮糖、低聚龙胆糖、大豆低聚糖、低聚壳聚糖等。人体肠道内没有水解它们（除异麦芽酮糖外）的酶系统，因而它们不被消化吸收而直接进入大肠内优先为双歧杆菌利用，是双歧杆菌的增殖因子。它的甜度一般只有蔗糖的30%～50%，具有低热量、抗龋齿、防治糖尿病、改善肠道菌落结构等生理作用。

因为功能性低聚糖特殊的生理作用，使其成为集营养、保健、食疗于一体的新一代食效原料，是替代蔗糖的新型功能性糖源，具有广泛的用途和应用前景。

一、功能性低聚糖的生理功能

1. 促进双歧杆菌增殖

功能性低聚糖是肠道内有益菌的增殖因子，其中最明显的增殖对象是双歧杆菌。人体试验证明，某些功能性低聚糖，如异麦芽低聚糖，摄入人体后到大肠被双歧杆菌及某些乳酸菌利用，而肠道内有害的产气荚膜杆菌等腐败菌却不能利用，这是因为双歧杆菌细胞表面具有寡糖的受体，而许多寡糖是有效的双歧因子。

双歧杆菌是人类肠道菌群中唯一的一种既不产生内毒素又不产生外毒素，无致病性的具有许多生理功能的有益微生物。对人体有许多保健作用，如改善维生素代谢、防止肠功能紊乱、抑制肠道中有害菌和致病菌的生长，起到抗衰老、防癌及保护肝脏的作用。

2. 低能量或零能量

由于人体不具备分解、消化功能性低聚糖的酶系统，因此，功能性低聚糖很难被人体消化吸收或根本不能吸收，也就不给人提供能量，并且某些低聚糖，如低聚果糖、异麦芽低聚糖等有一定甜度，可作为食品基料在食品加工中应用，以满足那些喜爱甜食但又不能食用甜食的人（如糖尿病人、肥胖病患者等）的需要。

3. 低龋齿性

龋齿是我国儿童常见的一种口腔疾病，其发生与口腔微生物突变链球菌有关。研究发现，异麦芽低聚糖、低聚帕拉金糖等不能被突变链球菌利用，当它们与砂糖合用时，能强烈抑制非水溶性葡聚糖的合成和在牙齿上的附着，即不提供口腔微生物沉积、产酸、腐蚀的场所，从而阻止齿垢的形成，不会引起龋齿，可广泛应用于婴幼儿食品。

4. 防止便秘

双歧杆菌发酵低聚糖产生的大量短链脂肪酸能刺激肠道蠕动，增加粪便的湿润度，并通过菌体的大量生长保持一定的渗透压，从而防止便秘的发生。此外低聚糖属于水溶性膳食纤维，可促进小肠蠕动，也能预防和减轻便秘。

5. 水溶性膳食纤维

由于低聚糖不能被人体消化吸收，属于低分子的水溶性膳食纤维，它的有些功能与膳食纤维相似但不具备膳食纤维的物理作用，如黏稠性、持水性和填充饱腹作用等。一般它有以下优点：每人每天仅需3 g，就可满足需要且不会引起腹泻；微甜、口感好、水溶性良好、性质稳定，易添加到食品中制成膳食纤维食品。

6. 生成营养物质

功能性低聚糖可以促进双歧杆菌增殖，而双歧杆菌可在肠道内合成维生素 B_1、维生素

B_2、维生素 B_6、维生素 B_{12}、烟酸、叶酸等营养物质。此外，由于双歧杆菌能抑制某些维生素的分解菌，从而使维生素的供应得到保障。

7. 降低血清总胆固醇

功能性低聚糖可改善脂质代谢，降低血压。临床试验证实，摄入功能性低聚糖后可降低血清总胆固醇水平，改善脂质代谢。研究表明，一个人的心脏舒张压的高低与其粪便中双歧杆菌数占细菌总数的比例高低呈明显的负相关性，因此，功能性低聚糖具有降低血压的生理功效。

8. 增强机体免疫能力，抵抗肿瘤

动物实验表明，双歧杆菌在肠道内大量繁殖具有提高机体免疫功能和抗癌的作用。究其原因在于，双歧杆菌细胞、细胞壁成分和胞外分泌物可增强免疫细胞的活性，促使肠道免疫蛋白的产生，从而杀灭侵入体内的细菌和病毒，消除体内病变细胞，防止疾病的发生及恶化。

9. 其他

除上述功能外，试验发现某些功能性低聚糖还有预防和治疗乳糖不耐症、改善肠道对矿物元素吸收的作用。

二、功能性低聚糖的来源

低聚糖广泛存在于各种天然食物中，如水果、牛奶、蜂蜜、蔬菜等。洋葱、大蒜、葡萄、洋姜、芦苇、香蕉等含低聚果糖，大豆含水苏糖，甜菜含棉籽糖。

许多高等植物中的多种果糖聚合物及蔗糖衍生物都以碳水化合物储存形式存在。棉籽糖广泛存在于甜菜、棉籽、蜂蜜、卷心菜、酵母、马铃薯、葡萄、麦类、玉米和豆科植物种子中，它是除蔗糖外在植物中分布最广的低聚糖，也是大豆低聚糖的主要成分。天然低聚木糖存在于竹笋、水果、蔬菜、牛奶和蜂蜜中，国际各大科研院所、大专院校早于20世纪60年代就开始投入用玉米芯、秸秆、棉籽壳、蔗渣等富含半纤维素的植物材料制备低聚木糖的工艺研究和产品功能特性研究。

低聚糖可从天然物中提取，也可采用酶法生产，多是由简单的乳糖、蔗糖等双糖为底物，由转移酶催化合成，或是由多糖限制性水解制得，如淀粉、菊粉、木聚糖，其生成的产物是单糖和不同链长的低聚糖，可用膜分离、色谱分离的方法除去低分子糖达到纯化的目的。目前，用功能性低聚糖开发的食品已达500多种。

任务三 黄酮类化合物

黄酮类化合物又称为生物类黄酮，也称为多酚类化合物，是自然界尤其是植物界分布较广泛的一大类天然酚类化合物，大多有颜色，是一类植物色素的总称。

生物类黄酮多指具有 2-苯基苯并吡喃基本结构的一系列化合物，也包括具有 3-苯基苯并吡喃基本结构的化合物，其主要结构类型包括黄酮类、黄烷酮类、黄酮醇类、黄烷酮醇、黄烷醇、黄烷二醇、花青素、异黄酮、二氢异黄酮及高异黄酮等。生物类黄酮多呈黄色，是一类天然色素，对热、氧、干燥和适中酸度相对稳定，在一般的加工过程中损失较少，但遇光易破坏。

一、黄酮类化合物的生理功能

1）黄酮类化合物是血管清道夫。茶类黄酮具有降低低密度脂蛋白和提高高密度脂蛋白的功效，使血液黏稠度下降，可预防因高血脂引起的高血压、心脏病、心肌梗塞、冠心病、脑血栓、脑梗塞及动脉粥样硬化等一系列心脑血管疾病。

2）类黄酮还有抗衰老、抗辐射、抗菌、抗病毒、防治龋齿、除臭、减肥等保健功能。

3）类黄酮在抗肿瘤（癌）方面发挥重要作用。

二、黄酮类化合物在食品添加剂中的应用

1. 天然甜味剂

黄酮类化合物中的二氢黄酮类化合物在适当条件下转化成二氢查尔酮糖苷，则可显甜味。它作为非糖类甜味剂并非多见，但增加了甜味剂种类，其主要存在于芳香科柑橘类的幼果及果皮中。寻找完全无毒、低热量、口味好的天然保健性甜味剂是当前植物资源利用的方向之一。

2. 天然抗氧化剂

黄酮类化合物的抗氧化作用使其可以代替合成抗氧化剂，用于油脂的抗氧化中。例如，茶叶中富含的儿茶素就是天然的抗氧化剂，可用于奶制品、方便面、糖果、冰淇淋及油炸小吃等食品，延长食品的储藏期。

3. 天然风味增强剂

有些黄酮类化合物具有增强食品风味的作用，如柚皮苷虽具有苦味，但用在饮料及高级糖果中却具有增强风味的作用。例如，柑橘汁中的橘皮苷是其特征的黄酮化合物，用其可以鉴别外观和风味类似柑橘汁的伪劣产品。用从茶叶、竹叶中提取的黄酮类混合物配制成的可乐型饮料及口香糖均具有一种天然的淡淡茶香和竹香，生津止渴，口感甚佳，具有明显的除口臭、去烟味、去蒜味及口腔灭菌功效。

4. 天然色素

黄酮类化合物多呈黄色，同时又具有很好的溶解特性，既有水溶性的黄酮类化合物，又有脂溶性的黄酮类化合物，所以完全可以根据食品加工的需要选择合适的黄酮类化合物作为着色剂。目前已获准使用的主要有花青素和查尔酮类。含花青苷的食用色素有来自杜鹃花科的越橘红色素、锦葵科的玫瑰茄红色素、葡萄科的葡萄皮色素、忍冬科的蓝锭果红色素、蔷薇科的火棘红色素、唇形科的紫苏色素。以查尔酮糖苷为主的有来自菊科的红花黄色素、菊花黄色素。

三、黄酮类化合物的来源

黄酮类化合物广泛存在于蔬菜、水果、谷物等植物中，并多分布于植物的外皮器官，即接受阳光多的部位。其含量随植物种类不同而异，一般叶菜类、果实中含量较高，根茎类含量较低。水果中的柑橘、柠檬、杏、樱桃、木瓜、李子、葡萄、葡萄柚等，蔬菜中的花茎甘蓝、青椒、莴苣、洋葱、番茄及用于饮料制作的茶叶、咖啡、可可等含量较高。果酒和啤酒也是人体生物类酮的重要来源。

任务四　类胡萝卜素

类胡萝卜素是一类重要的天然色素的总称，属于化合物，是指普遍存在于动物、高等植物、真菌、藻类和细菌中的黄色、橙红色或红色的色素。类胡萝卜素大多难溶于水，易溶于脂肪和脂肪溶剂。目前，已知的类胡萝卜素超过600种，可分为两大类，即分子中含氧原子的叶黄素类及不含氧原子只含碳、氢的胡萝卜素类。

在自然界中，类胡萝卜素广泛分布且被大量合成于高等植物的光合、非光合组织（包括叶、花、果及根）及微生物（包括藻类和某些光合和非光合细菌）中。许多动物（尤其是水生动物）的体内也含有丰富的类胡萝卜素，如鸟纲动物的毛、皮及蛋黄中经常有大量的类胡萝卜素存在。但到目前为止，没有证据证明动物自身可合成类胡萝卜素。所有动物体内的类胡萝卜素均是通过食物链最终来源于植物和微生物。

最常见的类胡萝卜素包括番茄红素及维生素A的前体——β-胡萝卜素。植物中最丰富的类胡萝卜素是叶黄素类中的叶黄素。叶黄素与其他类胡萝卜素在成熟的叶子中并不显著，这是由于叶绿素的绿色所遮盖。但是当叶绿素不存在时，如嫩叶与干枯的落叶，黄色、橙色、红色就凸显出来了。同样的原因，类胡萝卜素的颜色在成熟的水果上也是明显的（如橙子、马铃薯、香蕉等），也是由于起遮盖作用的叶绿素的消失。

类胡萝卜素是优良的抗氧化剂，能清除体内的自由基，在防癌、抗癌、抗衰老、调节机体免疫、预防心血管疾病和预防眼病等方面也起作用。

有些类胡萝卜素在食品添加剂中作为天然着色剂，如β-胡萝卜素、番茄红素、玉米黄质、叶黄素、辣椒红、藏花素、胭脂树橙、红酵母红素等。

任务五　生　物　碱

生物碱是存在于自然界（主要为植物，但有的也存在于动物）中的一类含氮的碱性有机化合物，具有类似于碱的性质。大多数有复杂的环状结构，氮素多包含在环内，有显著的生物活性，是中草药中重要的有效成分之一，具有光学活性，有些不含碱性而来源于植物的含氮有机化合物，有明显的生物活性，故仍包括在生物碱的范围内。而有些生物碱来源于天然的含氮有机化合物，如某些维生素、氨基酸、肽类，习惯上又不属于生物碱。

生物碱具环状结构，难溶于水，与酸可以形成盐，有一定的旋光性和吸收光谱，大多有苦味，呈无色结晶状，少数为液体。生物碱有几千种，由不同的氨基酸或其直接衍生物合成而来，是次级代谢物之一，对生物机体有毒性或强烈的生理作用。

此类化合物在天然产物研究中都占有极其重要的地位，它对人类治疗疾病和发展化学药物方面都起了很大的作用。生物碱类大多具有生物活性，往往是许多药用植物（包括中草药）的有效成分。例如，鸦片的镇痛成分吗啡、麻黄的抗哮喘成分麻黄碱、长春花的抗癌成分长春新碱、黄连的抗菌消炎成分黄连素等。

生物碱集中地分布在裸子植物、被子植物中，也分布于低等植物的蕨类、菌类中。例如，裸子植物的红豆杉科、松柏科、三尖杉科等植物中；单子叶植物的百合科、石蒜科和百部科等植物中；双子叶植物的毛茛科、罂粟科、豆科、小檗科、防己科、番荔枝科、芸香科、龙胆科、夹竹桃科、马钱科、茜草科、茄科、紫草科等植物中。许多种蔬菜、水果中都含有多种生物碱。在植物体内各个器官和组织都可能有分布，但对于一种植物来说，生物碱往往在植物的某种器官含量较高。

生物碱具有多种多样的生理活性，生物碱的主要生理活性如下：

（1）抗癌作用　苦参碱有抑制肿瘤细胞增殖的效果，用苦参碱治疗宫颈癌、胃癌、肝癌、胆囊癌，有效率达60%。

（2）降压、降血脂作用　党参中提取出的党参碱具有降压活性。

（3）抗菌、镇静、安定、止痛作用　石杉碱甲具有提高学习、记忆效果的功能。苦参碱对中枢神经系统具有明显的抑制作用，与安定作用相似，临床用于催眠的总有效率达95%，并具有明显的镇痛作用，其作用机制与中枢调节有关。

（4）抗杀虫作用　奎宁有抗疟作用。在农业生产中利用生物碱杀虫，进行无公害农业的生产。有些生物碱含量较低的时候对人体有益，但是含量很高的时候就会显示毒性。土豆中所含的龙葵碱就属于这样的生物碱。少量的龙葵碱既是优良的天然活性物质，又能缓解痉挛，还能减少胃液分泌，对胃疼有效；但大量的龙葵碱则对人体有害，可引起恶心、呕吐、头晕、腹泻等中毒现象，严重的还会造成死亡。并非所有的生物碱都对人体有益，有些生物碱的毒性很强，即使含量很少也会对人体产生毒害。例如，许多野蘑菇中就含有剧毒的生物碱。仙人掌中的生物碱有毒，蛇毒和蟾蜍毒也是生物碱，但是中医能用这些有毒的东西治疗很多疾病，而且疗效显著。

任务六　香　豆　素

香豆素是具有苯并 α-吡喃酮基母核的一类化合物。香豆素又名香豆精，在植物中分布广泛，尤以伞形科、豆科、芸香科、菊科等植物中为多，原多数用作香料，后因发现其具有多方面的生物活性，如具有扩张冠状动脉、抑制肿瘤与防御紫外线烧伤作用而受到重视。伞形科蔬菜包括胡萝卜、芹菜、芫荽、小茴香等的香辛气味主要由各种倍半萜和香豆素类挥发成分组成，其中呋喃香豆素类有一定的防癌作用，也是伞形科蔬菜主要的杀虫物质。伞形科蔬菜本身含有杀虫成分，因此很少需要喷洒农药，故多属于 A 级绿色食品。香豆素类还有降低血糖的作用。中老年 II 型糖尿病患者若经常食用富含香豆素的食物，不仅可以改善糖尿病症状，而且对糖尿病并发高血压病、视网膜损害及肥胖病等症状多有较好的防治作用。

任务七　葫　芦　素

葫芦素是植物中的苦味素，是一类四环三萜化合物，主要分布于葫芦科植物中（葫芦科植物中包括各种瓜果，如黄瓜、冬瓜、西瓜、甜瓜等），在十字花科、玄参科、秋海棠科、杜英科、四数木科等高等植物及一些大型真菌中也有发现。

葫芦素的生理功能主要表现在两个方面：①它也是优良的抗氧化剂，能清除体内的自由基，对逆转细胞免疫缺陷、激发细胞免疫功能、阻止肝细胞脂肪变性和抑制肝纤维增生等方面有一定作用；②解毒清热，能消退黄疸，降低血清丙氨酸氨基转移酶、麝浊、锌浊，消除腹水，以及改善蛋白代谢。

园艺产品营养与检测

任务八　鞣　质

　　鞣质又称为单宁，是存在于植物体内的一类结构比较复杂的多元酚类化合物。鞣质能与蛋白质结合形成不溶于水的沉淀，故可用来鞣制毛皮，即与兽皮中的蛋白质相结合，使皮成为致密、柔韧、难于透水且不易腐败的革。鞣质存在于多种树木（如橡树和漆树）的树皮和果实中，也是这些树木受昆虫侵袭而生成的虫瘿中的主要成分，含量达50%～70%。鞣质为黄色或棕黄色无定形松散粉末，在空气中颜色逐渐变深，有强吸湿性，不溶于乙醚、苯、氯仿，易溶于水、乙醇、丙酮，水溶液味涩，210～215 ℃时分解。

　　鞣质广泛存在于植物界，约70%以上的生药中含有鞣质类化合物，尤以在裸子植物及双子叶植物的杨柳科、山毛榉科、蓼科、蔷薇科、豆科、桃金娘科和茜草科中为多。鞣质存在于植物的皮、木、叶、根、果实等部位，树皮中尤为常见，某些虫瘿中含量特别多，如五倍子所含鞣质的量可达70%以上。在正常生活的细胞中，鞣质仅存在于液泡中，不与原生质接触，大多呈游离状态存在，部分与其他物质（如生物碱类）结合而存在。

　　植物是人类食物主要的来源之一，其中的鞣质含量达20%～40%，人们在使用粮食、蔬菜、水果及饮用茶叶和饮料的同时总是要或多或少地摄入鞣质。植物中的鞣质与口腔黏膜或唾液蛋白结合生成沉淀，引起舌上皮组织的收敛和干燥感，这就是食品产生涩味的原因。

　　茶叶独特的涩味来源于其中的鞣质类成分。由于其抗氧化作用、清除自由基能力和广谱的抗菌作用，从食用植物中提取纯化的鞣质可以作为天然的食品添加剂，也可作为一种高效、安全、有保健作用的抗氧剂和防腐剂。

　　鞣质因氧化偶合及分子降解反应生成天然色素从而改变食品、茶叶的色泽。红茶的制作过程就是利用鞣质的氧化反应，从而得到红茶特有的红色色调和较弱的涩味。

　　鞣质也是果酒和果汁饮料中的重要组成部分，尤其是红葡萄酒，其色泽、涩味、苦味均与植物中的鞣质有关。利用鞣质与饮料中蛋白质结合形成沉淀的原理，在饮料工业中可将鞣质作为果酒、啤酒等饮料的澄清剂，除去其中的蛋白质。

　　鞣质具收敛性，内服可用于治疗胃肠道出血、溃疡和水泻等症状；外用于创伤、灼伤，可使创伤后渗出物中的蛋白质凝固，形成痂膜，可减少分泌和防止感染，鞣质能使创面的微血管收缩，有局部止血的作用。鞣质能凝固微生物体内的原生质，故有抑菌作用，有些鞣质具有抗病毒作用，如贯众能抑制多种流感病毒。鞣质可用作生物碱及某些重金属中毒时的解毒剂。鞣质具较强的还原性，可清除生物体内的超氧自由基，延缓衰老。此外，鞣质还有抗变态反应、抗炎、驱虫、降血压等作用。

　　过量食用鞣质的不良表现有：

　　（1）能使蛋白质沉淀，不利于人体对蛋白质的吸收　饭前半小时和饭后半小时内不要吃富含鞣质的水果。若大量的高蛋白食物和大量的富含鞣质的食物在胃中混合，那么蛋白质和鞣质结合就会形成大小不等的硬块，如果这些硬块不能通过幽门到达小肠，就会滞留在胃中形成结石，并且会越积越大。如果结石无法自然被排出，那么就会造成消化道梗阻，出现上腹部剧烈疼痛、呕吐甚至呕血等症状。所以，吃了较多的鱼、肉、虾、蛋、奶、昆虫等高蛋白食物后，应少食或忌食柿子、李子、苹果、桑葚、梨、山楂、石榴、葡萄、杨梅、柠檬、橄榄等富含鞣质的水果，应至少间隔4 h再吃这类水果；或者吃了较多的富含鞣质的水

42

果后，应少食或忌食高蛋白食物。

（2）大量的鞣质对胃黏膜有刺激性，可引起恶心、呕吐　有的人喝了浓茶以后会出现恶心、呕吐症状，就是这个原因。严重时会引起肝脏毒性，甚至死亡。所以，一定不能吃不成熟的柿子、李子、苹果、桑葚、梨、山楂、石榴、葡萄、杨梅、柠檬、橄榄等富含鞣质的水果，也不要喝浓茶。

任务九　果　　酸

果酸是指广泛存在于水果和蔬菜中的天然有机酸，最常见的有苹果酸、柠檬酸（枸橼酸）、琥珀酸、酒石酸、鞣酸、甘醇酸、丙醇二酸、熊果酸、乳酸、草酸等。维生素C（抗坏血酸）就是一种重要的果酸。

蔬菜中含有多种有机酸，但是绝大多数蔬菜中的有机酸含量较少，而且常以有机酸盐的形式存在，所以，我们在食用绝大多数的蔬菜时感觉不出有酸味。只有西红柿等少数蔬菜中有机酸的含量稍高，可感觉出酸味。大多数的有机酸盐进入胃里就会被胃酸（盐酸）置换出来。

水果中的有机酸绝大多数以游离状态存在，而且含量比较高，所以很多水果有酸味。

绝大多数的果酸像维生素C一样，具有良好的生物活性，其作用主要是刺激新的细胞生长，除过度角化的角质层，帮助患者去除受损的外层皮肤，具有润滑皮肤、增加肌肤弹性、改善皮肤质地的功能，常作为皮肤护理用化妆品的基料。果酸还有三个功效：

1）能刺激人体消化腺分泌，有利于人体对脂肪及蛋白质的消化，增进食欲；能调整胃肠功能，有助胃肠疾病的康复；还有促进新陈代谢、滋养身体的作用。

2）对维生素C的稳定性有保护作用。这些酸可使维生素C稳定而不易被破坏，从而使食物中所含维生素C即使在烹调加工过程中也不易被氧化。

3）它们能和酒精（乙醇）发生化学反应，生成相应的酯类化合物，所以有解酒的作用。

果酸在食品生产中也是常用的食品添加剂，作为酸味剂使用。

任务十　挥　发　油

挥发油又称为精油，是存在于植物中的一类具有芳香气味、可随水蒸气蒸馏出来而又与水不相混溶的挥发性油状成分的总称。大部分挥发油具有香气，如薄荷油、丁香油等。植物精油的制备是以自然界中植物的花、叶、茎、根、皮、树胶和果实等为原料，经水蒸气蒸馏法、压榨法、吸收法、溶剂萃取法和超临界二氧化碳萃取法等方法制取。

挥发油为多种类型化合物的混合物，按化学成分可将植物精油分为四大类：

（1）脂肪族化合物　经检测发现，脂肪族化合物几乎存在于所有的精油中，但一般含量较少，如橘子、香茅等精油中的异戊醛，缬草精油中的异戊酸，沙棘油中的乙酸乙酯等。脂肪族化合物仅在橙花、薰衣草、菊、茉莉等精油成分中含量较大。

（2）芳香族化合物　芳香族化合物为精油中的第二大类化合物，仅次于萜烯类，主要有两类衍生物，其中一类是萜源衍生物，如百里草酚、孜然芹烯、姜黄烯等；另一类是苯丙烷类衍生物，如桂皮中的桂皮醛等。还有少部分具有 C-6—C-2 骨架化合物，如玫瑰油中的苯乙醇。

（3）萜类衍生物　萜烯类化合物是精油的主要成分，如月桂烯、薰衣草醇、环柠檬醛、草酚酮、樟脑、蒎烯、茴香醇等单萜类衍生物；金合欢烯、γ-没药烯、吉马酮、α-桉叶醇、β-杜松烯、愈创木醇、广藿香酮等倍半萜衍生物；油杉醇等二萜衍生物类。

（4）含氮、含硫类化合物　含氮、含硫类化合物多存在于具有辛辣刺激的植物精油中，如大蒜中的二烯丙基三硫化合物、黑芥子中的异硫氰酸烯丙酯、洋葱中的三硫化物等。

含挥发油的园艺植物和中草药非常多，也多具有芳香气味，尤以唇形科（薄荷、紫苏、藿香等）、伞形科（茴香、当归、芫荽、白芷、川芎等）、菊科（艾叶、茵陈蒿、苍术、白术、木香等）、芸香科（橙、橘、花椒等）、樟科（樟、肉桂等）、姜科（生姜、姜黄、郁金等）等科更为丰富。

精油是高挥发性物质，可由鼻腔黏膜组织吸收进入身体并直接送到脑部，通过大脑的边缘系统调节情绪和身体的生理功能。精油也可以通过皮肤渗透进入血液循环，能有效地调理身体，达到舒缓、净化等作用。因此，植物精油主要被用来制备香精、香水。但是随着人们生活水平的提高和科学技术的进步，人们对植物精油的认识不断深入，把植物精油的应用延伸到各个领域。通过研究发现，不同的植物精油分别具有发汗、理气、止疼、矫味、杀菌、防腐、抗氧化、抗衰老、降压、安神镇定、抗肿瘤等作用。如今，在食品保鲜、医药保健、农作物病虫害防治等方面都用到了植物精油。植物精油作为一种天然的、具有高生物活性的自然资源，具有毒性小、来源广泛的特点。植物精油在人们生活中的应用越来越广泛。

思考题

1. 果蔬中含有哪些生物活性物质？
2. 活性多糖有哪些保健功能？
3. 功能性低聚糖的来源有哪些？
4. 黄酮类化合物生理功能有哪些？
5. 类胡萝卜素有哪些生理功能？

项目三 各类园艺产品的营养价值

- 了解各类园艺产品的营养价值和分类，以及其对人类的保健功效。

- 在学习了解各类园艺产品的营养价值及保健功效的基础上，能够掌握一定的膳食指导和建议，并且能够在实践中应用。

任务一　水　　果

水果是指多汁且有甜味的植物果实，不但含有丰富的营养且能够帮助消化。水果是对部分可以食用的植物果实和种子的统称。水果有降血压、减缓衰老、减肥瘦身、皮肤保养、明目、抗癌、降低胆固醇等保健作用。我国是世界上果树资源极其丰富的国家之一。据初步统计，现有果树50多类、800余种。讨论水果的作用对把握水果的营养保健具有重要的意义。

一、水果的营养作用

水果是我国人民的重要食品，与人体健康息息相关。随着人民生活水平的提高和饮食结构的不断改善，水果已经成为人们日常生活中不可缺少的食品。现在一年四季均有新鲜水果上市，可以调剂人们的口味。水果不但种类多、香甜可口，并且属于生食食品，营养价值高，在维持人体正常生理功能、促进生长发育、防治疾病、延缓衰老等方面都具有特殊的保健功能，因此颇受人们喜爱。

现在在一般家庭中，水果的用量越来越大，饮食安排以"五果为助"，这是由温饱型向小康型转变的一个标志。水果中含有人体需要的多种维生素，特别是含有丰富的维生素C，可增强人体的抵抗力，防止感冒、坏血病等，促进外伤愈合，维持骨骼、肌肉和血管的正常功能，增加血管壁的弹性和抵抗力。常吃水果对高血压、冠心病的防治大有好处。β-胡萝卜素在黄绿色水果中含量较多，它在体内经酶作用可生成维生素A，能增强人体对传染病的抵抗力，防治夜盲症，促进生长发育，维持上皮细胞组织的健康。水果中含有丰富的葡萄糖、果糖、蔗糖，能直接被人体吸收，产生热能。丰富的有机酸能刺激消化液的分泌，有助于消化。水果中矿物质的含量和种类也十分丰富，故常吃水果可以维持体内的酸碱平衡，有利于高血压和肾炎等疾病的缓解和康复。水果和蔬菜一样含有很多膳食纤维，能起到促进肠蠕动的作用，可防止便秘，有利于体内废物及毒素的排出。

二、水果的美容作用

我们在日常生活中只看到了水果的营养作用，却忽略了它所具有的美容功能。其实，水果是最有效且最安全的美容食品。因此，在护肤品配方中才会有各种水果的身影，而水果也确实能让肌肤保持自然靓丽。

"回归自然，医食同源"的养生观念如今已在世界范围内得到认可。多吃水果能让人健美，以新鲜的水果作为食疗佳品可排毒养颜和轻身减重，是人们的最佳选择。但是，大多数人通常只选择自己喜欢吃的水果，并不了解不同种类水果的作用也有区别，从而忽略了身体的不同需要。例如，木瓜能为女人增添丰韵，桃子能美容保湿，草莓能安神助眠，荔枝能使人体力充沛，香蕉则将女性带离忧郁的阴霾。只有科学而有针对性地选择水果，才能最大限度地获得自然的恩泽。

例如，润泽美肤的水果有苹果、草莓、木瓜、菠萝、芒果、桃等，这类水果富含多种果酸、维生素 C 和维生素 E 及矿物质，对于维护皮肤的水润嫩滑有非常明显的作用。美白净化类的水果有柠檬、柚子、香橙、樱桃等，这类水果富含维生素 C，能使皮肤变得光滑细腻、白嫩丰满，是脸色暗黄、有斑点的女士的上乘之选。同时，维生素 C 还能提高人的免疫功能，对于预防各种疾病有很好的保健作用。排毒养颜类的水果有香蕉、西瓜、樱桃、葡萄等，这类水果通常有调理肠胃、利尿排毒的作用。

三、水果的药物作用

1. 抗癌作用

美国癌症研究院曾根据世界卫生组织、美国农业部等有关部门对癌症的研究提出每天至少摄取五份蔬菜、水果，才能降低 20% 的罹癌风险。水果的防癌作用一般认为是其所含的维生素、粗纤维和微量元素等在起作用。其实，这种看法不全面。蔬菜、水果中存在着一种或多种能阻止或减慢癌症发展的物质。例如，草莓的抗癌效果居水果之首。新鲜草莓中含有一种奇妙的鞣酸物质，可在体内产生抗毒作用，阻止癌细胞的形成。草莓适宜鼻咽癌、扁桃体癌、喉癌、肺癌患者及这些癌症患者在放疗期间食用，可以收到生津止渴、润肺止咳、利咽润喉的效果，对缓解放疗反应、减轻病症、帮助康复也有益处。

2. 减肥作用

利用水果减肥，首先要选择含糖少的水果。据研究，菠萝、哈密瓜、木瓜、奇异果、香蕉、葡萄等水果的含糖指数较高，应避免摄取太多这类水果。而苹果、猕猴桃、柠檬、李子、樱桃、柑橘类等含糖指数较低，是减肥一族在搭配水果餐时的较佳选择。

其次，最好餐前吃水果。研究表明，在进餐前 20~40min 吃一些水果或饮用一两杯果汁，则可防止进餐过多导致的肥胖，因为水果或果汁中富含果糖和葡萄糖，可快速被机体吸收，提高血糖浓度，降低食欲。水果内的粗纤维还可让胃部有饱胀感。另外，餐前进食水果可显著减少人们对脂肪性食物的需求，也就间接地阻止了过多脂肪在体内囤积的不良后果。但是，很多水果，如柿子、山楂、杏仁、菠萝等都不能空腹吃。为了减肥，餐前食用水果时，最好选择酸性不太强、涩味不太浓的水果，如苹果、梨、香蕉、西瓜、甜瓜等。而饭后吃水果难以达到减肥的效果，因为饭后吃水果就等于吃多余的糖，这部分多余的糖容易转化为脂肪储存在体内，可能会增肥。尤其不要在晚餐后大量吃水果，因为晚间进食后合成脂肪积累在体内的可能性最大。但是，有些水果有促进消化的作用，如富含蛋白酶的菠萝和猕猴桃，富含有机酸的柠檬、山楂等，对于这类水果可在餐后 1 h 左右再吃。

很多女性在减肥时将水果作为正餐，这种做法并不科学。水果中富含维生素、矿物质，对人体健康非常有益，但不能将水果当作正餐，如果过度食用水果，将对人体内分泌系统、消化系统、免疫系统等产生不利影响。从营养学的角度来说，单靠吃水果难以满足人体对碳水化合物、矿物质、蛋白质等多种基本营养素的需求，并且大部分水果含糖指数较高，长期大量摄入也不易达到理想的减肥效果。

常见的减肥水果有苹果、猕猴桃、葡萄柚、梨、香蕉、葡萄、菠萝、奇异果等。

3. 降脂作用

有些水果有降脂作用，中老年人每天应进食适量的水果，可起到降低血脂、改善心肌功能的作用。具有降脂作用的水果有苹果、山楂、葡萄等。

4. 降压作用

高血压病患者每天选食一些具有降血压作用的水果，对降低血压有良好的辅助治疗作用。具有降压作用的水果有香蕉、苹果、菠萝、西瓜、猕猴桃等。

5. 健脑作用

水果所含的营养成分中有不少对人的智力有促进作用。研究发现，植物的果实、种子能使人耳聪目明，确有健脑的作用。例如，核桃仁中含有对大脑发育十分有利的成分，如脂肪、蛋白质、糖类、钙、磷、铁、磷脂、锌、镁及维生素 A、维生素 B_1、维生素 B_2、维生素 C、维生素 E 等。药理试验证明，核桃能增加人血白蛋白和大脑的营养供应。核桃中所含的微量元素和磷脂等成分能促进神经细胞的增生；维生素 A、维生素 C、维生素 E 有减少大脑耗氧量的作用；铁、镁、锌能维持记忆力。

四、常见水果的营养成分及保健作用

1. 桃

桃属于核果类水果。此类水果还有杏、李子、樱桃、梅子等。桃为蔷薇科多年生落叶乔木植物，其成熟果实可为人们食用。桃原产于我国的陕西、甘肃一带，已有 3000 多年的栽培历史，后来才逐步传入欧洲及世界各地。世界上约有 60 个国家和地区栽培桃树，意大利和美国最多，其次是西班牙、希腊、法国、俄罗斯和中国。

我国除黑龙江省外，其他各省、市、自治区都有桃树栽培，主要经济栽培地区在华北、华东各省。桃在全世界有 3000 多个品种。中国约有 800 个品种，依其地理分布并结合生物学特性和形态特征，可分为五个品种群：北方品种群、南方品种群、黄肉品种群、蟠桃品种群、油桃品种群。

桃的营养丰富，含有较多的糖类且都是易于消化的蔗糖、葡萄糖、果糖等；含有蛋白质、脂肪、维生素 A、维生素 B、维生素 C 和果酸、柠檬酸等，以及钙、磷、铁等矿物质。尤其是铁含量较多，为苹果和梨含铁量的 4～6 倍。

每 100 g 桃含热量 210 kJ、蛋白质 0.9 g、脂肪 0.1 g、碳水化合物 12.2 g、膳食纤维 1.3 g、维生素 A 3 μg、胡萝卜素 20 μg、维生素 B_1 0.01 mg、维生素 B_2 0.03mg、烟酸 0.7 mg、维生素 C 7mg、维生素 E 1.54mg、钙 6 mg、磷 20 mg、钾 166 mg、钠 5.7 mg、镁 7 mg、铁

0.8 mg、锌 0.34 mg、硒 0.24 μg、铜 0.05 mg、锰 0.07 mg。

桃的营养保健作用主要体现在以下两个方面：

（1）生血作用 桃子果肉的含铁量较高，在各种水果中仅次于樱桃，所以具有促进血红蛋白再生的能力，可防治缺铁引起的贫血。

（2）利尿作用 桃含钾量较高，含钠少，适宜有水肿的病人，作为服用利尿药时的辅助食物。

2. 苹果

苹果属于仁果类水果。此类水果还有梨、山楂、海棠、枇杷等。苹果为蔷薇科乔木植物，其果实可为人们食用。苹果原产于欧洲和中西亚地区，在我国主产于东北、华北、华东等地，以山东、辽宁两省的产量最大、质量最好。由于苹果的产量高、品种多及供应期长，它是我国第一大水果，素有"水果皇后"之称，并与葡萄、柑橘、香蕉一起被列为"世界四大水果"。

苹果是世界上种植最广、产量最大的果品，目前有 400 多个品种，我国主要栽培的品种有红富士、新红星、国光、金冠、秦冠、国光、乔纳金等。

苹果营养丰富，含有蛋白质、脂肪、糖类和多种维生素、钾、钙、磷、铁、锌及纤维素、果胶，还含有苹果酸、柠檬酸、酒石酸、鞣酸与酪氨酸、P-香豆酸、山梨醇、柚皮苷、香橙素、胡萝卜素、维生素 B_1、烟酸、抗坏血酸等物质。

每 100 g 可食部分含热量 188 kJ、蛋白质 0.7 g、脂肪 0.4 g、碳水化合物 9.6 g、维生素 C_2 mg、维生素 B_1 0.01 mg、视黄醇当量 86.9 μg、膳食纤维 2.1 g、维生素 E 1.46mg、维生素 A 10 μg、胡萝卜素 0.3 μg、钙 3 mg、镁 5 mg、铁 0.7 mg、铜 0.06 mg、锰 0.05 mg、钾 115 mg、钠 0.7 mg、磷 11 mg、硒 0.98 μg。

苹果的营养保健作用主要体现在以下几个方面：

（1）促进消化 苹果所含的有机酸能刺激胃液的分泌，具有促进消化的作用；苹果所含的果胶也有帮助消化的作用。

（2）通便、止泻 苹果有通便和止泻双重作用。一方面，苹果所含的纤维素能使肠内的粪便变软；苹果所含的有机酸可刺激胃肠蠕动，使大便通畅。另一方面，苹果中含有果胶能抑制肠道不正常的蠕动，从而抑制轻度腹泻。

（3）抗癌作用 德国营养学家施伦克研究发现，苹果含有丰富的果胶和其他营养成分，经常食用苹果可以有效地降低患肠癌的风险。苹果中的果胶会清除人体肠胃中的细菌，从而破坏癌细胞生长所必需的酶。苹果中还含有降低患肠癌风险的其他物质，如醋酸对肠胃壁的细胞来说不仅是营养物质，而且具有重要的保护天然助消化物质以对付肠癌的功效。近年来，美国一些医生将苹果中所含的维生素 B_{12} 提炼后制成针剂，对癌症患者有明显的治疗效果。

（4）排毒养颜 首先，苹果中所含的果胶能促进胃肠中的铅、汞、锰等有毒物质的排出，常食用苹果可清除体内毒素。其次，苹果含大量苹果酸和钾盐，能中和洗净残留在皮肤上的碱性物质，增加皮肤的红色素，使皮肤细嫩红润，还能预防皮肤老化。

（5）妊娠保健 妇女妊娠反应期间宜食苹果。一方面可补充碱性物质及钾和维生素，另一方面可调节水盐代谢及电解质平衡，防止因频繁呕吐导致的酸中毒。苹果所含的磷和铁易于消化和吸收，有益于孕妇及胎儿生长发育等。

（6）防治前列腺炎　国外通过一项研究发现，前列腺液中含有一定量的抗菌成分，这种抗菌成分是一种含锌蛋白，其主要成分是锌，其抗菌作用与青霉素相似，故把这一抗菌成分称为前列腺液抗菌因子。并且发现患慢性前列腺炎时，锌含量明显降低，并难以提高。国外的另一项临床医学研究发现，苹果汁对锌缺乏症具有惊人的疗效，作为一种简便易行的治疗手段，"苹果疗法"容易被广大的前列腺炎患者接受。苹果汁比含锌高的药物更具疗效，并且易消化吸收，其疗效与苹果汁的浓度成正比，浓度越高疗效越佳。

（7）降脂作用　研究证明，苹果本身不含胆固醇，并且能促进胆固醇从胆汁排出；苹果含有大量的果胶，能阻止肠道内胆固醇的吸收；苹果在肠道内经消化产生的乙酸有利于胆固醇的代谢。每日吃两个苹果的人，胆固醇可降低 16%。因此，苹果对于中老年人，特别是胆固醇偏高者，称得上是理想的水果。

（8）降压作用　苹果含有钾，可将血液中的钠盐置换出来并排出体外，从而调节钾、钠平衡，对血管可起保护作用。因此，苹果是高血压、肾炎水肿患者的健康食品。

（9）防治心脑病　苹果含有丰富的类黄酮，类黄酮是一种天然抗氧化剂，可抑制低密度脂蛋白，发挥抗动脉硬化和抗冠心病的作用；类黄酮还能抑制血小板聚集，降低血液黏稠度，减少血管栓塞的倾向，从而防止心脑病的发生。荷兰医学家认为，患冠心病者每天吃一个苹果，可以把因冠心病导致的死亡率降低一半。

（10）防治缺碘病　熟苹果所含的碘是香蕉的 8 倍，因此，苹果是防治缺碘引起的甲亢病的最佳食品。

（11）增强记忆　苹果不仅含有丰富的糖、维生素和矿物质等大脑必需的营养素，更重要的是富含锌元素。锌是构成与记忆力息息相关的核酸和蛋白质的必不可少的元素。缺锌可使大脑皮层边缘部海马区发育不良，影响记忆力。人们发现多吃苹果有增进记忆、提高智力的效果，故苹果有"智慧果""记忆果"的美称。

（12）解郁作用　苹果的香气是治疗抑郁和压抑感的良药。专家们经过多次试验发现，在诸多气味中，苹果的香气对人的心理影响最大，具有明显的消除心理压抑感的作用。临床实践证明，让精神压抑的患者嗅苹果香气后，心境大有好转，精神轻松愉快，压抑感消失。

（13）预防呼吸道疾病　苹果中含有大量的槲皮素和黄酮类抗氧化剂，可保护肺部免受有害气体和烟尘的影响，多吃苹果有助于预防呼吸系统疾病。

3. 葡萄

葡萄属于浆果类水果。此类水果还有草莓、猕猴桃、石榴、柿子、无花果、木瓜、火龙果等。浆果类是依据果实成熟后果肉呈浆液状这一特点进行分类的，并不能真正反映该果实的构造特征，因而它包括了一些构造不同的果实。

葡萄为葡萄科多年生落叶藤本植物，其成熟果实可为人们食用。葡萄于公元前 2 世纪至公元前 1 世纪间传入中国，据说是汉朝张骞出使西域时由中亚经丝绸之路带入我国的，故我国葡萄的栽种历史已有 2000 多年之久。中国葡萄产区有新疆吐鲁番、和田，山东烟台，河北张家口、宣化、昌黎，辽宁大连、沈阳及河南民权、开封等地。

葡萄按其用途可分成酿酒葡萄、制干葡萄、制汁葡萄、制罐葡萄和鲜食葡萄五类。全世界葡萄的栽培品种达 8000 个以上，我国目前栽培的品种有 800 多个，主要为欧洲葡萄和美洲葡萄两大种。

葡萄营养丰富，糖类占 15%～25%，而且主要为葡萄糖，此外还有果糖、蔗糖；含有少量的蛋白质和脂肪，还含有人体不可缺少的谷氨酸、精氨酸、色氨酸等 10 多种氨基酸；含有大量的有机酸，如酒石酸、柠檬酸、苹果酸、草酸等；含有果胶、卵磷脂和多种维生素，如维生素 C、维生素 E、胡萝卜素、烟酸、维生素 B_2、维生素 B_1；还含有钾、钠、钙、磷、镁、铁及少量的锌、锰、铜、硒等。

每 100 g 葡萄含水分 87.9 g、蛋白质 0.2 g、胡萝卜素 0.04 mg、维生素 B_1 0.04mg、维生素 B_2 0.01 mg、烟酸 0.1 mg、维生素 C 4mg、维生素 A 0.4 mg、钙 4 mg、磷 15 mg、铁 0.6 mg、钾 2.2 mg、钠 2.0 mg、镁 6.6 mg、氯 2.2 mg。

葡萄的营养保健作用主要体现在以下几个方面：

（1）抗病毒　葡萄中含有天然的聚合苯酚，能与病毒或细菌中的蛋白质化合，使之失去传染疾病的能力，尤其对肝炎病毒、脊髓灰质炎病毒等有很好的杀灭作用。

（2）防癌抗癌　葡萄中含有一种叫白藜芦醇的化合物质，可以防止正常细胞的癌变，并能抑制已恶变细胞扩散，有较强的防癌抗癌功能。

（3）抗贫血　葡萄中含有抗恶性贫血作用的维生素 B_{12}，尤其是带皮的葡萄发酵制成的红葡萄酒，每升中含维生素 B_{12} 12～15 mg。因此，常饮红葡萄酒有益于治疗恶性贫血。

（4）抗动脉粥样硬化　研究发现，葡萄酒在增加血浆中高密度脂蛋白的同时，能减少低密度脂蛋白的含量。低密度脂蛋白可引起动脉粥样硬化，而高度密度脂蛋白有抗动脉粥样硬化的作用。

（5）保护心血管　最新研究表明，葡萄汁能比阿司匹林更好地阻止血栓形成。试验结果显示，紫葡萄汁中的黄酮类化合物能减少血小板凝聚的活动，阻止血栓的形成。每天喝一杯葡萄汁能使血小板黏度下降约 40%，而且葡萄汁与阿司匹林不同的是其中黄酮类化合物不会使肾上腺素含量增加。

（6）补益和兴奋大脑神经　葡萄果实中的葡萄糖、有机酸、氨基酸、维生素的含量都很丰富，可补益和兴奋大脑神经，对治疗神经衰弱和消除过度疲劳有一定效果。

任务二　蔬　　菜

蔬菜是指可以做菜、烹饪成为食品的，除了粮食以外的其他植物（多属于草本植物）。蔬菜是人们日常饮食中必不可少的食物之一。蔬菜和粮食、瓜果一样有多方面的作用，而营养作用、食疗作用、美容作用和抗癌作用等是蔬菜的主要作用。

一、蔬菜的营养作用

蔬菜中含有大量的水分，通常为 70%～90%，蛋白质含量仅为 2% 左右，脂肪成分则更少，除根、茎类的薯、芋以淀粉为主外，一般蔬菜中碳水化合物的含量也不多。因此，蔬菜很少提供热能。但是，蔬菜含有多种维生素和一定数量的某些无机盐和丰富的食物纤维。1990 年，国际粮农组织统计，人体必需的维生素 C 和维生素 A 分别有 90% 和 60% 来自蔬菜，可见人们身体所需要的许多营养来自于摄入的蔬菜。在生活中，人们往往凭着蔬菜价格与味道作为选用蔬菜的标准，其实这很不科学。判断蔬菜的营养价值主要是该蔬菜内含有多少人体必需的维生素、矿物质和纤维素等。

蔬菜中的主要营养素包括维生素、矿物质、纤维素和芳香油等。

1. 维生素

（1）蔬菜中的维生素 C　新鲜蔬菜中都含有维生素 C，尤其以绿叶蔬菜中的含量最高。蔬菜中的维生素 C 可激活羟化酶，促进组织中胶原的形成，参与体内氧化还原反应，起抗氧化剂的作用；能促进铁的吸收，防治坏血病。维生素 C 在蔬菜中普遍存在，其中以辣椒、西红柿、青菜、草头、甘蓝等尤为丰富。每天补充一定量的维生素 C 可以预防感冒，增强肌体对各种疾病的抵抗力。

（2）维生素 A 和胡萝卜素　蔬菜中维生素 A 的作用是维持上皮组织与视力正常，维生素 A 不足会导致夜盲症、皮肤干燥、降低对传染病的抵抗力。蔬菜中的胡萝卜素可在人体内通过化学作用转化为维生素 A，含胡萝卜素较多的蔬菜有胡萝卜、韭菜、菠菜、塌菜、白菜、卷心菜、米苋、芥菜等，尤其是胡萝卜，含有极丰富的胡萝卜素。

（3）蔬菜中的 B 族维生素　B 族维生素具有增进食欲、促进生长，以及帮助糖类、脂肪和蛋白质的分解和利用的作用。含维生素 B_1 较多的蔬菜有金针菜、草头、香椿、芫荽、莲藕、马铃薯等；含维生素 B_2 较多的蔬菜有菠菜、芥菜、白菜、芦笋、草头、金针菜等。

（4）蔬菜中的维生素 P　维生素 P 能增强微血管的作用，可以防止血管脆裂出血。蔬菜中茄子含维生素 P 最多。

2. 矿物质

蔬菜中的矿物质不仅与人体骨骼、牙齿、神经的健全、发育有关，而且由于蔬菜含有较多的钙、镁、钠、钾等成分，使蔬菜成为碱性食物，可以中和蛋白质、脂肪产生的酸性，调节人体酸碱平衡，所以，蔬菜对人体酸碱平衡的维持是非常重要的。菠菜、芹菜、卷心菜、白菜、胡萝卜等含有丰富的铁盐；洋葱、丝瓜、茄子等含有较多的磷；绿叶蔬菜含有丰富的钙；海带、紫菜还含有丰富的碘。

3. 纤维素

蔬菜中含有纤维素、半纤维素等不为人体消化酶水解的部分，可阻止或减少胆固醇的吸收。蔬菜中的粗纤维素具有促使肠管蠕动，加速粪便在肠道内的推进等作用，从而可消除便秘。纤维素在防止和治疗动脉粥样硬化、冠心病、胃肠道癌瘤、肥胖病、痔疮、糖尿病方面也能发挥特殊的作用。

4. 芳香油

蔬菜中含有芳香油、有机酸和硫化物等。辣椒素、生姜中的姜油酮等，不仅吃起来有特殊风味，能促进食欲，还可以促进人体内的内分泌，也有一定的杀菌、防病的作用。

二、蔬菜的其他作用

1. 蔬菜的降脂降压作用

蔬菜中含有纤维素、半纤维素、木质素和果胶等不为人体消化酶水解的成分，可阻止或减少胆固醇的吸收，所以，多吃新鲜蔬菜有防治动脉粥样硬化的作用。

此外，很多蔬菜还有降血压的作用，如西红柿、芹菜、海带、洋葱等，对血压的降低有很明显的作用。

2. 蔬菜的减肥作用

蔬菜所含的营养成分较少，能促进脂质代谢、抑制脂肪在体内蓄积，对防治肥胖症、冠心病有积极的意义。

3. 蔬菜的美容作用

在日常生活中，许多蔬菜和水果就是天然美容剂，使用得当同样可使你容光焕发，又无毒副作用，而且不失自然之美。例如，黄瓜含有大量的维生素和游离氨基酸，还有丰富的果酸，能清洁和美白肌肤，消除晒伤、雀斑、皮肤皱纹，对皮肤较黑的人效果尤佳，是传统的养颜圣品。

4. 蔬菜的抗癌作用

日本学者研究指出，蔬菜中的营养成分和某些植物的化学物质能对致癌物质和促癌因子起到明显抑制作用。最新的研究证实，绿黄色蔬菜所含的黄碱素，有较强的抑制致癌物的作用。绿色蔬菜中富含的维生素 C 可抑制致癌物质亚硝胺的合成；维生素 E 及维生素 B 族对维持人体的免疫功能和酶的代谢也发挥着重要作用。

三、常见蔬菜的营养成分及保健作用

1. 萝卜

萝卜为十字花科萝卜属两年生草本植物莱菔的根茎。我国是萝卜的原产国之一，栽培与食用历史悠久。萝卜常见的品种有青萝卜、白萝卜、红萝卜等。萝卜根肉质，长圆形、圆锥形或球形。其肉质有白者，也有红者。

萝卜营养丰富，含蛋白质、脂肪、食物纤维、葡萄糖、蔗糖、果糖、维生素 A、维生素 B_1、维生素 B_2、维生素 E、维生素 C、核黄素和钾、钠、钙、铁、锌、磷、硼，以及胆碱、氧化酶、淀粉酶、芥子油、墨氧化黏液素、糖化酵素等，还含有相当多的木质素。

每 100 g 萝卜含水分 91.7 g、蛋白质 0.8 g、脂肪 0.1 g、食物纤维 0.6 g、糖类 4 g、维生素 A_3 微量、维生素 B_1 0.03 mg、维生素 B_2 0.06 mg、维生素 E 1mg、维生素 C 18 mg、钾 178 mg、钠 60 mg、钙 56 mg、铁 0.3 mg、锌 0.13 mg、磷 34 μg。

萝卜的保健作用主要体现在以下几方面：

（1）帮助消化　萝卜含有芥子油，萝卜的辛辣之味源于此油。由于辛辣，不仅可以解肉类油腻，还可以刺激胃肠蠕动、消胀顺气，从而帮助消化和增加食欲。日本科学家指出，萝卜的辣味源自硫氰化物，它具有保护胃黏膜的功效，而萝卜越靠近根部的部位含有这种物质越多。萝卜还含有糖化酶，能够分解食物中的淀粉等，使人体所进食物能够充分地吸收利用。

（2）防癌抗癌　萝卜含有大量的维生素 A 和维生素 C，它是保持细胞间质的必需物质，起着抑制癌细胞生长的作用。美国及日本医学界报道，萝卜中的维生素 A 可使已经形成的癌细胞重新转化为正常细胞。萝卜含有一种糖化酵素，能分解食物中的亚硝胺，可大大减少该物质的致癌作用。萝卜中有较多的木质素，能使体内的巨细胞吞吃癌细胞的活力提高 2 ~ 4 倍。现代研究证实，萝卜的提取物能激活机体杀癌细胞的活性，从而抑制恶性肿瘤的生长，尤其对食道癌、胃癌、宫颈癌的抑制效果明显。

（3）降脂降压　萝卜能促进胆汁的分泌。胆汁分泌旺盛，脂肪则消化充分，这样不仅能降血脂、降血压，而且还能起到减肥轻身的作用。老年人常吃萝卜可以降低血脂、软化血管、稳定血压，遏制动脉硬化，控制冠心病的发展，故萝卜为长寿食品。

（4）抗菌杀虫　萝卜的醇提取物对革兰阳性菌比较敏感；用萝卜捣碎榨汁擦洗，可治疗滴虫性阴道炎。

此外，萝卜还富含维生素 K，能控制血液凝固。萝卜中所含的萝卜素，即维生素 A 原，可促进血红素的增加，提高血液浓度。

2. 胡萝卜

胡萝卜为伞形科胡萝卜属两年生草本植物胡萝卜的肉质根。胡萝卜于元代末公元 13 世纪经伊朗传入我国，发展成我国胡萝卜的长根生态型，现在我国南、北地区都有栽培，以山东、河南、浙江、云南等省种植最多，品质佳。胡萝卜的品种很多，按色泽可分为红、黄、白、紫数种，我国栽培最多的是红、黄两种。

胡萝卜营养极为丰富，含蛋白质、脂肪、碳水化合物、膳食纤维、维生素 A、胡萝卜素、硫胺素、核黄素、烟酸、维生素 C、维生素 E 和钙、磷、钠、镁、铁、锌、硒等，以含胡萝卜素最为丰富。

每 100 g 胡萝卜含热量 154 kJ、蛋白质 1 g、脂肪 0.2 g、碳水化合物 8.8 g、膳食纤维 1.1 g、维生素 A 688 μg、胡萝卜素 A 130 μg、硫胺素 0.04 mg、核黄素 0.03 mg、烟酸 0.6 mg、维生素 C 13 mg、维生素 E 0.41 mg、钙 32 mg、磷 27 mg、钠 71.4 mg、镁 14 mg、铁 1 mg、锌 0.23 mg、硒 0.63 μg、铜 0.08 mg、锰 0.24 mg、钾 190 mg。

胡萝卜的营养保健作用主要体现在以下几个方面：

（1）营养保健作用　近代研究发现，胡萝卜素对促进婴幼儿的生长发育及维持正常视觉功能具有十分重要的作用，新鲜的胡萝卜汁是治疗婴儿消化不良的良药，所以，胡萝卜汁是婴儿的优质添加食品之一。成年人经常饮用胡萝卜汁有助于防止血管硬化、降低胆固醇，也可医治糖尿病、贫血症，对消除代谢障碍、防止视力减弱和头发脱落有较好的疗效。因此，胡萝卜是理想的保健食品。

（2）抗氧化作用　胡萝卜中的胡萝卜素是较理想的抗氧化物质。就人体生理功能的需要来说，存在于主要免疫活性细胞——T 淋巴细胞中的活性氧与 T 淋巴细胞免疫活性有重要关系，如果在抗活性氧过程中有损 T 淋巴细胞中的活性氧，则可明显降低肌体免疫力，从而导致各种疾病。但存在于胡萝卜中的 β-胡萝卜素恰恰有这样的优点，它既是抗氧化物，又对淋巴细胞的活性氧不起破坏作用，所以，β-胡萝卜素的抗氧化物作用远比维生素 E 优越，基于 β-胡萝卜素在保健中的重要意义，如果每天能喝一杯胡萝卜汁，对健康将起到重要作用。

（3）抗癌作用　胡萝卜中所富含的胡萝卜素能转变成大量的维生素 A，因此，可以有效地预防肺癌的发生，甚至对已转化的癌细胞也有阻止其进展或使其逆转的作用。胡萝卜中含有较丰富的叶酸，为一种 B 族维生素，也具有抗癌作用；胡萝卜中的木质素，也有提高机体抗癌的免疫力和间接杀灭癌细胞的功能。长期吸烟的人，每日如能饮半杯胡萝卜汁，对肺部也有保护作用。

美国科学家的最新研究显示，人每天吃胡萝卜对预防肺癌、胃癌、前列腺癌和皮肤癌有一定的效果。妇女进食胡萝卜可以降低卵巢癌的发病率。医学人员研究发现，肿瘤病人接受化疗时，如能多吃些胡萝卜就能减轻化疗反应，使预定的化疗计划圆满完成，从而获得较为理想的疗效。

（4）防治心脏病　由于胡萝卜含有槲皮素，这是一种与组成维生素 P 有关的物质，具有促进维生素 P 的作用和改善微血管的功能，能增加冠状动脉血的流量，降低血脂，因此具有降压强心的效能。

美国哈佛大学的研究报告显示，补充胡萝卜的心脏病患者发作率可减少40%。约翰霍普金斯大学的一份研究报告也认为，胡萝卜摄入量高的人群比摄入量低的人群的心脏病病例数几乎减少50%。美国科学家的最新研究又证实：一个人每天吃2根胡萝卜，可使血中胆固醇降低10%～20%；每天吃3根胡萝卜，有助于预防心脏疾病。

　　（5）降血糖作用　胡萝卜含有一种能降血糖的物质，具有降血糖的功能，也是糖尿病患者的佳品。

　　（6）抗过敏作用　胡萝卜中的β-胡萝卜素能有效预防花粉过敏症、过敏性皮炎等过敏反应。

　　（7）排毒作用　研究人员还发现，胡萝卜所含的果胶物质进入人体后，与人体内游离的汞离子结合，具有很强的排汞作用。我国杭州大学科技人员研究证实，β-胡萝卜素可以迅速降解血液中尼古丁的含量，首次证实了胡萝卜素的抗尼古丁作用。

　　（8）美容健肤　胡萝卜富含维生素，并有轻微而持续发汗的作用，可刺激皮肤的新陈代谢，增进血液循环，从而使皮肤细嫩光滑，肤色红润，对美容健肤有独到的作用。同时，胡萝卜也适宜皮肤干燥、粗糙，或者患毛发苔藓、黑头粉刺、角化型湿疹者食用。

　　此外，胡萝卜还含有一些膳食纤维，除具有增加肠胃蠕动的作用外，还被广泛用于防治高血压及癌症的辅助食物。

3. 马铃薯

　　马铃薯为茄科植物马铃薯的块茎。马铃薯起源于秘鲁和玻利维亚的安第斯山区，为印第安人驯化，有8000多年的栽培历史。1650年传入我国，现在我国各地普遍种植，尤以东北产量多、质量优。马铃薯既是粮食又是菜，欧美一些国家多用作主食，我国东北、西北及西南高山地区则粮菜兼用，华北及江淮流域多用作蔬菜。马铃薯也可作为饲料和生产淀粉、葡萄糖、酒精等的原料。

　　马铃薯块茎营养丰富，含蛋白质、脂肪、碳水化合物、膳食纤维、维生素A、胡萝卜素、维生素C、维生素E、核黄素、烟酸和钙、镁、钾、铁、铜、锰、磷、硒等，此外还含有胶质、龙葵素。

　　每100g马铃薯含热量318kJ、蛋白质2g、脂肪0.2g、碳水化合物16.5g、膳食纤维0.7g、维生素A 5μg、胡萝卜素0.8μg、维生素C 27mg、维生素E 0.34mg、核黄素0.04mg、烟酸1.1mg、视黄醇当量79.8μg、锌0.37mg、镁23mg、钙0.08mg、铁0.8mg、铜0.12mg、钾342mg、锰0.14mg、磷40mg、钠2.7mg、硒0.78μg。

　　马铃薯的营养保健作用主要有以下几个方面：

　　（1）营养作用　马铃薯中的蛋白质比大豆还好，最接近动物蛋白。马铃薯还含丰富的赖氨酸和色氨酸，这是一般粮食所不可比的。马铃薯属于碱性蔬菜，有利于体内酸碱平衡。

　　美国农业研究机构的试验证明：每餐只吃全脂牛奶和马铃薯，就可以得到人体所需要的一切食物元素。早期的航海家们，常用马铃薯来预防坏血病。

　　（2）制酸止痛　马铃薯汁是极佳的制酸剂，马铃薯所含的纤维素细嫩，对胃肠黏膜无刺激作用。马铃薯的龙葵素在正常含量时能缓解痉挛，对肠胃痉挛有一定的食疗作用。

　　（3）减肥作用　马铃薯是极佳的减肥食品，同大米相比，其产生的热量较低，并且只含有0.1%脂肪。如果把它作为主食，每日坚持有一餐只吃马铃薯，对减去多余脂肪是很有效的。

（4）通导大便 马铃薯所含的纤维素可帮助通导大便，并预防直肠和结肠癌。

（5）预防脑血管病 马铃薯所含的钾可预防脑血管破裂。

4. 大白菜

大白菜为十字花科芸薹属植物白菜的叶球。大白菜起源于我国，由于大白菜是由南方的小白菜和北方的芜菁天然杂交演化而来的，故至元代才出现大白菜。大白菜在我国各地普遍种植，但主要产区在长江以北，种植面积占秋播蔬菜的30%～50%。大白菜品种很多，按结球类型可分为结球、花心、半结球和散叶四个变种。

大白菜营养丰富，含有蛋白质、脂肪、碳水化合物、膳食纤维、维生素A、胡萝卜素、硫胺素、核黄素、烟酸、维生素C、维生素E和钙、磷、钠、镁、铁、锌、硒等。其微量元素锌的含量不但在蔬菜中屈指可数，而且比肉、蛋还多。锌可促进幼儿的生长发育。大白菜含有丰富的钙，一杯熟的大白菜汁能够提供几乎与一杯牛奶一样多的钙。古今有"百菜不如白菜"的说法。

每100 g大白菜含水分94.6 g、热量71 kJ、蛋白质1.5 g、脂肪0.1 g、碳水化合物3.2 g、膳食纤维0.8 g、灰分0.6 g、维生素A 20 mg、胡萝卜素120 μg、硫胺素0.04 μg、核黄素0.05 mg、烟酸0.6 mg、维生素C 31 mg、维生素E 076 mg和钙50 mg、磷31 mg、钠57.5 mg、镁11 mg、铁0.7 mg、锌0.38 mg、硒0.49 μg、铜0.05 mg、锰0.15 mg。

大白菜的营养保健作用主要体现在以下几个方面：

（1）防治癌症 研究发现大白菜中含有一种吲哚-3-甲醇化合物，它可以使体内一种重要的酶数量增加，而这种酶能帮助分解同乳腺癌相关的雌激素。吲哚-3-甲醇占大白菜重量的1%，妇女每天吃500 g大白菜，就能吸收约500 mg的吲哚-3-甲醇，从而使体内这种重要酶的数量增加，这种酶就能有效地帮助分解致癌的雌激素，从而减少乳腺癌的发病危险。美国纽约激素研究所的专家发现，我国和日本妇女乳腺癌发病率之所以比西方国家妇女低得多，是因为常吃白菜之故。调查表明，每10万名妇女中乳腺癌的发病率：中国为6人、日本为21人、北欧地区为84人、美国为91人。当然，乳腺癌的发生还与其他因素有关。

（2）通便作用 大白菜因含纤维素较多，有润肠通便、促进排毒的作用，习惯性便秘者宜食之。

（3）排毒作用 大白菜含有对人体有益的硅元素，硅元素能够迅速地将铝元素转化成铝硅酸盐而排出体外。如果人体中铝元素超标，会引起脑神经元的衰老，干扰高级神经的功能，导致智力衰退，引起阿尔茨海默病。

（4）减肥作用 大白菜含水量高（95%），而所含热量很低，是减肥者的极好食品，肥胖者应多食大白菜。

（5）护肤养颜 大白菜中含有丰富的维生素C、维生素E，多吃白菜可以起到很好的护肤和养颜效果。

此外，在骨及结缔组织（腱、韧带、软骨）的生长中，硅也起了很大的作用。同时，硅还具有软化血管、预防人体衰老的功能。

5. 茄子

茄子为茄科一年生或多年生草本植物茄的果实。茄子在我国各地均有栽培，为夏季主要蔬菜之一。

茄子可分为三个变种。圆茄：植株高大，果实大，圆球形、扁球形或椭圆球形，我国北方栽培较多。长茄：植株长势中等，果实细长呈棒状，我国南方普遍栽培。矮茄：植株较矮，果实小，卵形或长卵形。茄子从颜色上分为紫色、黄色、白色和青色四种。

茄子营养丰富，含蛋白质、脂肪、碳水化合物、膳食纤维、维生素A、胡萝卜素、硫胺素、核黄素、烟酸、维生素C、维生素E和钙、磷、镁、铁、锌、硒等，还含有葫芦巴碱、水苏碱、胆碱、龙葵碱等多种生物碱。种子中的龙葵碱含量较高，果皮中含有色素茄色甙、紫苏甙等。

每 100 g 茄子含热量 87 kJ、蛋白质 1.1 g、脂肪 0.2 g、碳水化合物 4.9 g、膳食纤维 1.3 g、维生素 A 8 μg、胡萝卜素 50 μg、硫胺素 0.02 mg、核黄素 0.04 mg、烟酸 0.6 mg、维生素 C 5 mg、维生素 E 1.13 mg 和钙 24 mg、磷 23 mg、钠 5.4 mg、镁 13 mg、铁 0.5 mg、锌 0.23 mg、硒 0.48 μg、铜 0.1 mg、锰 0.13 mg、钾 142 mg、碘 1.1 μg。

特别是其所含维生素E为茄果类之冠，每 100 g 中含 150 mg。茄子所含维生素P以紫茄含量最高，是天然食物中含维生素P最多的，100 g 紫茄中的维生素P含量在 720 mg 以上。

茄子的营养保健作用主要体现在以下几个方面：

（1）增强记忆力　茄子含有硫胺素，具有增强大脑和神经系统功能的作用，常吃茄子，可增强记忆力、减缓脑部疲劳，为脑力劳动者和青年学生的保健菜。

（2）抗衰老作用　茄子所含的维生素E能加强细胞膜的抗氧化作用，抗拒有害自由基对细胞的破坏，使人体内的氧化作用得到抑制，使衰老过程减缓。

（3）减少老年斑　老年人因血管老化或硬化，皮肤会出现老年斑。茄子含丰富的维生素A、维生素B、维生素C及蛋白质和钙，能使人体血管变得柔软，多吃茄子有助于减少老年斑。

（4）降胆固醇　茄子纤维中含的皂草苷，具有降低胆固醇的功效。巴西科学家用肥兔做试验，结果食用茄子汁一组的兔子比对照组兔子体内胆固醇含量下降 10%。

（5）保护血管　茄子含有丰富的维生素P，可以降低毛细血管的脆性和通透性，增强机体细胞之间的黏附力，提高微血管的抵抗力，使毛细血管保持弹性和正常状态的生理功能，有防血管破裂的作用。所以，医学专家称茄子是强化血管的蔬菜。常吃茄子对高血压、脑溢血、动脉硬化、眼底出血及咯血均有一定疗效。

（6）减少胃液分泌　紫茄还含有龙葵素，也称为"龙葵碱"，适量的龙葵素能减少胃液分泌，有健脾益胃的功效，对胃及十二指肠溃疡、慢性胃炎、消化系统疾病有一定的疗效。

（7）防治癌症　印度药理学家用茄子提取出的龙葵素治疗胃癌、唇癌、宫颈癌等。一些接受化疗的消化道癌症患者出现发热时，也可用茄子作为辅助治疗食物。

（8）其他作用　茄子还有预防坏血病和促进伤口愈合的功能。

任务三　食　用　菌

一、概述

食用菌在生物学分类上属于微生物中的"真菌"一类。它们是无毒无害的微生物，可以被人食用，因此总称为"食用菌"。在饮食中，食用菌常被称为菇类蔬菜。例如，我们在日常生活中常见的香菇、平菇、草菇、鸡腿菇、金针菇、黑木耳、银耳、茶树菇等都属于菇类。

食用菌可分为野生和人工栽培两类。过去菇类蔬菜以采集野生为主，产量很低，身价昂贵，属于"山珍"的行列，一般人难得吃到。如今，微生物科学有了极大的发展，绝大多数食用菌都可以用人工方法来培养，产量不断上升。例如，蘑菇、香菇、平菇、草菇、金针菇等都已经是菜市场上的常见菜，猴头菇、竹荪等奇珍也有少量的栽培。

菇类是一种高蛋白、低脂肪、富含天然维生素及各种健康成分的独特食品，不仅味道鲜美，而且营养丰富。

食用菌中的蛋白质质量较好，富含各种人体必需的氨基酸，可以作为膳食蛋白质的补充，对于那些缺乏蛋白质饮食的人是很有益的。食用菌中游离氨基酸的含量较高，还含有核苷酸类鲜味物质，因此，它们具有鲜美的滋味。

一般来说，食用菌含有已知的所有维生素。食用菌中 B 族维生素含量非常丰富，这是其显著的营养特点之一；此外，食用菌中还含有少量的胡萝卜素、维生素 D、维生素 E 和维生素 K。

有些食用菌中的矿物质含量特别高。例如，黑木耳含铁质极其丰富，每 100 g 干木耳中含铁高达 97.4 mg；松蘑的铁和铜含量突出；珍珠白蘑含铁和硒极多，可以补充人体矿物质的不足。

食用菌类因含有多糖体，能增强人体免疫力、促进抗体的形成，被认为是世界上最好的免疫促进剂。食用菌类还具有抗癌作用，而且食用菌在治疗癌症时没有任何副作用。

我国自古以来就把许多食用菌列为保健药材，如香菇、金针菇、黑木耳、银耳等，认为多食食用菌类可"益气延年、轻身不老"。食用菌类在美国被称为"上帝食品"，而日本也称为"植物性食品的顶峰"。它是世界公认的"长寿食品"，被誉为"素中之荤"。

菇类蔬菜大多数性质偏于甘平，具有滋养脾胃、益气强身、滋阴润肺等功能。例如，黑木耳的补血效果很强，白木耳的润肺效果非常好；香菇可益胃和血、化痰理气等。

基于菇类蔬菜对人体的强大保健作用，这类食品是目前人类理想的天然食品。

二、常见食用菌的营养成分及保健作用

1. 蘑菇

蘑菇又叫双孢蘑菇，菌肉肥厚、细嫩，营养丰富，历来有"植物肉"之称。蘑菇含有蛋白质、脂肪、碳水化合物、磷、铁、钙、灰分、粗纤维、热量，还含有 18 种氨基酸，其中 8 种是人体必需氨基酸。

据分析，每 100 g 蘑菇含可食部分 97 g、水分 92.4 g、热量 96 kJ、蛋白质 4.2 g、脂肪 0.1 g、碳水化合物 2.7 g、膳食纤维 1.5 g、灰分 0.6 g、核黄素 0.27 mg、烟酸 3.2 mg、钙 2 mg、磷 4.3 mg、钾 307 mg、钠 2 mg、镁 9 mg、铁 0.9 mg、锌 6.6 mg、硒 6.99 μg、铜 0.45 mg、锰 0.1 mg。

蘑菇的保健作用主要体现在以下几个方面：

（1）免疫作用　现代研究发现，蘑菇里含有多种抗病毒成分，有些蘑菇能增强人体免疫机能，甚至对降低接受器官移植手术的病人产生的排异反应有明显作用。

（2）抗癌活性　蘑菇所含的蘑菇多糖和异体蛋白具有一定的抗癌活性，能抑制肿瘤的发生、发展。

（3）降低血糖　蘑菇所含的酪氨酸酶能溶解一定的胆固醇、降低血压，是一种降压剂。

（4）助消化　蘑菇所含的胰蛋白酶、麦芽糖酶、解朊酶有助于食物的消化。

2. 香菇

香菇又名花菇、冬菇。香菇具有高蛋白、低脂肪、多糖、多种氨基酸和多种维生素的营养特点。香菇含有 30 多种酶和 18 种氨基酸，人体必需的 8 种氨基酸中，香菇就含有 7 种。由于香菇中富含谷氨酸及一般食品中罕见的伞菌氨酸、口蘑酸等，故香菇味道特别鲜美。此外，香菇还含有天门冬素、乙酰胺、胆碱、腺嘌呤等成分。因此，香菇可作为人体酶缺乏症和补充氨基酸的首选食品。

现代科学分析，每 100 g 香菇干品中含有水分 12.3 g、蛋白质 20 g、脂肪 1.2 g、膳食纤维 31.6 g、碳水化合物 30.9 g、胡萝卜素 20 µg、维生素 B_1 0.19 mg、维生素 B_2 1.26 mg、烟酸 20.5 mg、维生素 C 5 mg、钙 83 mg、磷 258 mg、铁 10.5 mg、锌 8.75 mg。

香菇的保健作用主要体现在以下几个方面：

（1）健脑益智　我国古代学者早已发现香菇类食品有提高脑细胞功能的作用，在《神农本草经》中有饵菌类可以"增智慧""益智开心"的记载。现代医学认为，香菇的增智作用在于含有丰富的精氨酸和赖氨酸，常吃可健体益智。

（2）增强免疫力　现代医学研究证明，香菇中含有的干扰素诱生剂可以诱导体内干扰素的产生，具有防治流感的作用。据研究人员调查发现，长期种植和经销香菇的人，患感冒相对比较少。据说，住在波希米亚深山里的樵夫，由于经常吃野香菇，从来未患过感冒。研究发现，香菇能增强人体免疫机能，甚至能降低接受器官移植手术的病人产生排异反应的危险。

（3）抗癌作用　香菇中含有"β-葡萄糖苷酶"，能提高机体抑制癌瘤的能力，间接杀灭癌细胞，阻止癌细胞扩散。香菇中还有 6 种多糖体，其中有两种有很强的抗癌作用。香菇的多糖体是最强的免疫剂和调节剂，具有明显的抗癌活性，可以使人体因患肿瘤而降低的免疫功能得到恢复。日本科学家把鲜香菇浸出液喂给移植了癌细胞的小白鼠，5 周后，小白鼠体内的癌细胞全部消失。据报道，20 世纪 70 年代以后，有人调查发现波希米亚人因经常食用野生香菇，竟无一人患癌症。民间常用香菇煮粥，对治疗消化道癌、肺癌、宫颈癌、白血病有辅助治疗作用。

（4）降脂作用　香菇含有丰富的食物纤维，各种核酸类物质，对胆固醇有溶解作用，能抑制胆固醇的增加，防止动脉硬化。香菇中的香菇素虽不能为人体吸收，但具有抑制肌体吸收胆固醇的作用，实验证明，当人吃进动物性脂肪后，若同时吃香菇，胆固醇会下降，而不影响脂肪消化。

（5）防治高血压　实验证明，如果一天饮用 1 杯香菇汁，持续数周甚至数月，收缩压可降低 10~20 mmHg，舒张压可降低 4~6mm Hg。这种降低血压的效果与降压剂效果相当。

（6）保护血管作用　香菇中含有丰富的钾，进入血液中的钾离子可直接作用于血管壁，减少钠含量在心肌中的聚集，防止动脉壁的增厚，对血管起到保护作用，可预防并减少中老年人的心血管病和脑溢血发生的危险性。

（7）防治软骨病、佝偻病　香菇中不仅含有较多维生素 D，而且还含有一般蔬菜所缺乏的麦角固醇（维生素 D 原），经紫外线照射后可转变为维生素 D，维生素 D 能促进钙、磷的消化吸收，并沉积于骨髓和牙齿中，有助于儿童骨骼、牙齿的生长发育，防治佝偻病和防止成年人骨质疏松症的发生。

（8）美容驻颜　香菇中还含有一种核酸类物质，可使皮肤皱纹和色斑消退，达到美容、抗衰驻颜的效果。

此外，香菇含有丰富的 B 族维生素，其中，维生素 B_1、维生素 B_2、维生素 B_{12} 的含量都较多，对防止贫血、改善神经功能，以及防止各种黏膜、皮肤炎症都有一定的好处。

3. 金针菇

金针菇又称为金钱菇。金针菇含有蛋白质、脂肪、碳水化合物、粗纤维，并含有丰富的 β-D-葡聚糖、多肽、维生素 B_1、维生素 B_2、维生素 B_{12}、维生素 E 等。金针菇所含的蛋白质中有 8 种人体必需的氨基酸，其中，精氨酸和赖氨酸特别丰富，对儿童健康成长及智力发育有益，因而有"增智菇""一休菇""智力智"的美称。

每 100 g 金针菇含热量 108 kJ、蛋白质 2.4 g、脂肪 0.4 g、碳水化合物 6 g、膳食纤维 2.7 g、维生素 A 5 μg、胡萝卜素 30 μg、硫胺素 0.15 mg、核黄素 0.19 mg、烟酸 4.1 mg、维生素 C 2 mg、维生素 E 1.14 mg、磷 97 mg、钠 4.3 mg、钠 43 mg、镁 17 mg、铁 1.4 mg、锌 0.39 mg、硒 0.28 μg、铜 0.14 mg、锰 0.1 mg、钾 195 mg、维生素 D 1 μg。

金针菇的保健作用主要体现在以下几个方面：

（1）增智作用　金针菇含的赖氨酸、精氨酸可以活化神经细胞，能促进记忆和开发智力，特别是对儿童智力开发有着特殊的作用。在日本，金针菇被誉为"增智菇"。

（2）增强免疫　菇类食品含有丰富的 β-D-葡聚糖、多肽，可增强儿童的免疫功能，是当前世界上最好的免疫促进剂。最近，新加坡国立大学医学研究人员发现，金针菇含有一种蛋白，可预防哮喘、鼻炎、湿疹等过敏症，也可提高免疫力，对抗病毒感染及癌症。

（3）抑制肿瘤　金针菇含有葡萄糖苷酶和植物胶质，能提高机体抑制肿瘤的能力。日本学者从金针菇中提取了一种朴菇素，能有效抑制肿瘤生长，有明显的抗癌作用。研究发现，金针菇对小白鼠肉瘤 S-180、艾氏腹水癌细胞等有明显的抑制作用。

（4）抗贫血症　菇类食品中含有植物食品所缺乏的维生素 B_{12}，可防治维生素 B_{12} 缺乏引起的贫血症。

（5）降低胆固醇　金针菇含有一种核酸物质，可抑制胆固醇升高，防止动脉硬化和血管变脆，并能降低血压，是中老年人和心血管病患者的保健佳品。

（6）促进生长发育　金针菇能有效地增强人体的生物活性，促进人体内新陈代谢，有利于食物中各种营养素的吸收和利用，对人的生长发育也大有益处。

4. 黑木耳

黑木耳又称为细木耳、云耳、黑菜等。黑木耳富含碳水化合物、胶质、脑磷脂、卵磷脂、纤维素、葡萄糖、木糖、胡萝卜素、维生素 B_1、维生素 B_2、维生素 C、蛋白质、铁、钙、磷等多种营养成分，被誉为"素中之荤"。

据现代科学分析，每 100 g 干品黑木耳中含蛋白质 10.6 g、脂肪 0.2 g、碳水化合物 65 g、粗纤维 7 g、钙 375 mg、磷 201 mg、铁 185 mg、维生素 B_1 0.15 mg、维生素 B_2 0.55 mg、烟酸 2.7 mg。

黑木耳中的蛋白质含量和肉类相当，铁含量比肉类高 10 倍，为各种食品含铁之冠，钙含量是肉类的 20 倍，维生素 B_2 是蔬菜的 10 倍以上。黑木耳中的蛋白质含有多种氨基酸，尤以天门冬氨酸、谷氨酸、光氨酸、赖氨酸和亮氨酸等含量最为丰富。

黑木耳的保健作用主要体现在以下几个方面：

（1）抗凝血作用　黑木耳能延长凝血活酶时间，提高血浆抗凝血酶Ⅲ的活性，具有明显的抗凝血作用。在体外试验中，黑木耳多糖也有很强的抗凝血活性，经常食用黑木耳可以降低人体血液的凝块，有防治心脑血管病的作用。

（2）抗血小板聚集　黑木耳抗血小板聚集作用与小剂量阿司匹林相当，可降低血黏度，使血液流动畅通，人口服70 g黑木耳后3 h内即开始出现血小板功能降低，并持续24 h。黑木耳中的活性物质是水溶性、低分子量的，既能被小肠吸收，又能抑制血小板凝聚的腺苷，因此，它可防治脑血栓的形成和心血管疾病。

（3）抗血栓形成　黑木耳多糖可明显延长特异性血栓及纤维蛋白血栓的形成时间，缩短血栓长度，减轻血栓湿重和干重，减少血小板数，降低血小板黏附率和血液黏度，有明显的抗血栓作用。

（4）降血脂及抗动脉粥样硬化　黑木耳可明显降低高脂血症患者血清中的甘油三酯和血清总胆固醇含量，有降胆固醇作用，能减轻动脉粥样硬化。

（5）减肥作用　黑木耳含有丰富的纤维素和一种特殊的植物胶质，这两种物质都能促进胃肠蠕动，促使肠道内脂肪食物的排泄，减少脂肪的吸收，从而起到防止肥胖和减肥的作用。黑木耳是中老年人和高血脂、高血压、动脉硬化、冠心病患者的良好保健食品。

（6）增强免疫　黑木耳多糖能增加小鼠脾指数、半数溶血值和玫瑰花结形成率，促进巨噬细胞吞噬的功能和提高淋巴细胞的转化率等，具有增强机体免疫功能的生理活性。

（7）延缓衰老　黑木耳可通过降血浆胆固醇，以及减少脂质过氧化物脂褐质的形成，以维护细胞的正常代谢，显示有延缓衰老的作用。

（8）化异物作用　黑木耳中含有一种植物胶质，有较强的吸附力，可将残留在人体消化系统的灰尘杂质集中吸附，再排出体外。加上含有大量的发酵素和植物碱，对纤维织物等异物能起到催化剂的作用，使之在较短时间内被溶化或分离掉。黑木耳对无意食下的难以消化的头发、谷壳、木渣、沙子、金属屑等异物具有溶解与烊化作用。黑木耳中的有效物质被人体吸收后，还能起清肺和润肺作用。

（9）化解结石　黑木耳所含的发酵素和植物碱具有促进消化道与泌尿道各种腺体分泌的特性，并协同这些分泌物催化结石，滑润管道使结石排出。黑木耳还含有多种矿物质，能对各种结石产生强烈的化学反应，即剥脱、分化、侵蚀结石，使结石缩小并排出。

（10）抗癌作用　黑木耳含有抗肿瘤活性物质，能增强机体免疫力，经常食用黑木耳可防癌、抗癌。

（11）抗溃疡作用　黑木耳多糖能明显抑制大鼠应激型溃疡的形成，能促进醋酸型胃溃疡的愈合。

（12）降血糖作用　黑木耳多糖能明显降低四氧嘧啶糖尿病小鼠血糖水平。口服黑木耳多糖后，降血糖的作用最显著。

任务四　茶

一、概述

茶，这一古老的经济作物，经历了药用、食用，直至成为人们喜爱的饮料，已有数千年之久。在这漫长的岁月中，中华民族在茶的培育、制造、品饮、应用，以及茶文化的形成和发展上，为人类文明史留下了绚丽光辉的一页。追本溯源，世界各国引种的茶种、采用的茶树栽培的方法、加工的工艺、茶叶品饮的方式，以及茶礼茶仪、茶俗茶风、茶艺茶会、茶道茶德等，都是直接或间接地由我国传播出去的。

在中国，茶是人们生活的必需品。尤其是边陲的民族，更是"不可一日无茶"。至于"用茶代酒"，以茶会友、敬茶传谊，更是随处可见。茶与"琴棋书画"一样，也是人类的精神"食粮"。现今，随着物质文明和精神文明建设的加快、食物结构的不断完善、文化生活的逐渐丰富，以及现代科学技术的发展，使得茶叶对人体健康的奇特功效和茶叶的文化价值进一步被阐明和发现。因此，茶在人们生活中的地位更为重要。饮茶已成为人们保健康、社交联谊、净化精神、传播文化的纽带。"中国是茶的祖国"，茶为中国增添了光彩，与中华民族五千年历史文化的发展息息相关。本节内容将介绍几种大众生活中经常饮用到的茶种。

二、茶叶中的成分及对人类的营养保健作用

1. 茶叶中的成分

茶叶中的营养成分包括蛋白质、脂质、碳水化合物、多种维生素和矿物质。能溶于水而被利用的蛋白质在各成分中占2%；所含的多种游离氨基酸为2%～4%，易于溶于水而被吸收利用。茶叶中的维生素含量丰富，不但富含 B 族维生素，还含有丰富的维生素 C 和维生素 E。茶叶中还含有 30 余种矿物质，包括钙、镁、铁、钾、钠等。

茶叶中还含有多种非营养成分，主要包括多酚类、色素、茶氨酸、生物碱、芳香物质、皂苷等。

茶叶中多酚类的含量一般为 18%～36%（干重），包括儿茶素、黄酮及黄酮苷类、花青素和无色花青素类、酚酸和缩酚酸类等，其中儿茶素在茶叶中含量达 12%～24%（干重），是茶叶中多酚类物质的主体成分。

色素是一类存在于茶树鲜叶或成品茶中的有色物质，是构成茶叶外形、色泽、汤色及叶底色泽的成分，其含量及变化对茶叶品质起着重要作用。

茶叶中生物碱的种类主要有咖啡因、可可碱和茶叶碱。其中，咖啡因的含量最高，一般含量为 2%～4%，夏茶比春茶含量高。它与茶黄素以氢键缔合后形成复合物，具有鲜爽味。咖啡因对人有兴奋作用。茶叶碱在茶叶中的含量只有 0.0002% 左右，对人体有利尿作用。可可碱是茶叶碱的同分异构体，是咖啡因重要的合成前体。

茶中含有的芳香物质，大部分是在茶叶加工过程中形成的，包括碳氢化合物、醇类、酮类、酸类、醛类、酯类、酚类等。

2. 茶叶对人类的保健作用

（1）有助于延缓衰老　茶多酚具有很强的抗氧化性和生理活性，是人体自由基的清除剂。

（2）有助于抑制心血管疾病　茶多酚对人体脂肪代谢有着重要的作用。人体的胆固醇、甘油三酯等含量高，血管内壁脂肪沉积，血管平滑肌细胞增生后形成动脉粥样化斑块等心血管疾病。茶多酚，尤其是茶多酚中的儿茶素及其氧化产物茶黄素等，有助于使这种斑状增生受到抑制，从而抑制动脉粥样硬化。

（3）有助于预防和抗癌　茶多酚可以阻断亚硝胺等多种致癌物质在体内合成，并具有直接杀伤癌细胞和提高肌体免疫能力的功效。据有关资料显示，茶叶中的茶多酚（主要是儿茶素类化合物），对胃癌、肠癌等多种癌症的预防和辅助治疗均有裨益。

（4）有助于预防和治疗辐射伤害　茶多酚及其氧化产物具有吸收放射性物质锶90和钴60毒害的能力。据有关医疗部门临床试验证实，对肿瘤患者在放射治疗过程中引起的轻度放射病，用茶叶提取物进行治疗，有效率可达90%以上；对血细胞减少症，茶叶提取物治疗的有效率达81.7%；对因放射辐射而引起的白细胞减少症治疗效果更好。

（5）有助于抑制和抵抗病毒　茶多酚有较强的收敛作用，对病原菌、病毒有明显的抑制和杀灭作用，对消炎止泻有明显效果。中国有不少医疗单位应用茶叶制剂治疗急性和慢性痢疾、阿米巴痢疾、流感，治愈率达90%左右。

（6）有助于美容护肤　茶多酚是水溶性物质，用它洗脸能清除面部的油腻，收敛毛孔，具有消毒、灭菌、抗皮肤老化，以及减少日光中的紫外线辐射对皮肤的损伤等功效。

（7）有助于醒脑提神　茶叶中的咖啡因能促使人体中枢神经兴奋，增强大脑皮层的兴奋过程，起到提神益思、清心的效果。

（8）有助于利尿解乏　茶叶中的咖啡因可刺激肾脏，促使尿液迅速排出体外，提高肾脏的滤出率，减少有害物质在肾脏中的滞留时间。咖啡因还可排除尿液中的过量乳酸，有助于使人体尽快消除疲劳。

（9）有助于降脂助消化　唐代《本草拾遗》中对茶的功效有"久食令人瘦"的记载。中国边疆少数民族有"不可一日无茶"之说。因为，茶叶有助消化和降低脂肪的重要功效，用当今时尚语言说，就是有助于"减肥"。这是由于茶叶中的咖啡因能提高胃液的分泌量，可以帮助消化，增强分解脂肪的能力。所谓"久食令人瘦"的道理就在这里。

（10）有助于护齿明目　茶叶中含氟量较高，每100 g干茶中含氟量为10～15 mg，并且80%为水溶性成分。若每人每天饮茶一定量（茶叶用量10 g），则可吸收水溶性氟1～1.5 mg，而且茶叶是碱性饮料，可抑制人体钙质的减少，这对预防龋齿、护齿、坚齿都是有益的。据有关资料显示，在小学生中进行"饮后茶疗漱口"试验，龋齿率可降低80%。另据有关医疗单位调查，在白内障患者中有饮茶习惯的占28.6%，无饮茶习惯的则占71.4%。这是因为茶叶中的维生素C等成分能降低眼睛晶体混浊度，经常饮茶对减少眼疾、护眼明目均有积极的作用。

三、茶叶的基本分类

以采制工艺和茶叶品质特点为主，结合其他条件，将茶叶划分为绿茶、红茶、乌龙茶、白茶、黄茶、黑茶、普洱茶和再加工茶共八大类。之前将普洱茶并在黑茶之列，后有学者提出，普洱茶也有生茶与熟茶之分，故将其独立分出。

1. 绿茶

绿茶包括炒青绿茶、烘青绿茶、晒青绿茶、蒸青绿茶。

1）炒青绿茶分为眉茶（炒青、特珍、珍眉、凤眉、秀眉、贡熙等）、珠茶（珠茶、雨茶、秀眉等）和细嫩炒青（蒙顶甘露、龙井、大方、碧螺春、雨花茶、甘露、松针等）。

2）烘青绿茶分为普通烘青（川烘青、苏烘青、浙烘青、徽烘青、闽烘青等）和细嫩烘青（毛峰、太平猴魁、华顶云雾等）。

3）晒青绿茶分为川青、滇青、陕青等。

4）蒸青绿茶分为煎茶、玉露等。

2. 红茶

红茶分为小种红茶、工夫红茶、红碎茶。

1）小种红茶包括正山小种、烟小种。

2）工夫红茶包括川红（金甘露、红甘露等）、祁红、滇红、闽红（金骏眉等）。

3）红碎茶包括叶茶、碎茶、片茶、末茶。

3. 乌龙茶（又称为青茶）

乌龙茶分为闽北乌龙、闽南乌龙、广东乌龙、台湾乌龙、阿里山高山茶。

1）闽北乌龙包括武夷岩茶——大红袍、水仙、肉桂、半天腰、奇兰、八仙等，还有些建瓯、建阳等地产的茶，如矮脚乌龙等。

2）闽南乌龙包括铁观音、奇兰、水仙、黄金桂等，这里的水仙和奇兰主要是指产地的不同，即同一种茶的产地不同。

3）广东乌龙包括凤凰单枞、凤凰水仙、岭头单枞等。

4）台湾乌龙包括冻顶乌龙、包种等。

5）阿里山高山茶包括阿里山青心乌龙茶、阿里山极品金萱茶等。

4. 白茶

白茶分为白芽茶、白叶茶

1）白芽茶主要是指银针等。

2）白叶茶主要是指白牡丹、贡眉等。

5. 黄茶

黄茶分为黄芽茶、黄小茶、黄大茶

1）黄芽茶包括蒙顶黄芽、君山银针等。

2）黄小茶包括北港毛尖、沩山毛尖、温州黄汤等。

3）黄大茶包括霍山黄大茶、广东大叶青等。

6. 黑茶

黑茶分为湖南黑茶、湖北老青茶、四川边茶、滇桂黑茶、陕西黑茶。

1）湖南黑茶包括安化黑茶等。

2）湖北老青茶包括蒲圻老青茶等。

3）四川边茶包括南路边茶和西路边茶等。

4）滇桂黑茶包括六堡茶等。

5）陕西黑茶包括泾渭茯茶等。

7. 普洱茶（已分离黑茶，列为独立茶系）

1）普洱茶按商品外观形态分为普洱散茶和普洱紧压茶。

2）普洱茶按茶性可分为普洱生茶和普洱熟茶。

8. 再加工茶

以各种毛茶或精制茶再加工而成的茶称为再加茶，分为花茶、紧压茶、萃取茶、果味茶、药用保健茶、含茶饮料等。

1）花茶包括茉莉花茶、珠兰花茶、玫瑰花茶、桂花茶等。

花茶是一种比较稀有的茶叶花色品种。它是用花香增加茶香的一种产品，在中国很受喜欢。一般是用绿茶做茶坯，少数也有用红茶或乌龙茶做茶坯。它根据茶叶容易吸收异味的特点，以香花窨制而成。所用的花品种有茉莉花、桂花等，以茉莉花最多。

2）紧压茶包括黑砖、茯砖、方茶、饼茶等。

3）萃取茶包括速溶茶、浓缩茶等。

4）果味茶包括荔枝红茶、柠檬红茶、猕猴桃茶等。

5）药用保健茶包括减肥茶、杜仲茶、老鹰茶等，此类多是类茶植物，不是真正的茶，而是将药物与茶叶配伍制成药茶，以发挥和加强药物的功效，利于药物的溶解，增加香气，调和药味。这种茶的种类很多，如"午时茶""姜茶散""益寿茶""减肥茶"等。

6）含茶饮料包括冰红茶、冰绿茶、奶茶等。

任务五　花　　卉

一、概述

花卉是大自然的精英，是美好事物的象征。千姿百态、色彩绚丽、芬芳流溢的花卉，既装扮着大千世界，也给人类带来了许许多多的实惠。它不仅能使人们陶冶性情、振奋精神、激发热情，还能解除疲劳，为生活增添乐趣，有益心身健康。以花朵类材料为重要组分的食品或饮品叫作"花膳"，是我国"药膳"的一个重要分支。科学研究发现，植物花朵含有96种物质，其中包括22种氨基酸、14种维生素及丰富的无机元素等，被誉为"地球上最完美的食物"。人类食用花卉的历史非常久远，我国远古时代的先民就已经知道利用花卉来充饥甚至疗疾了，而几乎同时或稍早一些的古罗马人就已有了嚼食鲜花的习惯。除了食用鲜花，世界上还有许多国家利用鲜花酿酒做菜等。在欧美一些国家，正在掀起一股食用花卉的新热潮。

人类喜爱花卉，不仅因为花卉能愉悦身心，更是因为许多花卉还有对人类有医疗保健的作用。有些花卉还具有防病治病及杀虫灭菌的功能；还有一些花卉可以提制名贵香精、香料等。不论从文化还是经济方面，其价值都是相当巨大的。

当前人们越来越崇尚"自然、健康、美味"的饮食文化，花卉作为一种具有独特功效的食物原料，越来越多地受到人们关注。

二、常见花卉及其营养价值

1. 玫瑰

（1）概述　玫瑰又名赤蔷薇、徘徊花、刺玫花，系蔷薇科蔷薇属落叶或常绿丛生灌木玫瑰树的初开花蕾。

玫瑰是当今世界最为流行的一种名贵花卉，有红色、紫色、白色、黄色等，花色艳丽，香气清雅。玫瑰不仅可供观赏和馈赠亲友，还有很高的经济价值和药用价值。

（2）成分及营养价值　玫瑰花里含有18种氨基酸和多种微量元素，还含有多种挥发性成分，如醇类（香茅醇、芳樟醇等）、酯类（甲酸芳樟酯、乙酸香茅酯等）、酚类（丁香油酚、甲基丁香油酚等），此外还含有黄酮类、有机酸、脂肪油、玫瑰醚、苦味质等。

玫瑰树的根（玫瑰根）、花（玫瑰花）、花的蒸馏液（玫瑰露）、花的提炼油（玫瑰油）、果实（玫瑰果）均可供药用。常饮玫瑰花茶可去除皮肤黑斑，令皮肤白嫩，也有助于促进新陈代谢，对妇女痛经、月经不调有很好的疗效。玫瑰花还可入菜、熏茶、酿酒、制酱、制糖点等。玫瑰露是一种高级润肤品，也是一种行气散郁的良药。玫瑰油则是一种非常名贵的高级香料，可用于制造高级香水及化妆品。此外，玫瑰油还能促进人体胆汁分泌，调节女性机能，活化男性激素及增加精子数量。

2. 金银花

（1）概述　金银花又叫忍冬花、金银藤、鸳鸯花等，系忍冬科忍冬属多年生常绿或半常绿缠绕性木质藤本植物忍冬藤的花蕾。

金银花藤叶青翠，能忍受严冬而不凋败，故名"忍冬"。花开黄、白二色，故名"金银花"。金银花常绿耐寒，黄白相映，清香飘逸，象征着爱情的纯洁和忠贞，故又名"鸳鸯花"。

（2）成分及营养价值　金银花里含有酚酸类（绿原酸、异绿原酸等）、甾醇类（谷甾醇、豆甾醇等）、黄酮类（木樨草苷、忍冬苷、金丝桃苷等）、挥发油、酚类（丁香油酚、香荆芥酚等）和鞣质等。

金银花是我国的传统药材，享有"疡科圣药"之美誉，可治疗各种热性病，如身热、发疹、发斑、热毒痈疮、咽喉肿痛、热毒血痢等，效果显著。此外，金银花还有良好的解毒作用，对伤寒杆菌、金黄色葡萄球菌等有很好的抗性。

3. 芍药

（1）概述　芍药又称为白芍、殿春、将离，因其花期在春末，故又被称为"梦尾春"。芍药系芍药科芍药属多年生草本植物芍药草的花朵。

芍药花早在我国夏商时期就已为先民所熟知了。在春秋战国时代，它被作为礼品赠给即将离别的情人，故名"将离"；因其花姿绰约，常被用来形容女子姿态柔美。

（2）成分及营养价值　芍药在我国中药界常用其根。芍药根经过加工后成为名贵中药材白芍，若直接晒干则称赤芍。白芍含芍药苷、苯甲酸、鞣质、丹皮酚、谷甾醇、芍药碱、脂肪、挥发油、树脂、蛋白质等成分。芍药苷对胃、肠、子宫平滑肌有解痉作用，并有镇痛、镇静、解热、抗炎、抗溃疡作用，可使冠状动脉血流量增加。赤芍含挥发油、脂肪油、苯甲酸、树脂样物、鞣质、天冬素等，对痢疾、伤寒杆菌、金黄色葡萄球菌、链球菌有较强抑菌作用。

芍药草的根及叶可提制栲胶；其种子含油量达25%，可供制皂、涂料等用。

4. 百合

（1）概述　百合花又名夜合花、百合蒜花、中逢花、中庭花、玉手炉花等，系百合花系百合科百合属多年生宿根草本植物百合草的花朵。

百合花是一种受到中外人士普遍喜爱的世界名花，因为寓含"百年好合""百事合意"等吉祥之意，再加上它端庄淡雅、纯洁清白的芳容确实令人十分惜爱。

（2）成分及营养价值　百合含蛋白质、淀粉、糖类、脂肪、秋水仙碱、胡萝卜素、维生素 B_1、维生素 B_2、泛酸、维生素 C、维生素 D 等。

在我国中药界里，百合常被用于润肺止咳、清心安神。百合适用于肺病咳嗽、咯血、通利大小便、慢性支气管炎、肺结核、更年期综合征、胃炎、虚烦心悸、睡眠不安、癌症及肿瘤放疗与化疗后等症病，有辅助食疗作用。

药理研究表明，百合含秋水仙碱等多种生物碱，能有效地抑制癌细胞的增生，常用于白血病、急性痛风、皮肤癌、鼻咽癌、乳腺癌、宫颈癌的辅助治疗。

用百合花泡水喝或护肤，可改善暗沉的肤色，百合花菊花茶可以抑制忧郁症，如果在百合花菊花茶里再加上点金银花就可以防治上火。

5. 菊花

（1）概述　菊花又名秋菊、九菊、甘菊、金英、帝女花，系菊科属多年生宿根草本植物菊草的头状花序。

菊花是我国十大名花之一，栽培历史悠久，可追溯到3000多年以前。菊花可大致分为三大类：白菊、黄菊、野菊。自古以来，文人雅士用优美的诗句赞颂菊花，不仅赞其美丽的姿容，有的还把菊花作为有骨气的人，作为隐逸高雅者的化身。历代写菊之诗浩如烟海，但无雷同之词，在世界花卉文化史上罕见。

（2）成分及营养价值　菊花除供观赏外，还可食用和药用。食用时，可入茶、泡酒、入菜、做饭等；药用时，平肝目用白菊，疏风清热多用黄菊，解毒消炎多用野菊。菊花含有挥发油、龙脑、菊苷、樟脑、腺嘌呤、胆碱、水苏碱、氨基酸、黄酮类、维生素 A、维生素 B$_1$、钙、磷、铁、锰、刺槐素等。菊花制剂可扩张冠脉，增加冠脉血流量，改善心肌营养，降血压、胆固醇和甘油三酯，对高血压病、冠心病、上呼吸道感染等有治疗作用。菊花可促使有害元素镉的排出；其含钙量高，能使血压下降，可用于防治高血压病。菊花还有抗炎作用，对革兰阳性菌、流感病毒、钩端螺旋体有抑制作用。菊花可用于抗皮肤和肠道寄生虫。从菊花提取出来的野菊脑对治疗感冒、口腔炎、急性扁桃体炎等有良好的效用。

6. 茉莉花

（1）概述　茉莉花又称为抹历花、抹丽花、萘花、木梨花、玉麝、曼华等，系木樨科茉莉属常绿小灌木茉莉树的花朵。

茉莉花以芳香著称于世，有"人间第一香"的美称。许多文学作品把茉莉花比作含情脉脉的美丽姑娘，使花的风韵和情愫人格化。

（2）成分及营养价值　茉莉花含有挥发油、吲哚、苷类等。茉莉花香浓郁持久，是制作各类食品的良好香料。用鲜茉莉花熏制的茶叶，既保持浓郁爽口的茶味，又具馥郁宜人的花香，清醇溢口，香味扑鼻，饮之沁人心脾，余香经久不绝。人们可从茉莉花中提取香精和香料。茉莉花的蒸馏液叫"茉莉花露"，具有健脾理气的功效，可改善脾胃不和、腹胀、食积等症状，但不宜久服。茉莉花的萃取液叫"茉莉精油"，在国际市场上是一种与黄金同价的美容圣品，可增加肌肤光泽、活化肌肤弹性、保持肌肤水分，从而具有美容驻颜的功能。同时，它还可以减轻孕妇产前阵痛，强化子宫收缩力度及减轻产后疼痛程度；也可催化男士精子活力和增加精子数量、改善性冷感及早泄现象，使男士充分恢复生殖能力。

7. 桃花

（1）概述　桃花系蔷薇科桃属落叶小乔木桃树或山桃树的花蕾及花朵，颜色多为粉红色，也有深红色、浅红色。专供观赏的桃花通常为红色或白色。

桃花是传统的园林花木，常大片栽植，构成"桃花源""桃花坞"等景观。桃花的美丽自古就被人们欣赏，如人们形容一个美好的地方为"世外桃源"，形容女子的容颜为"面若桃花"，形容在爱情上交了好运为"走桃花运"等。

（2）成分及营养价值　桃花里含有黄酮类。香豆素、有机酸、维生素等，能疏通脉络、改善血流、增加皮肤营养和氧供给，使人面色红润白嫩。同时，桃花还经常用于治疗水肿、脚气、痰饮、便秘、闭经、胸胁胀痛等。

8. 无花果

（1）概述　无花果又名蜜果、文仙果、品仙果、奶浆果等，系桑科无花果属落叶灌木或小乔木无花果树的花托。

无花果因看似无花而结出的果实，故名"无花果"；由于它富含多种糖类，吃起来甘甜如蜜，故又名为"蜜果"；鲜无花果富含一种黏滑、类似于乳水的浆汁，所以又被叫作"奶浆果"。无花果在全国多数地区都有种植。

（2）成分及营养价值　无花果的根、叶、果实均可供药用。无花果的果实除鲜食外，还能制成干果、果酱、蜜饯等，无花果树的树皮也是造纸的原料。

无花果的果实含有糖类、有机酸、植物生长激素、抗肿瘤成分（苯甲醛、香豆素类等）、生物酶（淀粉糖化酶、蛋白酶等）、氨基酸（天冬氨酸、甘氨酸等）、类胡萝卜素、皂苷等。因其含有抗肿瘤成分，因此具有明显的防癌、抗癌、提高免疫力的功能，适合大肠癌、食管癌、膀胱癌、肺癌、肝癌、血癌、淋巴肉瘤等多种癌症患者食用，是一种广谱抗癌食品。此外，无花果还有一定的镇痛、止血、降血压的作用，对于痢疾、肠炎、痔疮、便秘、气喘、痈肿疮疖等症也有很好的疗效。

思考题

1. 水果的营养价值有哪些？对人体的保健作用体现在哪些方面？
2. 蔬菜的营养价值有哪些？对人体的保健作用体现在哪些方面？
3. 茶的营养价值有哪些？对人体的保健作用体现在哪些方面？
4. 食用菌的营养价值有哪些？对人体的保健作用体现在哪些方面？
5. 花卉的营养价值有哪些？对人体的保健作用体现在哪些方面？

项目四 园艺产品与常见营养性疾病

知识目标

- 了解糖尿病、营养过剩疾病、恶性肿瘤等疾病的诊断和分型。
- 了解各种营养素对糖尿病、营养过剩疾病、恶性肿瘤等疾病的影响。

能力目标

- 能够运用各种营养素对常见营养性疾病的影响进行糖尿病、营养过剩疾病、恶性肿瘤等疾病的膳食控制。
- 能够运用蔬菜、水果及其他园艺产品进行各种常见营养性疾病的膳食调节。

随着经济的发展，人们的生活水平有了很大的提高，每天的饮食也有了很大的改善。但当人们追求口福、追求享乐，享受现代文明的同时，与之不相协调的、威胁人类健康的疾病也随之而来，高血压、高脂血症、糖尿病、营养过剩疾病、冠心病、动脉硬化、脂肪肝、癌症等"现代文明病"的发病率越来越高，并呈现低龄化趋势。

水果、蔬菜等园艺产品与我们的生活息息相关。研究证明，这些园艺产品不仅是我们日常生活中补充能量的食物，而且其含有的营养素对许多"现代文明病"都有一定预防及治疗的效果。人们常说"药补不如食补"，水果、蔬菜食疗预防疾病在日常生活中十分常见。

任务一 糖尿病与园艺产品

一、糖尿病的诊断和分型

糖尿病是由遗传因素、免疫功能紊乱、微生物感染及其毒素、自由基毒素、精神因素等各种致病因子作用于机体导致胰岛功能减退、胰岛素抵抗等而引发的糖、蛋白质、脂肪、水和电解质等一系列代谢紊乱综合征，临床上以慢性高血糖为主要特点，典型病例可出现多尿、多饮、多食、消瘦等表现，即"三多一少"症状。糖尿病（血糖）一旦控制不好会引发眼、肾、脑、心脏等重要器官及神经、皮肤等组织的慢性并发症，并且无法治愈。大多数糖尿病患者死于心、脑血管动脉粥样硬化或糖尿病肾病。与非糖尿病人群相比，糖尿病人群心血管疾病的死亡增加 1.5~4.5 倍，失明高 10 倍，下肢坏疽及截肢高 20 倍，糖尿病肾病是致死肾病的第一位或第二位原因。糖尿病导致的病残、病死率仅次于癌症和心血管疾病，为危害人类健康的第三顽症，它与营养过剩疾病、高血压、高血脂共同构成影响人类健康的四大危险因素。

1. 糖尿病的诊断

1997 年美国糖尿病协会公布糖尿病诊断标准如下：

1）具有糖尿病症状，并且任意一次血糖≥11.1 mmol/L，空腹血糖≥7.0 mmol/L，口服葡萄糖耐量试验，服糖后 2 h 血糖≥11.1 mmol/L。符合上述标准之一的患者，在另一次重复上述检查中，若仍符合三条标准之一者即诊断为糖尿病。

2）口服葡萄糖耐量试验，服糖后 2 h 血糖为 7.8 ~ 11.1 mmol/L 诊断为糖耐量降低。

3）空腹血糖为 6.1 ~ 7.0 mmol/L 诊断为空腹耐糖不良。

2. 糖尿病分类

1985 年，世界卫生组织（WHO）将糖尿病分为胰岛素依赖型（Ⅰ型糖尿病）和非胰岛素依赖型（Ⅱ型糖尿病）。1997 年，美国糖尿病协会公布了新的诊断标准的建议；1999 年，WHO 也对此做了咨询并认可，目前已普遍采用。

（1）Ⅰ型糖尿病　胰岛素依赖型糖尿病是由于胰腺 β 细胞破坏导致胰岛素分泌绝对缺乏造成的，必须依赖外源性胰岛素治疗。此病多发于儿童和青少年，在我国糖尿病患者中约占 5%。这些患者多有糖尿病家族史，起病急，症状较重，容易发生酮症酸中毒。

（2）Ⅱ型糖尿病　非胰岛素依赖型糖尿病是最常见的糖尿病类型，约占我国糖尿病患者总数的 90% ~ 95%，多发生于中老年人，起病缓慢，病情隐匿，不发生胰腺 β 细胞的自身免疫性损伤，有胰岛素抵抗伴分泌不足。患者中多见肥胖或超重，多有生活方式不合理等情况，如高脂、高糖、高能量饮食及活动较少。

（3）妊娠期糖尿病　妊娠期糖尿病一般在妊娠后期发生，占妊娠妇女的 2% ~ 3%。发病与妊娠期进食过多，以及胎盘分泌的激素抵抗胰岛素的作用有关，大部分病人分娩后可恢复正常，但此后成为易患糖尿病的高危人群。其中，40% 左右的人在 10 ~ 20 年后发展为Ⅱ型糖尿病。

（4）其他类型糖尿病　其他类型糖尿病是指某些内分泌疾病、感染、药物及化学制剂引起的糖尿病和胰腺疾病、内分泌疾病伴发的糖尿病，国内较少见。

二、糖尿病的膳食控制

糖尿病是代谢性疾病，发病与治疗都与饮食有密切的关系。有研究认为，糖尿病的真正遗传是饮食遗传，不合理的饮食和生活习惯也被认为是患此病的首要原因。因此，饮食调整是治疗糖尿病的基础疗法，是一切治疗方法的前提，适用于各型糖尿病人。病程短、血糖控制较为稳定的病例以食疗为主即可收到好的效果；病程长、血糖控制较差的病例也必须在饮食疗法的基础上合理利用体疗和药物疗法。只有饮食控制得好，服用降糖药或胰岛素才能发挥好的疗效，从而达到控制血糖平稳的目的。否则，只依赖所谓新药、良药而忽略食疗，临床很难取得好的效果。

1. 能量

糖尿病患者需要根据患者的年龄、性别、身高、体重、运动量、病情、并发症等情况，特别应根据保持其标准体重及维持其社会生活所必需的能量来决定摄取多少能量，对中老年病人来说应保持活动量的最低需要量，使其能量供给以能维持或略低于理想体重为宜。肥胖者必须减少能量的摄入以减轻体重。

2. 碳水化合物

碳水化合物糖类是主要的供能物质。碳水化合物供给量以占总能量的 50%～60% 为宜。在合理控制总能量的基础上，适当提高碳水化合物的摄入量，有助于提高胰岛素的敏感性，减少肝脏葡萄糖的产生和改善葡萄糖耐量。但碳水化合物过多会使血糖升高，增加胰腺负担。当碳水化合物摄入不足时，体内需分解脂肪和蛋白质供能，易引起酮血症。因此，一般成年患者应适量减少碳水化合物的摄入。经治疗症状有所改善后，如血糖下降、尿糖消失，可逐渐增加至正常范围，并根据血糖、尿糖和用药情况随时调整。在计算碳水化合物的量和在食物中的供能比例时，还要考虑食物的血糖指数。糖尿病患者应当选择血糖指数低的碳水化合物。一般来说，粗粮的血糖指数低于细粮，复合碳水化合物低于精制糖。故糖尿病患者宜多食用粗粮和复合碳水化合物，少用富含精制糖的甜点。

3. 蛋白质

蛋白质摄入量过多会增加肾脏负担，对正常人及糖尿病人均如此。有资料提示，糖尿病人的蛋白质摄入量过多可能是引发糖尿病肾病的一个饮食原因，糖尿病人应减少食用蛋白质，并且应食用优质蛋白质，如瘦肉、牛奶、鸡蛋、豆制品等。

4. 脂肪

为防止或延缓糖尿病的心脑血管并发症，必须限制膳食脂肪摄入量，尤其是饱和脂肪酸不宜过多。虽然多不饱和脂肪酸有降血脂和预防动脉粥样硬化的作用，但由于其在体内代谢过程中容易氧化，可对机体产生不利影响，因此也不宜过多食用。而单不饱和脂肪酸则是较理想的脂肪来源，在橄榄油中含量丰富，应优先选用。

5. 胆固醇

糖尿病病人的病情控制不好，易使血清总胆固醇升高，造成糖尿病血管并发症、冠心病等，因此，糖尿病病人饮食中要限制胆固醇的进食量，故应不食用或少食用肥肉和动物内脏，如心、肾、脑等，因为这类食物都富含较高的胆固醇。

6. 膳食纤维

含膳食纤维多的食物能够降低空腹血糖、餐后血糖及改善耐糖量。蔬菜、麦麸、豆类及整谷均含有大量膳食纤维。膳食纤维是非淀粉多糖，其中包括纤维素、半纤维素、果胶和黏胶等。膳食纤维不能被胃肠的消化酶分解，而在大肠中可被细菌分解代谢产生短链脂肪酸，为肠道菌群提供营养，同时也有少量短链脂肪酸被人体吸收提供能量。果胶和黏胶能够保持水分，膨胀肠内容物，使粪便容积增加，从而能够减少食物在肠道内的时间。因此，糖尿病患者的饮食中要增加膳食纤维的量，多食用蔬菜、麦麸、豆类及整谷。

7. 维生素

凡是病情控制不好的患者，易并发感染或导致酮症酸中毒，要注意补充维生素和矿物质，尤其是 B 族维生素消耗增多，应供给维生素 B 制剂，改善神经症状。粗粮、干豆类、蛋和绿叶蔬菜中含 B 族维生素较多。

8. 矿物质

铬能协助和增强胰岛素的生理功能，改善糖耐量，糖尿病人尤其是老年患者应增加铬的含量，降低血清总胆固醇和血脂。富含铬的园艺产品有全麦谷物、豆类、大豆制品、黄瓜、蘑菇、带皮苹果等。锌影响胰岛素的合成、储存、分泌及结构的完整性，缺锌可导致胰岛素稳定性下降，富含锌的园艺产品有豆类、粗粮、坚果等。研究发现，硒具有类胰岛素样作用，可降低血糖，常见的富含硒的园艺产品有谷类、蔬菜、芝麻、麦芽、蘑菇等。糖尿病患者不要吃得过咸，防止高血压的发生。

9. 饮酒

长期饮酒对肝脏不利，易引起高脂血症和脂肪肝。另外，有的病人服用降糖药后再饮酒易出现心慌、气短症状，甚至出现低血糖。

10. 饮食分配及餐次安排

根据血糖、尿糖升高时间、用药时间和病情是否稳定等情况，并结合患者的饮食习惯合理分配餐次，至少一日三餐，定时、定量，早、中、晚餐能量按25%、40%、35%的比例分配。口服降糖药或注射胰岛素后易出现低血糖的患者，可在3次正餐之间加餐两三次。加餐量应从正餐的总量中扣除，做到加餐不加量。在总能量范围内，适当增加餐饮次数有利于改善糖耐量并可预防低血糖的发生。

三、园艺植物与糖尿病

1. 蔬菜与糖尿病

英国有一项最新研究表明，日常饮食中经常食用绿叶蔬菜的人，患Ⅱ型糖尿病的风险比其他人要低。专家解释说，这可能是因为绿叶蔬菜中含有大量的抗氧化物、膳食纤维及镁元素等，这些都有助于降低糖尿病风险。而且，现在有研究显示，有些蔬菜不止适合糖尿病患者食用，而且其本身对糖尿病还有食疗的作用。

（1）苦瓜　苦瓜性寒味苦，药理试验发现苦瓜中含有一种具有降糖作用的活性多肽，表现出具有胰岛素的作用或可促进胰岛素释放，常吃有利于降低血糖。

（2）黄瓜　黄瓜性甘，属于低热能、低脂肪、低含糖量的食物，其中含有的丙醇二酸能有效抑制糖类物质在体内转化为脂肪，对防治糖尿病具有重要意义。

（3）洋葱　洋葱含有类似降血糖的物质，能有效作用于胰腺β细胞，促进胰岛素的分泌，从而降低血糖。另外，洋葱是含有前列腺素 A 的唯一蔬菜，多食用有利于扩张血管，防止动脉硬化，对糖尿病并发症的预防有利。

（4）莴笋　莴笋为低糖物质，并且富含胰岛素激活剂，糖尿病人宜多食用。

（5）芦笋　芦笋为低糖、低脂肪、高纤维食物，现代医学研究证实，芦笋所含的香豆素等化学成分有降低血糖的药理作用。

（6）南瓜　南瓜甘温无毒，补中益气，药理研究显示其有促进胰岛素分泌的作用，并且南瓜中含有丰富的果胶，在肠道中可形成一种凝胶状物质，延缓肠道对糖及脂质的吸收，从而可控制餐后血糖升高。但需注意的是，老南瓜含糖量比较高，吃多了反而会使血糖量升高，所以应多食用嫩南瓜。

（7）山药　山药可以健脾补肺，固肾益精，具有延缓和预防糖尿病并发症的作用。

（8）菠菜　菠菜有促进胰岛素分泌的作用。

（9）马齿苋　中医古书曾记载，马齿苋有治"消渴"的作用。现代医学研究发现，马齿苋中含有高浓度的去甲基肾上腺素和二羟基苯乙胺，能促进胰腺β细胞分泌胰岛素，可调节人体糖代谢，因而降低血糖水平。

（10）胡萝卜　现代医学研究发现，胡萝卜具有降血糖的作用。另外，胡萝卜中含有大量的维生素 A，维生素 A 对维护大脑及中枢神经系统的正常功能及保护视力和营养眼睛均有重要作用。所以，胡萝卜不仅可降低血糖，而且可防治糖尿病并发症，如高血压病、视网膜损伤、神经组织损伤等。

（11）食用菌 香菇对糖尿病视网膜病变、肾病都有利；平菇具有防治高血压症、心血管病、糖尿病等作用；口蘑能帮助糖尿病患者控制血糖；金针菇能减轻或延缓糖尿病并发症的发生等。

2. 水果与糖尿病

许多糖尿病患者认为水果含糖量高而不宜食用，专家认为完全不食用水果也是不适宜的，因为水果中含有大量的维生素、纤维素和矿物质，这些对糖尿病患者是有益的。水果中含有的糖分有葡萄糖、果糖和蔗糖，其中，果糖在代谢时不需要胰岛素参加，所以，血糖稳定后的糖尿病人不要一概排斥水果。

（1）柚子 新鲜的柚子汁中含有类胰岛素样成分，有降低血糖的功效。另外，柚子中含有大量的维生素 C、维生素 P，具有一定的降压作用，有助于防治糖尿病的并发症——动脉硬化和高血压。

（2）罗汉果 有研究报道，罗汉果中含有可溶性膳食纤维，能改善糖代谢，有利于糖尿病患者控制血糖。

（3）苹果 苹果富含粗纤维，能吸入大量水分，减慢人体对糖分的吸收，可以防止糖尿病患者心脑血管并发症的发生。

（4）番石榴 有研究显示，番石榴具有明显的降糖作用。另外，番石榴叶也含有多种黄酮类物质，国内外已有多年利用其治疗糖尿病的经验。

糖尿病人食用水果应注意以下几点：

1）糖尿病患者选择水果的依据主要是根据水果中含糖量及淀粉的含量，以及各种不同水果的血糖指数。适宜食用：每 100 g 水果中含糖量少于 10 g 的水果，包括青瓜、西瓜、橙子、柚子、柠檬、桃子、李子、杏、枇杷、菠萝、草莓、樱桃等。慎重选用：每 100 g 水果中含糖量为 11～20 g 的水果，包括香蕉、石榴、甜瓜、橘子、苹果、梨、荔枝、芒果等。不宜选用：每 100 g 水果中含糖量高于 20 g 的水果，包括红枣、红果，特别是干枣、蜜枣、柿饼、葡萄干、杏干、桂圆等干果，以及果脯应禁止食用。含糖量特别高的新鲜水果，如红富士苹果、柿子、莱阳梨、肥城桃、哈密瓜、玫瑰香葡萄、冬枣、黄桃等也不宜食用。

另外，不少蔬菜可作为水果食用，如西红柿、黄瓜、菜瓜等。此类蔬菜每百克中的糖含量在 5 g 以下，又富含维生素，完全可以代替水果，适合糖尿病人食用。

2）吃水果的时间最好选在两餐之间，饥饿时或体力活动之后，作为能量和营养素补充。通常可选在 9：30 左右，15：30 左右，或者晚饭后 1 h。不提倡餐前或饭后立即吃水果，避免一次性摄入过多的碳水化合物，致使餐后血糖过高，加重胰腺的负担。

3）水果是糖尿病食谱的一部分。每 100 g 新鲜水果产生的能量为 83～418 kJ。严格地讲，每天每个患者适宜吃多少水果都应该由营养师进行计算。但是一般情况下，血糖控制稳定的患者，每天可以吃 150 g 左右含糖量低的新鲜水果。

3. 其他园艺产品与糖尿病

蜂蜜中含有大量氨基酸、酶类、维生素、胆碱等营养物质，并且其中的乙酰胆碱具有降糖作用，但蜂蜜中还含有大量的糖类物质，不适宜糖尿病人过多食用。因此，每天小剂量服用可以调节血糖稳定。蜂王浆也具有降低血糖的作用，有报道从蜂王浆中提取出胰岛素样肽类。

花卉以它馥郁的香味流溢于空气之中，给人以喜悦、愉快的感觉。在花的香味中含有一种能净化空气又能杀菌灭毒的物质——芳香油，而各种不同的花朵又能产生各种不同性质的芳香油。芳香油通过感官调和血脉、调畅情志，自然就调节了人的各种生理机能。已知的植物花卉，在中医药学中，有77%的花卉能直接入药，另外还有3%的花卉经过加工后也可以入药。据研究，萝卜花、南瓜花、百合花的香味治疗糖尿病很有效。花的香气可使人心情愉悦，提神醒目，疲劳顿消，对糖尿病的治疗和恢复也大有益处。

有研究发现，常喝茶的人比其他人患糖尿病的概率低35%左右，甚至我国和日本民间都有泡饮粗老茶叶治疗糖尿病的历史。研究认为，茶叶中的茶多糖、茶多酚、茶色素等有抑制血糖升高过快、调节血糖等作用。也有研究认为，茶叶并不具有调节血糖的作用，但都一致认为，茶叶具有抗氧化、降胆固醇、抑制血压升高、降血脂等作用，对糖尿病并发症有一定的预防和治疗效果。

任务二　营养过剩疾病与园艺产品

一、肥胖的诊断、分类及危害

肥胖是能量摄入超过能量消耗或脂肪代谢障碍而导致体内脂肪积聚过多达到危害程度的一种慢性代谢性疾病。

目前，肥胖在全球范围内广泛流行，已经成为不可忽视的、严重威胁国民健康的危险因素。全球大约有2.5亿成年人属于肥胖患者，加上超重者总人数超过10亿人。我国大城市的肥胖、超重人数为35%～40%，我国20岁以上的肥胖患者达3000万人，超过平均体重的约有2.4亿人。女性在青春发育期、妊娠期和绝经期是肥胖的高发期。WHO已将肥胖定位为疾病，是继心脑血管病和癌症之后对人类生命健康威胁的第三大杀手。

1. 肥胖的诊断

目前，已建立了许多诊断或判定肥胖的标准和方法，常用的方法可分为三大类：人体测量法、物理测量法和化学测量法。

（1）身高标准体重法　身高标准体重法是 WHO 推荐的传统上常用的衡量肥胖的方法，公式为

$$标准体重(kg) = 实际身高(cm) - 105(适用于身高 \leq 175\ cm)$$
$$= 实际身高(cm) - 110(适用于身高 \geq 176\ cm)$$

判断标准：凡肥胖度≥10%为超重；肥胖度为20%～29%为轻度肥胖；肥胖度为30%～49%为中度肥胖；肥胖度超过50%为重度肥胖。

（2）体质指数（BMI）法　体质指数法的公式为

$$BMI = 体重(kg) / [身高(m)]^2$$

式中，BMI 的单位为 kg/m^2。

WHO 推荐的判断标准：BMI $< 18.5\ kg/m^2$ 为慢性营养不良，属于偏瘦；BMI 为 18.5～25 kg/m^2 为体重正常；BMI $> 25\ kg/m^2$ 为超重；BMI $\geq 30\ kg/m^2$ 为肥胖。中国人的脂肪健康指数标准：BMI $< 18.5\ kg/m^2$ 为慢性营养不良，属于偏瘦，BMI 为 18.5～23.9 kg/m^2 为体重

正常；BMI≥24 kg/m² 为超重；BMI≥28 kg/m² 为肥胖。

（3）腰围和腰臀比　肥胖者体内脂肪分布部位的不同，对健康的影响有着明显的不同。上身性肥胖（以腹部或内脏肥胖为主），患心血管疾病和糖尿病的危险性相对增加，同时死亡率也明显增加。下身性肥胖（以臀部和大腿肥胖为主）患上述疾病的危险性相对较低。因此，肥胖者身体脂肪分布类型是比肥胖本身对患病率和死亡率更重要的危险因素。

2. 肥胖的分类

肥胖按发生原因可分为以下三大类：

（1）药物性肥胖　有些药物在有效地治疗疾病的同时，还会产生使患者身体肥胖的副作用。例如，应用肾上腺皮质激素类药物治疗过敏性疾病、风湿病、类风湿病、哮喘病等，同时也可以使患者身体发胖。这类肥胖患者约占肥胖病的 2%。一般而言，只要停止使用这些药物，肥胖情况可自行改善。但有些患者从此成为"顽固性肥胖"患者。

（2）单纯性肥胖　在各类型肥胖中最常见的一种就是单纯性肥胖，其约占肥胖人群的 95%。这类人全身脂肪分布比较均匀，没有内分泌紊乱现象，也无障碍性疾病，其家族往往有肥胖病史，这种主要由遗传因素及营养过度引起的肥胖称为单纯性肥胖。男性单纯性肥胖者的脂肪多沉积在腹部，女性多堆积在乳房、臀部、腹部和大腿上部。

（3）继发性肥胖　继发性肥胖是由于其他神经或内分泌疾患引起的，如脑部损伤、炎症或肿瘤，导致下丘脑或垂体病变而引起的肥胖。例如，肾上腺皮质功能亢进、性腺功能不足、甲状腺功能减退等均可使人发胖。继发性肥胖者可占肥胖者总人数的 2%～5%。肥胖只是这类患者的重要症状之一，对于疾病引起的肥胖，临床治疗时主要治疗原发病，运动及控制饮食的方法不是主要治疗方法。

3. 肥胖的危害

（1）肥胖对儿童的危害

1）血管系统。肥胖可导致儿童全身血黏度增加，血脂和血压升高，心血管功能异常。肥胖儿童有心功能不全、动脉粥样硬化的趋势。

2）内分泌及免疫系统。肥胖儿童的生长激素和泌乳素处于正常的低值、甲状腺素 T3 增多、性激素水平异常、胰岛素增多、糖代谢障碍。胰岛素增多是肥胖儿童发病机制中的重要因素，肥胖儿童往往有糖代谢障碍，超重率越高，越容易患糖尿病。肥胖儿童免疫功能明显紊乱，细胞免疫功能低下。

3）生长、智力和心理发育。肥胖儿童常常有钙、锌摄入不足的现象，男、女第二性征发育显著早于对照组，智商明显低于对照组，反应速度、阅读量及大脑工作能力等指标均值低于对照组，心理上倾向于抑郁、自卑和不协调等。

（2）肥胖对成年人的危害

1）循环系统。肥胖者血液中甘油三酯和胆固醇水平升高，血液的黏滞系数增大，动脉硬化与冠心病发生的危险性增高；肥胖者周围动脉阻力增加，易患高血压病。

2）消化系统。肥胖者易出现便秘、腹胀等症状。肥胖者的胆固醇合成增加，从而导致胆汁中的胆固醇增加，发生胆结石的危险是非肥胖者的 4～5 倍，肥胖者往往伴有脂肪肝。

3）呼吸系统。胸壁、纵隔等脂肪增多，使胸腔的顺应性下降，引起呼吸运动障碍，表现为头轻、气短、少动嗜睡，稍一活动即感到疲乏无力，称为呼吸窘迫综合征，并可出现睡眠呼吸暂停。

4）内分泌系统。肥胖者可出现内分泌紊乱和性激素分泌异常。

5）肥胖与糖尿病。体重超重、肥胖和腹部脂肪蓄积的人是Ⅱ型糖尿病发病的高危人群。肥胖人群患Ⅱ型糖尿病的概率是正常人的4倍。

6）肥胖与癌症。研究发现，肥胖与许多癌症的发病率呈正相关，肥胖妇女患子宫内膜癌、卵巢癌、宫颈癌和绝经后乳腺癌等激素依赖性癌症的危险性较大；结肠癌和胆囊癌等消化系统肿瘤的发病率也比正常人高。

二、肥胖的膳食控制

肥胖的直接起因是长期能量摄入量超标，治疗就必须坚持足够时间，持之以恒，长期地控制能量摄入和增加能量消耗，彻底纠正能量高代谢状况，切不可急于求成。建立控制饮食和增加体力活动，这是取得疗效和巩固疗效的保证，具体采用以下措施：

1. 限制总能量摄入

能量限制要逐渐降低，辅以适当体力活动，增加能量消耗。成年轻度肥胖者，按每月减轻体重0.5～1.0 kg为宜；而成年中度以上肥胖者，每周减体重0.5～1.0 kg。每人每天饮食能量供给应坚持接近最低的安全水平。

2. 限制蛋白质摄入总量

摄入能量过多，无论来自何种能源物质都可引起肥胖，食物蛋白当然也不例外。同时，蛋白质营养过度还会导致肝肾功能损害，故低能量饮食蛋白质供给不宜过高。对采用低能量饮食中度以上肥胖者，蛋白质提供能量占总能量20%～30%为宜，并选用优质蛋白。

3. 限制脂肪摄入量

限制饮食能量供给时，必须限制饮食中脂肪的供给量，尤其需限制动物脂肪。因为在肥胖时，脂肪沉积在皮下组织和内脏器官过多，常易引起脂肪肝、高脂血症及冠心病等并发症。为使饮食含能量较低而又耐饿性较强，对肥胖者饮食中的脂肪量应控制在总能量的25%～30%。

4. 限制碳水化合物摄入量

为防止酮症和出现负氧平衡，碳水化合物供给应控制在总能量的40%～55%为宜。碳水化合物在体内能转变为脂肪，尤其是肥胖者摄入单糖后，更容易以脂肪的形式沉积。因此，碳水化合物应选择谷类，尤其是粗杂粮，对含蔗糖、麦芽糖、果糖、蜜饯及甜点心等的食品，应尽量少吃或不吃。含膳食纤维多的食物可适当多用。

5. 限制食盐和嘌呤的摄入

食盐能引起口渴和刺激食欲，并能增加体重，多食不利于肥胖症的治疗，故食盐以3～6 g/d为宜。嘌呤可增进食欲和加重肝肾代谢负担，故含高嘌呤的动物内脏应加以限制，如肝、心、肾等。

6. 不食用强烈刺激食欲的食物和调料

强烈刺激食欲的食物和调料可以刺激胃液分泌增加，容易使人增加饥饿感，提高食欲，促进食量增加，导致减肥失败。不吃高温煎炸、香味浓郁、油脂含量多的食物，尽量用蒸、煮、炖、酱、凉拌等烹调方法。食谱要多样化，以便长期坚持，主食尽量做到粗粮、细粮搭配，豆、粮搭配。

7. 少吃夜食

睡前饮食易使大量的热量蓄积，所以，夜间饮食易引起肥胖。同时，还应注意夜间的进食量不要太多。

8. 控制膳食与增加运动相结合

饮食上保证维生素和矿物元素的供给，食用富含膳食纤维的食物，注意合理的食物选择和搭配。新鲜蔬菜、水果、粗杂粮等是维生素和矿物元素的主要来源，也含有较丰富的膳食纤维。运动能增加能量消耗，促进脂肪供能，提高基础代谢。积极运动可有效减轻体重，还可改善心肺功能，产生更多、更全面的健康效益。将两者相结合，能达到更好的减重效果。

三、高脂血症

高脂血症是指各种原因导致脂质代谢失调，血清总胆固醇和甘油三酯水平浓度超过正常范围的一类疾病。脂质不溶或微溶于水，必须与蛋白质结合以脂蛋白形式存在，因此，高脂血症常称为高脂蛋白血症。高脂血症对人体有很大的危害，可导致各器官动脉粥样硬化，多引发高血压、冠心病、肾衰竭及眼底出血等。当血清总胆固醇增到 6.5 mmol/L 时，冠心病发病率增长 1 倍；当升至 7.8 mmol/L 时，冠心病发病率增长 4 倍，同时死亡率也大大增加。

1. 高脂血症的诊断

根据血清总胆固醇（TC）、甘油三酯（TG）水平和高密度脂蛋白胆固醇（HDL－C）浓度进行诊断。中国高脂血症诊断标准（1997 年）见表 4-1。

表 4-1　中国高脂血症诊断标准

判断	血清总胆固醇（TC）		甘油三酯（TG）		低密度脂蛋白胆固醇（LDL－C）		高密度脂蛋白胆固醇（HDL－C）	
	mmol/L	mg/dL	mmol/L	mg/dL	mmol/L	mg/dL	mmol/L	mg/dL
合适范围	<5.2	<200	<1.7	<150	<3.12	<120	>1.04	>40
临界高值	5.23~5.69	201~219	2.3~4.5	200~400	3.15~3.61	121~139		
升高	>5.72	>220	>1.7	>150	>3.64	>140		
降低							<0.91	<35

2. 膳食营养与高脂血症

（1）控制总能量　血质异常者往往合并肥胖症，应控制能量的摄入，使其达到标准体重。

（2）不同的脂肪酸对血脂的影响

1）饱和脂肪酸可显著提高高血清总胆固醇和低密度脂蛋白胆固醇水平。

2）单不饱和脂肪酸可降低血清总胆固醇和低密度脂蛋白胆固醇水平，同时可提高高密度脂蛋白胆固醇水平。

3）多不饱和脂肪酸可降低血清总胆固醇和低密度脂蛋白胆固醇水平，但并不能提高高密度脂蛋白胆固醇水平。

4）反式脂肪酸可使低密度脂蛋白胆固醇水平提高，而使高密度脂蛋白胆固醇水平降低。

因此，饮食中应严格限制食用富含饱和脂肪酸的动物油，食用油宜选用富含单不饱和脂肪酸的橄榄油、茶树油或花生油。忌食动物脑、内脏、鱼子、鱿鱼等高胆固醇食物。

（3）碳水化合物　进食大量缺乏纤维素的双糖或单糖类，可使血清极低密度脂蛋白胆固醇、甘油三酯、胆固醇、低密度脂蛋白胆固醇水平提高。高碳水化合物还可使血清高密度脂蛋白胆固醇下降。因此，高脂血症的患者应减少单糖和双糖的摄入量，限制食用富含单糖和双糖的食物，如甜食、糕点、含糖饮料等。

（4）膳食纤维　膳食纤维可降低血清总胆固醇、低密度脂蛋白胆固醇水平。可溶性膳食纤维比不溶性膳食纤维的作用更强，前者主要存在于大麦、燕麦、豆类、水果中。

（5）矿物元素　镁对心血管系统有保护作用，具有降低胆固醇、降低冠状动脉张力、增加冠状动脉血流量等作用；缺钙可提高血清总胆固醇和甘油三酯水平；缺锌可引起血脂代谢异常，可提高胆固醇、低密度脂蛋白胆固醇水平，补充锌后可提高高密度脂蛋白胆固醇；缺铬可使血清总胆固醇水平提高，并使高密度脂蛋白胆固醇水平下降。

（6）维生素　维生素 C 促进胆固醇降解，降低血清总胆固醇水平；增加脂蛋白酶活性，加速血清极低密度脂蛋白胆固醇、甘油三酯的降解。维生素 E 缺乏可升高低密度脂蛋白胆固醇水平。新鲜的蔬菜水果富含矿物质和维生素，因此适宜高脂血症患者食用。

（7）适度运动　通过运动增加脂质转换，可降低甘油三酯和低密度脂蛋白胆固醇，提高高密度脂蛋白水平。运动锻炼可以调整身体脂肪的分布，减少内脏器官周围脂肪的储藏量。

四、动脉粥样硬化

动脉粥样硬化是指多种危险因素作用下大、中动脉血管壁发生脂质积聚、纤维基质形成、细胞迁移增生，形成黄色粥样病变。该病是一种炎症性、多阶段的退行性和增生性病变，可导致动脉管壁增厚变硬，失去弹性，管腔缩小。该病根据其发生的部位不同，可引起相应器官的受损和疾病，其中以冠心病、心绞痛和脑栓塞最为严重和常见。

1. 膳食营养与动脉粥样硬化

动脉粥样硬化的形成原因尚不完全明确，但通过现代医学调查发现，该病为多病因疾病，其危险因素包括高脂血症、高血压、吸烟、肥胖、糖尿病和糖耐量异常、运动不足、紧张状态、高龄、家族病史等。

因此，预防动脉粥样硬化的基本原则是：在平衡膳食的基础上控制总能量和总脂肪，限制饱和脂肪酸和胆固醇。另外，保证充足的膳食纤维和多种维生素，补充适量的矿物质和抗氧化食品也对该病具有预防和治疗的效果。

（1）控制总能量摄入　肥胖是动脉粥样硬化的重要危险因素，故应使能量的摄入与消耗相平衡，维持标准体重。

（2）脂类　大量流行病学研究表明，膳食脂肪摄入总量、饱和脂肪酸摄入量、胆固醇摄入量均与动脉粥样硬化的发病率呈正相关。脂肪酸的组成不同对血脂水平的影响也不同，食用饱和脂肪酸高的食物可导致血清总胆固醇水平升高，但对甘油三酯等的影响不一。有研究表明，富含单不饱和脂肪酸的橄榄油和茶油，能降低血清总胆固醇和低密度脂蛋白含量，并且不降低高密度脂蛋白含量。多不饱和脂肪酸虽然能降低低密度脂蛋白胆固醇含量，但同时也能使高密度脂蛋白胆固醇含量降低。

因此应限制脂肪和胆固醇的摄入量，少吃动物脂肪，降低饱和脂肪酸的摄入量，适当增加不饱和脂肪酸的摄入量，尤其是单不饱和脂肪酸的摄入量。限制含胆固醇较高的食物，如猪脑、蛋黄、水生贝壳类及动物内脏。鱼类主要含 $n-3$ 系列多不饱和脂肪酸，对心血管有保护作用，可适当多吃。

（3）蛋白质　蛋白质与动脉硬化的关系有待进一步探讨。有动物试验表明，动物性蛋白质提高血清总胆固醇水平的作用比植物性蛋白质明显。流行病学调查结果也表明冠心病的发病率在食用动物性蛋白质高的地区比以食用植物性蛋白质为主的地区显著增加。有临床观察证明，植物蛋白质，尤其是大豆蛋白有明显降低血胆固醇水平的作用。

（4）膳食纤维　流行病学研究发现，膳食纤维的摄入量与冠心病的发病率和死亡率呈负相关。大麦、燕麦麸、豆类、蔬菜和水果中的可溶性纤维可降低人体血清总胆固醇水平，其机理可能是膳食纤维可使胆酸排出量增加，间接地增加了胆固醇向胆酸的转化，从而导致血清总胆固醇水平降低。各种膳食纤维可不同程度地直接与胆固醇结合，减少膳食中胆固醇的吸收，也起到降低血清总胆固醇的作用。因此，膳食中要有足够的蔬菜、水果，并增加粗杂粮，避免食物过精过细。

（5）维生素　研究表明，维生素和矿物质有利于预防动脉粥样硬化的发生，或者改善心肌缺血的症状，降低冠心病的危害。

1）维生素 E。人群观察性研究和动物试验干预研究已证实，维生素 E 有预防动脉粥样硬化和冠心病的作用。维生素 E 预防动脉粥样硬化作用的机制可能与其抗氧化作用有关，即减少脂质过氧化物质的形成。此外，维生素 E 还可通过抑制炎症因子的形成和分泌，以及抑制血小板凝集而发挥抗动脉粥样硬化的作用。

2）维生素 C。维生素 C 参与胶原蛋白的合成使血管的弹性增加，脆性降低，保护血管壁的完整性。维生素 C 在体内参与多种生物活性物质的羟化反应，如胆固醇代谢生成胆酸的羟化反应，使血清总胆固醇的水平降低。维生素 C 也是一种重要的抗氧化剂，可捕捉自由基，防止不饱和脂肪酸的过氧化反应。维生素 C 增强维生素 E 的抗氧化作用。由上可见，维生素 C 对降低血清总胆固醇、维持血管壁正常结构和功能，以及防止自由基损害等起重要作用。

3）其他维生素。维生素 B_6、叶酸和维生素 B_{12} 参与 S-腺苷同型半胱氨酸转化成甲硫氨酸的循环，当维生素 B_6、叶酸和维生素 B_{12} 缺乏时转化受阻，血浆同型半胱氨酸浓度增加，高同型半胱氨酸血症是心血管疾病的独立危险因素。因此，维生素 B_6、维生素 B_{12}、叶酸等在抑制体内脂质过氧化、降低血脂方面都具有一定的作用。

（6）矿物质　不同矿物质对防治动脉粥样硬化的作用如下：

1）镁。镁对心肌的结构、功能和代谢有重要的作用，还能改善脂质代谢并有抗凝血功能。镁缺乏易发生血管硬化和心肌损害。

2）钙。动物试验证实，当用缺钙饲料喂大鼠和家兔时，可使动物血清总脂、总胆固醇含量升高，而补钙后，以上指标均显著降低。

3）铬。铬是葡萄糖耐量因子的组成成分，缺铬可引起糖代谢和脂类代谢的紊乱，增加动脉粥样硬化的危险性。而补充铬可降低血清总胆固醇和低密度脂蛋白胆固醇水平，提高高密度脂蛋白胆固醇的水平，防止动脉粥样硬化斑块的形成。

4）铜。铜缺乏也可使血清总胆固醇含量升高，并影响弹性蛋白和胶原蛋白的关联而引起心血管损伤。

5）铁。近年来的研究发现，过量的铁可引起心肌损伤、心律失常和心衰等，应用铁螯合剂可促进心肌细胞功能和代谢的恢复。

6）硒。硒是体内重要的抗氧化剂，是机体谷胱甘肽过氧化物酶的核心组成成分。谷胱甘肽过氧化酶在机体内的重要生理功能是使形成的过氧化物分解，减少脂质过氧化物对心肌细胞和血管内皮细胞的损害。有资料表明，硒缺乏可引起心肌损伤，是冠心病发展的促进因素。

（7）减少食盐和酒精的摄入　高血压是动脉粥样硬化的重要威胁因素，为了预防和控制高血压，每日食盐的摄入应限制在 5 g 以下。过量的乙醇可增加脂质过氧化物，加重动脉硬化，因此，应严格控制高度酒的摄入量。

五、园艺植物与营养过剩疾病

1. 蔬菜与营养过剩疾病

蔬菜富含大量的水分及丰富的膳食纤维，食入后，具有体积大、饱腹感强的特点，可辅助降低总能量的摄入，从而帮助人们更好地控制体重，远离肥胖，从而远离高脂血症、动脉粥样硬化等疾病。

（1）黄瓜　黄瓜性凉、味甘，具有清热利水、除湿滑肠的功效。有研究发现，黄瓜中的维生素对促进人体肠道内腐败物质的排除和降低胆固醇有一定的作用，黄瓜中含有的丙醇二酸可抑制糖类物质转变成脂肪。因此，黄瓜具有较好的减肥功效。

（2）冬瓜　冬瓜性微寒、味甘。研究发现，冬瓜不含脂肪，所含的丙醇二酸、维生素 B_1 等成分有助于人体的新陈代谢，具有良好的减肥作用。

（3）白萝卜　白萝卜含有能帮助消化的酶和能增进食欲的芥子油等物质，能促进脂肪类物质更好地进行新陈代谢，避免脂肪在皮下堆积。

（4）辣椒　辣椒除含有营养物质外，还含有辣椒素，能促进脂质代谢，抑制脂肪在体内蓄积，适量食用有助于减肥。

（5）韭菜、芹菜、茼蒿等　绿色叶菜类蔬菜含有大量粗纤维，有助于肠道蠕动，可以通便解毒，减低胆固醇含量。韭菜中的粗纤维有促进肠蠕动的作用，能畅通大便，使肠道中多余的蛋白质、脂肪排出体外，以防止脂肪在体内堆积。另外，芹菜具有降低血清总胆固醇水平的作用，可用来防治高脂血症、脂肪肝、高血压病等。

（6）大豆及豆制品　大豆和豆制品含有丰富的不饱和脂肪酸，能分解体内的胆固醇，促进脂质代谢，使皮下脂肪不易堆积。

（7）大蒜　研究证明，大蒜及大蒜制剂能降低血清总胆固醇和甘油三酯水平，能有效地防治动脉粥样硬化，并且在防治高脂血症、脂肪肝中也具有重要作用，其作用可能与大蒜中含有的大蒜素有关。

（8）洋葱　洋葱中的二烯丙基硫化物、烯丙基二硫化物和蒜氨酸等具有降低胆固醇和血脂的作用。洋葱中的前列腺素 A 对脆性血管有软化作用，因此可防治高脂血症、脂肪肝、高血压病、糖尿病等。

（9）萝卜　萝卜在中医中可入药行气和消食。现代研究报道，吃萝卜能促进脂肪代谢，避免脂肪在皮下堆积，具有明显的减肥作用。另外，萝卜还具有降低血清总胆固醇水平，预防高血压、冠心病的作用。

（10）食用菌　香菇、金针菇等食用菌含有丰富的维生素、矿物质、纤维素及特有的活性物质。现代临床应用研究发现，多种食用菌都具有降低血清总胆固醇和防止动脉硬化斑块形成的作用。

2. 水果与营养过剩疾病

水果中含有的果胶、纤维素、半纤维素、木质素等膳食纤维能促进肠道蠕动和排便，对于防止和治疗便秘有良好的作用。水果中富含钾、钙、镁等矿物质，经代谢后的产物呈碱性，故被称为碱性食物。一般肥胖的人，因为多吃高蛋白、高脂肪和高热量的食品，使血液和身体呈酸性，所以，水果对于矫正偏酸性环境，维持体内正常的酸碱度有重要意义。水果中存在的蛋白酶还可以促进蛋白质的消化。不过值得注意的是，有很多水果的碳水化合物含量较高，这个时候一定要注意适当减少主食的摄入量，降低总能量的摄入，达到减肥的目的。

（1）苹果　苹果含有丰富的果胶，可以在肠道中与毒素结合，加速排毒功效并降低热量的吸收。此外，苹果含有大量的钾，可以防止腿部水肿。同时临床医学中发现，其具有降低血清总胆固醇和肝脏胆固醇的作用，可以防治动脉粥样硬化和高脂血症。

（2）番茄　番茄也能被列为蔬菜。番茄含有茄红素、食物纤维及果胶，可以降低能量的摄取，促进肠胃蠕动。

（3）菠萝　菠萝中的蛋白分解酵素相当强，可以帮助肉类中蛋白质消化。需要注意的是，菠萝需要在餐后食用，以免造成胃壁受伤。

（4）香蕉　香蕉具有较强的饱腹感，含糖量较高，可以补充身体对能量的需求，同时热量低，常用来作为减肥食品。

（5）猕猴桃　猕猴桃含有的维生素 C 为水果之冠，又含有丰富的膳食纤维和丰富的钾。猕猴桃中也含有大量的蛋白分解酵素，能促进肉类中蛋白质的消化。因此，猕猴桃有防止便秘、帮助消化、美化肌肤的效果。

（6）山楂　山楂具有消食健胃的作用，在现代中医药学研究中，山楂还有降血脂的作用，并对预防动脉粥样硬化具有重要意义。

3. 其他园艺产品与营养过剩疾病

蜂蜜能改善血液的成分，促进心脑血管功能，因此，经常服用蜂蜜对心血管病人很有好处。蜂蜜还可以润肠通便，常用来减肥。

近年来，人们为了养生、减肥、保健、美容，具有特有的芳香气味和丰富的营养价值和保健作用的食用花卉成了餐桌上的佳肴。随着发展，花卉食品的营养价值被更多的人认可，并且其食用范围和品种也越来越广泛。花卉植物中的纤维素能够促进人体胃肠蠕动，清洁肠壁，有助于防止肠道恶性肿瘤的发生。花卉植物中的维生素和花色素被人体吸收后能清除体内具氧化破坏作用的自由基，延缓衰老，防止和减少心血管疾病及癌症的发生。

茶叶也具有防治高脂血症、动脉粥样硬化的作用。现代科学研究发现，茶叶中所含的茶色素具有抗动脉粥样硬化的作用；芳香物质能溶解脂肪，解除油腻，从而帮助消化。中老年人经常饮茶尤其是绿茶，可以防治高脂血症、预防心脑血管等疾病。

任务三　恶性肿瘤与园艺产品

肿瘤是指人体中正在发育且成熟的正常细胞在某些不良因素的长期作用下出现过度增生

或异常分化而形成的局部肿块。变异后的细胞不按正常细胞的新陈代谢规律生长，不会正常死亡，导致细胞呈现异常的形态、功能和代谢，以致破坏到正常的组织器官并影响其生理功能。肿瘤分为良性肿瘤和恶性肿瘤。恶性肿瘤细胞除了影响局部器官和组织，还能向周围蔓延，甚至扩散转移到其他组织器官中继续不受限制地增长，严重危害人类健康。全球每年癌症在各种死亡中已经排在第二位。调查资料显示，我国现有癌症患者700万人，每年新增癌症患者约200万人，每年因癌症死亡人数约为170万人。

一、各种因素对癌症的影响

恶性肿瘤是可以防治的疾病，有研究认为，在全部恶性肿瘤中5%是遗传的，80%以上的癌症发病是不良生活行为方式与遗传相互作用的结果。在致癌的影响因素中，烟草因素占30%，饮食因素占35%，两者的影响因素超过了环境污染、病毒感染等其他因素。除此之外，不良的生活行为方式还包括：生活不规律，经常熬夜，生活压力大，很少进行体育锻炼，以及喜欢长期在太阳光下暴晒等。因此，改变不良生活习惯，保持健康生活方式是预防恶性肿瘤的有效措施。

（一）吸烟与癌症

吸烟是引起癌症最主要的危险因素，并可引起多种癌症。吸烟主要引起的癌症包括肺癌、口腔癌、肾癌、膀胱癌、食道癌等。据现代医学统计，吸烟者患肺癌的危险比不吸烟者高20倍以上。男性恶性肿瘤中因肺癌死亡的人数占总人数的1/4。

（二）饮食与癌症

1. 食物本身含有的致癌物质

食物中既存在许多有利于人体健康的营养素和抗癌成分，同时也可能存在致癌物质或其前体。脂肪摄入过多，特别是含有饱和脂肪酸的饮食，会增加大肠中胆汁酸与中性固醇的浓度，并改变大肠菌群的组成。胆汁酸及固醇可经细菌作用生成一些致癌物质，增加结肠癌、直肠癌形成的概率。因此，在防癌膳食中应强调减少膳食总脂肪的摄入量。

据资料表明，太平洋关岛的居民曾以一种旋花苏铁树的果实作为主食，这种果实中含有一种叫"吡咯烷生物碱"的物质，在小鼠身上具有促癌作用。日本人喜欢吃的蕨类植物中发现有莽草酸和槲皮黄酮的致癌物。存在黄樟树中的黄樟素常被作为调味品来使用，它本身是一种很轻度的致癌物质，可诱发肝癌和食道癌。

2. 食物烹调不当所产生的致癌物质

高温油炸或熏烤后，食物中的不饱和脂肪酸、蛋白质、氨基酸等可产生有致癌作用的杂环化合物和多环芳烃。不完全燃烧脂肪及用烟直接熏制鱼肉，也能产生苯并芘等多环芳烃类化合物。所以，食物烹调过程中，少用油炸、煎、烟熏烤的方法，多采用蒸、煮、炖的方法。

3. 食物储藏霉变容易致癌

花生、大豆、玉米等由于储藏不当而发霉，会产生大量的黄曲霉毒素，黄曲霉毒素具有较强的致癌作用，可引起肝癌、胃癌等。黄曲霉毒素不仅耐酸，还耐高温，在280 ℃的高温下仍不能被破坏。调查发现，黄曲霉毒素对粮食的污染，南方较严重，玉米、花生被污染的机会较大米、小麦、豆类多。除此之外，大米霉变产生的黄曲霉素、岛青霉素，发霉酸菜、咸菜产生的白地霉素等也具有致癌的作用。

4. 加工食品中的添加剂

食品添加剂是为改善食品色、香、味等品质，以及为防腐和加工工艺的需要而加入食品中的人工合成或者天然物质，在现代食品加工中扮演着重要的角色。食品添加剂的致癌风险主要表现在两个方面：一是使用不当或过量使用食品添加剂，即"剂量决定危害"；二是使用不符合卫生标准的食品添加剂或将工业添加剂用于食品生产中。例如苏丹红一号事件，就是将工业添加剂用于食品生产中，造成了极大的食品化学危害。

5. 亚硝胺化合物

亚硝胺是一种很强的致癌物，硝酸盐和亚硝酸盐都可通过一系列作用形成亚硝胺。亚硝胺可引发各种器官与组织的癌变，而且还能通过胎盘对后代诱发肿瘤或引起胎儿畸形。很多食品中都含有亚硝胺，相对而言，含量最多的是腌菜类，其次是干咸鱼、红肠、腊肠、火腿、熏肉等。鱼和肉制品需加硝酸盐和亚硝酸盐进行发色或杀菌。肉、蔬菜放置时间较长也会产生亚硝胺。烂菜中含有大量的硝酸盐，受细菌和唾液的作用可还原为亚硝胺。因此，要控制肉制品中亚硝酸盐的用量，少吃不新鲜的咸鱼、咸肉等食品。食用含丰富维生素 C 的水果，有利于抑制亚硝胺的形成。

6. 饮水

饮水与引发癌症有关：一是水质，主要是看水中是否含有钙与镁，含有一定量的钙和镁的水质可以降低有害物质的吸收，降低患消化道癌症的风险；二是水中污染的致癌物质，特别是地面水，在肝癌高发区发现，饮沟塘水居民的发病率远高于饮井水居民的发病率，而长期饮用氯残留量高的水的居民，膀胱癌的发病率较大。

7. 饮酒

世界癌症研究基金会的一项研究表明，每日适量饮用低度酒可以起到舒筋活血的作用，对心血管系统疾病有预防作用，或者可降低患癌症风险。饮用量为：啤酒每天 250 mL 为宜；红酒具有较好的抗氧化作用，每天 150 mL 为宜；白酒每天不超过 25 mL。但是，饮酒过量不仅影响营养素的吸收，降低机体抵抗力，还可增加患口腔癌、食道癌、胃癌、肝癌、肠癌、乳腺癌的概率。如果饮酒加上吸烟，两者协同作用，则患癌症的危险性更大。

8. 化学污染

食物在加工、运输和销售环节中可能受到致癌物质的污染，如亚硝胺、农药和重金属，汽车排放的尾气，工厂的废气、废水，化肥中的硝酸盐，以及各种杀虫剂和除草剂。这些物质中含有的多环芳香烃、硝酸盐等致癌物质会污染空气、泥土和水源，生长在这种环境中的蔬菜、水果就会含有致癌物质。

二、膳食营养与癌症

膳食成分及其相关因素在癌变的启动、促进和进展阶段均起作用。蔬菜和水果中的生物活性物质可减少或消除致癌物对 DNA 的损伤；肥胖可通过某些激素和生长因子的作用增加癌症的危险性；含大量脂肪的高能量膳食可产生较多的脂质过氧化物和氧自由基，这些自由基对 DNA、核酸等大分子物质有较强的破坏作用，对癌变有促进作用，而植物性食物中广泛存在的抗氧化生物活性物质则可减少这些自由基。膳食的营养质量决定体内营养状况，从而决定癌变的转归。如果膳食中含致癌物质多、抗癌成分少，则促癌；反之则抑癌。

1. 脂肪

高脂肪的膳食会促发化学物质诱发乳腺癌、结肠癌和前列腺癌。因此，高脂肪膳食人群的上述癌症的发病率远高于食用脂肪较少的人群。膳食中应重点限制饱和脂肪酸、多不饱和脂肪酸和反式脂肪酸的摄入量，尤其应限制高脂肪食物的摄入量，可选择玉米油、芝麻油、鱼油、花生油等植物油来代替动物油。

2. 能量

能量的摄入与癌症发生有明显的相关性。摄入过量能量的人（表现在体重过重和肥胖）易患胰腺癌，因此要限制每天摄入的总能量，控制体重，避免体重过轻或过重，每天坚持进行有氧运动。

3. 蛋白质

蛋白质与癌的关系比较复杂。蛋白质本身不是致癌物，优质蛋白质能增加机体免疫功能，许多蛋白酶还可抑制动物肿瘤的发生，是抵御疾病的重要因素。食物中蛋白质含量较低，可促进癌变的发生。居民营养欠佳、蛋白质摄入不足的地区易患食管癌和胃癌。但是过量摄入蛋白质，特别是动物蛋白，与癌症发生、发展有关。

4. 碳水化合物

有研究指出，糖的摄入量过高会增加乳腺癌和直肠癌的患病率，认为糖摄取量高时会增加粪便在肠道中的停留时间，并且胆汁酸含量也会增高，这些因素均可增加肠癌的患病率。

5. 维生素

维生素与癌症的关系一直受到科学家的关注。已有科学研究证实，具有抗氧化作用的维生素 A、维生素 C、维生素 E 能保护人体细胞免遭自由基的侵袭，对癌症起到一定的防御作用。

（1）维生素 A　维生素 A 可以使上皮细胞正常生长和分化，防止上皮细胞角质化而形成鳞状细胞，甚至产生癌变。

（2）维生素 C　维生素 C 具有较强的抗氧化作用，可以消除自由基，抑制硝酸盐的氧化、亚硝酸盐与胺类结合生成亚硝胺，减少致癌物质的产生。维生素 C 可保护其他水溶性维生素不被氧化，促进胶原细胞的合成，使细胞与细胞间排列整齐，提高细胞免疫功能。另外，维生素 C 还可以破坏癌细胞增生时产生的某种酶的活性，使癌细胞无法增加，并能减轻晚期癌症病人的症状和痛苦，延长病人的寿命。

（3）维生素 E　维生素 E 也具有较强的抗氧化作用，它的抗癌机制和维生素 C 相似，可减少或阻止不饱和脂肪酸氧化而生成有害的自由基，保护细胞膜免受过氧化物的损害，可阻断或延缓癌变。

（4）维生素 D　法国国家癌症研究所的一份报告指出，人体内缺乏维生素 D 可能与癌症发病率上升有关。科学家建议人们可以通过适当晒太阳的方式来补充维生素 D，预防癌症的发生。

6. 膳食纤维

膳食纤维是不能被人体吸收的多糖，在防癌上起着重要的作用。流行病学的调查及动物试验表明它能降低结肠癌、直肠癌的发生率。膳食纤维的主要作用是吸附致癌物质和增加容积以稀释致癌物。

7. 矿物质

（1）硒　硒能调节各种维生素的吸收与代谢，可增加机体的免疫功能，并能促进汞、镉、砷等重金属排出体外，阻断重金属的致癌过程。

（2）钙　钙有抑制脂质过氧化的作用，并能保护胃肠道免受损伤，从而降低胃肠道癌症的患病风险。

（3）锌　锌是多种酶的激活因子，在人体免疫系统功能的正常发挥中占有重要地位。它可提高免疫细胞的功能，起到防癌的作用。

（4）碘　碘与甲状腺癌和乳腺癌关系密切。摄入碘过高或过低都可增加患甲状腺癌的概率。

（5）钼　钼在人体内能阻断亚硝胺类致癌物质的合成，从而阻止癌变。

此外，锰、铜有抗肿瘤的作用，铬、钾、硫也有助于抗癌，氟也有抑制肿瘤的作用。

三、园艺产品与癌症

1. 蔬菜与恶性肿瘤

蔬菜和水果是公认的防癌食物，主要源于其富含的抗氧化物质。例如，维生素 C、类胡萝卜素、类黄酮类物质及异硫氰酸盐等，能有效地防止人体 DNA 受损，促进组织细胞修复，以及减少突变。同时，蔬菜和水果所含的膳食纤维可促进肠道蠕动，减少致癌物在肠道中的停留时间并与其结合，促进其快速排出体外。

（1）萝卜　萝卜中含有各种糖类、丰富的维生素，特别是富含胡萝卜素，它还含有许多人体必需的矿物质和微量元素，以及各种酶类。研究表明，多食用萝卜能减少咽喉、食管和胃肠等上皮组织的炎症，从而减少癌前病变。

（2）十字花科蔬菜　卷心菜、菜花等都属于十字花科，都含有吲哚类化合物和黄酮类化合物。这些物质在体内能够诱导和活化体内某些能够分解有害物质的酶类，从而清除体内的有害物质达到防癌抗癌的目的。多食用十字花科蔬菜能降低胃癌及结肠癌的发病率。另外，卷心菜还含微量元素钼。菜花富含二硫酚酮，这些物质也有防止诱发癌症的作用。

（3）苦瓜　苦瓜中含有类奎宁样蛋白质，能刺激免疫细胞，通过提高人体免疫功能来预防癌症。

（4）芹菜　芹菜是富含纤维的蔬菜，在进入肠道后可促使肠蠕动，缩短食物中有毒物质在肠道内的滞留时间，对预防大肠癌极为有益。此外，芹菜中还含有丰富的维生素、微量元素。

（5）西红柿　西红柿中含有的番茄红素为维生素 A 的前体，而前列腺癌与维生素 A 缺乏有关。因此，食用适量的西红柿可降低前列腺癌、乳腺癌等癌症的发病率，并对胃癌、肺癌有预防作用。

（6）甘薯　甘薯中含有一种叫脱氢表雄酮的化学物质，其可以用于预防结肠癌和乳腺癌。此外，甘薯中还含有丰富的纤维素。

（7）洋葱、大蒜等　洋葱中含有的栎皮黄素，是目前已知的天然抗癌物质之一。大蒜中有一种含硫化合物（蒜氨酸），能消除亚硝胺，对预防癌症，特别是预防胃癌。

（8）芦笋　芦笋中含有丰富的组蛋白，这种蛋白能有效地控制癌细胞生长，并促进细胞的正常生长。芦笋富含的叶酸和核酸也能增强人体的抗癌能力。芦笋还含有多种黄酮类物质，能诱导体内多种酶的活性，有利于致癌物的转化和解毒。

（9）茄子　茄子中含有龙葵碱、葫芦素、水苏碱、胆碱、紫苏甙、茄色甙等多种生物碱物质，其中龙葵碱、葫芦素被证实具有抗癌能力，动物试验中能抑制消化系统肿瘤的增殖。茄子还含有丰富的维生素和无机盐，其中维生素 P 含量较高，对微血管具有一定的保护作用。古代就有用茄根治疗肿瘤的记载。

（10）食用菌　食用菌类食物中的多糖具有防癌的作用。例如，香菇中含有香菇多糖，可提高人体免疫力。金针菇中含有朴菇素，能抑制肿瘤生长；另外，金针菇中含有的氨基酸和核酸能降低胆固醇含量，防治肝病和肠胃病。平菇中含有蛋白多糖。猴头菇已制成猴菇菌片，可用于预防和治疗胃癌、食道癌等。

2. 水果与恶性肿瘤

（1）猕猴桃　猕猴桃含丰富的维生素，尤其是维生素 C 含量是各种水果中含量最为丰富的。通过近年的研究证实，猕猴桃中含有一种具有阻断人体内致癌的亚硝胺生成的活性物质，因而具有良好的抗癌作用。

（2）柑橘类水果　橘子、橙子、葡萄柚、柠檬等柑橘类水果中都含有丰富的生物类黄酮和维生素 C 等。研究发现，常吃柑橘类水果可使口腔、咽喉、肠胃等部位的癌症发病率降低。

（3）山楂　山楂能活血化瘀、化滞消积、开胃消食，其还含有丰富的维生素 C。中医认为，癌瘤往往具有气滞血瘀征象，由于山楂能活血化瘀、消肉积，又能抑制癌细胞的生长，所以适宜多种癌症患者的治疗。

（4）红枣　红枣能补脾胃、益气血，其中还含有丰富的维生素 B、维生素 C、维生素 P 及胡萝卜素等，可以提高免疫功能，增强体质，预防肿瘤的发生。

（5）香蕉　香蕉具有较好的通便效果，对大肠癌患者尤为适宜。另据现代医学研究，香蕉含有丰富的微量元素镁，而镁有预防癌症的作用。

（6）草莓　草莓中所含的鞣酸物质能保护人体组织不受致癌物的伤害，从而对防治癌症有利。

（7）无花果　无花果含有 β-香树脂醇、蛇麻脂醇等，能阻止癌细胞合成。

（8）苹果　据现代科学研究认为，苹果中含有大量的纤维素，经常食用可减少直肠癌的发生。另外，苹果中还含有丰富的维生素和矿物质。

（9）葡萄　葡萄中含有的白藜芦醇具有抑制肿瘤、防癌抗癌的作用。

（10）杏　杏是维生素 B_{17} 含量最丰富的果品，而维生素 B_{17} 是极为有效的抗癌物质，对癌细胞具有杀灭作用。

（11）核桃　现代药理研究表明，核桃富含的锌、镁及维生素 A、维生素 B_1、维生素 B_2、维生素 C、维生素 E 等皆可防癌抗癌。

（12）葵花籽　葵花籽等干果或坚果，含有丰富的不饱和脂肪酸和优良蛋白质，以及多种维生素和矿物质。葵花籽仁中所含的氯原酸，经动物试验表明，对大鼠肝癌癌前病变有良好的预防作用。

3. 其他园艺产品与恶性肿瘤

（1）水仙　水仙含有丁香油酚、苯甲醛、苄醇、桂皮醇等成分，具有清热解毒、散结消肿、排脓祛风的功效。中医入药主治痈肿疮毒、腮腺炎、乳腺炎、蛇毒等症。现代医学研究其还有一定的抗癌作用。

（2）仙人掌　仙人掌富含苹果酸、糖苷类等有效成分。中药入药主治腮腺炎、痈肿疔毒、胃痛、痔漏等。近来国内有资料报道，仙人掌具有抗癌作用的成分，尤其对肺癌效果明显。

（3）长春花　长春花全草入药，富含长春碱、长春新碱等多种生物碱，主治肝阳上亢、肝肾阴虚引起的眩晕，外用于疮痈肿毒、烧伤等症。此外，长春花对治疗癌症、降低高血压都有一定的效果。

（4）蜂蜜　蜂蜜有促进新陈代谢、增强机体抵抗力、提高造血功能和组织修复的作用，还能有效防治恶性肿瘤。

（5）茶　流行病学中，中国、日本等东方国家的调查结果表明，饮茶能明显减轻癌症的发病率，可能是茶叶中的茶多酚具有抗氧化作用，调节致癌过程中的关键酶，阻断致癌过程中的信息传递，并且能引起癌细胞凋亡。

思考题

1. 请写出糖尿病的诊断及其膳食控制。
2. 举例说明园艺植物产品对糖尿病起到的调节作用。
3. 请写出肥胖的危害及其膳食控制。
4. 举例说明园艺植物产品对营养过剩引起的疾病的调节作用。
5. 试述饮食对恶性肿瘤的影响。

项目五 园艺产品污染及预防

园艺产品在种植、加工、储存、运输和销售的过程中有很多受污染的机会，污染后有可能引起具有急性（短期）效应的食源性疾病或具有慢性（长期）效应的危害。一般情况下，常见的园艺产品卫生问题均由这些污染引起。园艺产品污染的种类按性质可分为生物性污染、化学性污染和放射性污染三类。

任务一 生物性污染及预防

园艺产品的生物性污染包括微生物、寄生虫和昆虫的污染，其中主要以微生物污染为主，危害也较大。

一、园艺产品的微生物污染

园艺产品的微生物污染是指园艺产品在种植、加工、运输、储藏、销售过程中被微生物及其毒素污染。它一方面降低了园艺产品的卫生质量，另一方面对食用者本身造成不同程度的危害。

（一）微生物污染园艺产品的途径

园艺产品遭受微生物污染的途径可分为内源性污染和外源性污染两大类。

1. 内源性污染

凡是作为食品原料的园艺产品在生长过程中，由于本身带有微生物而造成食品污染的称为内源性污染，也称为第一次污染。

2. 外源性污染

园艺产品在生产加工、运输、储藏、销售、食用过程中，通过水、空气、人、动物、机械设备及用具等而使其发生微生物污染的称为外源性污染，也称为第二次污染。

（1）通过水污染　在园艺产品的生产加工过程中，水既是许多产品的原料或配料成分，也是清洗、冷却、冰冻不可缺少的物质，设备、地面及用具的清洗也需要大量用水。各种天然水源包括地表水和地下水，不仅是微生物的污染源，也是微生物污染园艺产品的主要途径。自来水是天然水净化消毒后供饮用的，在正常情况下含菌较少，但如果自来水管出现漏洞、管道中压力不足及暂时变成负压时，则会引起管道周围环境中的微生物进入管道，使自来水中的微生物数量增加。在生产中，即使使用符合卫生标准的水源，由于方法不当也会导致微生物的污染范围扩大。生产中所使用的水如果被生活污水、医院污水或厕所粪便污染，就会使水中微生物数量骤增，用这种水进行园艺产品生产会造成严重的微生物污染，同时还可能造成其他有毒物质对园艺产品的污染。

（2）通过空气污染　空气中的微生物可能来自土壤、水、人及动植物的脱落物和呼吸道、消化道的排泄物，它们可随着灰尘、水滴污染食品。例如，人体的痰沫、鼻涕与唾液的飞沫中所含有的微生物就包括病原微生物，当有人讲话、咳嗽或打喷嚏时均可直接或间接地污染食品。人在讲话或打喷嚏时，距人体 1.5 m 内的范围是直接污染区，大的飞沫可悬浮在空气中达 30 min 之久；小的飞沫可在空气中悬浮 4～6 h。因此，园艺产品暴露在空气中被微生物污染是不可避免的。

（3）通过人及动物接触污染　从事园艺产品生产的人员，如果他们的身体、衣帽不经常清洗，不保持清洁，就会有大量的微生物附着其上，通过皮肤、毛发、衣帽与园艺产品接触而造成污染。在园艺产品的加工、运输、储藏及销售过程中，如果被鼠、蝇、蟑螂等直接或间接接触，同样会造成食品的微生物污染。试验证明，每只苍蝇带有数百万个细菌，80%的苍蝇肠道中带有痢疾杆菌，鼠类粪便中带有沙门氏菌、钩端螺旋体等病原微生物。

（4）通过加工设备及包装材料污染　在园艺产品的生产加工、运输、储藏过程中所使用的各种机械设备及包装材料，在未经消毒或灭菌前，总会带有不同数量的微生物而成为微生物污染园艺产品的途径。在生产过程中，通过不经消毒灭菌的设备越多，造成微生物污染的机会也越多。已经过消毒灭菌的园艺产品，如果使用的包装材料未经过无菌处理，则会造成其重新污染。

（二）园艺产品微生物污染的分类

根据对人体的致病能力，可将污染园艺产品的微生物分为三类：直接致病微生物，包括致病性细菌、产毒霉菌和霉菌毒素，这些可直接对人体致病并造成危害；条件致病微生物，即通常条件下不致病，在一定条件下才有致病力的微生物；非致病性微生物，包括非致病菌、不产毒霉菌及常见酵母，它们对人体本身无害，却是引起园艺产品腐败变质、卫生质量下降的主要原因。

二、园艺产品细菌污染

（一）园艺产品细菌

园艺产品细菌是指园艺产品中存活的细菌，包括致病菌、条件致病菌和非致病菌。致病菌是指能引起肠道传染病的细菌，如痢疾杆菌、霍乱弧菌等。条件致病菌是指能引起食物中毒的细菌，如沙门杆菌、副溶血弧菌等。非致病菌是指能引起园艺产品腐败变质的细菌，包括假单胞菌属、微球菌属和葡萄球菌属、芽孢杆菌属和梭状芽孢杆菌属、肠杆菌科各属、弧菌属和黄杆菌属、嗜盐杆菌属和嗜盐球菌属、乳杆菌属等。

（二）细菌性园艺产品食物中毒

1. 细菌性园艺产品食物中毒的分类

细菌性园艺产品食物中毒分为三类，即感染型、毒素型和混合型。感染型如沙门氏菌属、变形杆菌属食物中毒。毒素型包括体外毒素型和体内毒素型两种，体外毒素型是指病原菌在园艺产品内大量繁殖并产生毒素，如葡萄球菌肠毒素中毒、肉毒梭菌中毒。体内毒素型是指病原体随园艺产品进入人体肠道内产生毒素引起食物中毒，如产气荚膜梭状芽孢杆菌食物中毒、产肠毒素性大肠杆菌食物中毒等。混合型是指以上两种情况并存。

2. 细菌性园艺产品食物中毒发病的原因

（1）生熟交叉污染　例如，熟园艺产品被生的产品原料污染，或者被与生的食品原料接触过的表面（如容器、手、操作台等）污染，或者接触熟食品的容器、手、操作台等被生的食品原料污染。

（2）园艺产品储存不当　例如，熟园艺产品于 10～60 ℃ 的温度条件下存放时间应小于 2 h，长时间存放就容易变质。另外，把易腐原料、半成品在不适的温度下长时间储存也可能导致食物中毒。

（3）园艺产品未烧熟煮透　例如，园艺产品烧制时间不够、烹调前未彻底解冻等，使产品加工时中心部位的温度未达到 70 ℃。

（4）从业人员带菌操作污染园艺产品　从业人员患有传染病或是带菌者，操作时通过手部接触等方式污染产品。

此外，进食未经加热处理的生的园艺产品也是细菌性食物中毒的常见原因。

3. 园艺产品中细菌菌相及其卫生学意义

园艺产品中的细菌菌相是指共存于园艺产品中的细菌种类及其相对数量的构成，其中相对数量较多的细菌称为优势菌。通过对园艺产品的理化性质及环境条件的研究预测污染园艺产品的细菌菌相及优势菌，可对园艺产品腐败变质的程度及特征进行估计。

4. 园艺产品卫生质量的细菌污染指标及其卫生学意义

园艺产品卫生质量的细菌污染指标有两个：一是菌落总数；二是大肠菌群。

（1）菌落总数　菌落总数是指在被检样品的单位质量（g）、容积（mL）或表面积内（cm²），所含的能在严格规定的条件下（培养基及其 pH、培养温度与时间、计数方法等）培养生成的细菌菌落总数，以菌落形成单位表示。菌落总数代表园艺产品中细菌污染的数量。其卫生学意义：一是园艺产品清洁状态的标志，用于监督园艺产品的清洁状态，我国许多食品卫生标准中规定了食品菌落总数指标，以其作为控制食品污染的容许限度；二是预测园艺产品的耐保藏期限，即利用园艺产品中细菌数量作为评定园艺产品腐败变质程度（或新鲜度）的指标。园艺产品细菌数量对园艺产品卫生质量的影响比菌相更为明显，园艺产品中细菌数量多，则会加速其腐败变质。

（2）大肠菌群　大肠菌群是指在 37 ℃ 条件下能够发酵乳糖产酸产气，需氧与兼性厌氧且不形成芽孢的革兰阴性菌，均来自人和温血动物的肠道。其卫生学意义：一是作为园艺产品粪便污染的指示菌，表示园艺产品曾受到人与温血动物粪便的污染；二是作为肠道致病菌污染园艺产品的指示菌，因为大肠菌群与肠道致病菌来源相同，并且在一般条件下大肠菌群在外界生存时间与主要肠道致病菌是一致的。

三、霉菌与霉菌毒素对园艺产品的污染及其预防

霉菌是真菌的一部分。真菌是指有细胞壁，不含叶绿素，无根、茎、叶，以寄生或腐生方式生存，能进行有性繁殖或无性繁殖的一类生物。霉菌是菌丝体比较发达而又没有子实体的那一部分真菌。

与园艺产品卫生关系密切的霉菌大部分属于半知菌纲中的曲霉菌属、青霉菌属和镰刀霉菌属。

（一）霉菌的发育和产毒条件

霉菌产毒需要一定的条件，影响霉菌产毒的条件主要是园艺产品基质中的水分、环境中的温度和湿度及空气的流通情况等。

1. 水分和湿度

霉菌的繁殖需要一定的水分活性。因此，园艺产品中的水分含量越少（溶质浓度大），p 值（在一定温度下园艺产品所含水分产生的蒸汽压）越小，a_w（是指在相同温度下的密闭容器中，园艺产品的水蒸气压与纯水蒸气压之比）越小，即自由运动的水分子越少，能提供给微生物利用的水分越少，越不利于微生物的生长与繁殖，越有利于防止园艺产品的腐败变质。

2. 温度

大部分霉菌在 28~30 ℃都能生长，10 ℃以下和 30 ℃以上时生长明显减弱，在 0 ℃时几乎不生长。但个别的霉菌可耐受低温。一般霉菌产毒的温度略低于最适宜温度。

3. 基质

霉菌的营养来源主要是糖和少量氮、矿物质，因此极易在含糖高的园艺产品上生长。

（二）主要产毒霉菌

霉菌产毒只限于产毒霉菌，而产毒霉菌中也只有一部分毒株产毒。目前，已知具有产毒毒株的霉菌主要有下面几类：

1. 曲霉菌属

曲霉菌属包括黄曲霉、赭曲霉、杂色曲霉、烟曲霉、构巢曲霉和寄生曲霉等。

2. 青霉菌属

青霉菌属包括岛青霉、桔青霉、黄绿青霉、扩张青霉、圆弧青霉、皱折青霉和荨麻青霉等。

3. 镰刀菌属

镰刀菌属包括犁孢镰刀菌、拟枝孢镰刀菌、三线镰刀菌、雪腐镰刀菌、粉红镰刀菌、禾谷镰刀菌等。

4. 其他菌属

其他菌属中还有绿色木霉、漆斑菌属、黑色葡萄状穗霉等。

产毒霉菌所产生的霉菌毒素没有严格的专一性，即一种霉菌或毒株可产生几种不同的毒素，而一种毒素也可由几种霉菌产生。例如，黄曲霉毒素可由黄曲霉、寄生曲霉产生；而岛青霉可产生黄天精、红天精、岛青霉毒素及环氯素等。

（三）霉菌污染园艺产品的评定和食品卫生学意义

1. 霉菌污染园艺产品的评定

霉菌污染园艺产品的评定主要从两个方面进行：

1）霉菌污染度，即单位重量或容积的园艺产品污染霉菌的量，一般以 cfu/g 计，我国已制定了一些食品中霉菌菌落总数的国家标准。

2）园艺产品中霉菌菌相的构成。曲霉和青霉预示产品即将霉变；根霉和毛霉表示产品已经霉变。

2. 卫生学意义

1）霉菌污染园艺产品可降低园艺产品的食用价值，甚至不能食用。

2）霉菌如在食品或饲料中产毒可引起人畜霉菌毒素中毒。

（四）霉菌毒素

目前，已知的霉菌毒素有 200 多种，与食品卫生关系密切的有黄曲霉毒素、赭曲霉毒素、镰刀菌毒素、杂色曲霉素、烟曲霉震颤素、单端孢霉烯族化合物、伏马菌素及展青霉素、桔青霉素、黄绿青霉素等。

1. 黄曲霉毒素

（1）黄曲霉毒素（AFT）的化学结构和性质　黄曲霉毒素是一类结构类似的化合物，目前已经分离鉴定出 20 多种，主要为 B 和 G 两大类。它们从结构上彼此十分相似，含 C、H、O 三种元素，都是二氢呋喃氧杂萘邻酮的衍生物，即结构中含有一个双呋喃环和一个氧杂萘邻酮（又叫香豆素）。其结构与毒性和致癌性有关，凡二呋喃环末端有双键者毒性较强，并有致癌性。在食品检测中以黄曲霉毒素 B_1 为污染指标。

（2）对园艺产品的污染　一般来说，我国长江以南地区黄曲霉毒素污染要比北方地区严重，主要污染花生、花生油和玉米，豆类很少受到污染。而在世界范围内，一般高温高湿地区（热带和亚热带地区）产品污染较重，而且也是花生和玉米污染较严重。

（3）黄曲霉毒素的毒性　黄曲霉毒素有很强的急性毒性，也有明显的慢性毒性和致癌性。

2. 杂色曲霉素

杂色曲霉素是一类结构近似的化合物，目前已有 10 多种已确定结构。杂色曲霉素的结构中基本都有两个呋喃环，与黄曲霉毒素结构近似。生物体可经多部位吸收，并可诱发不同部位癌变。

杂色曲霉素在生物体内转运可能有两条途径：一是与血清蛋白结合后随血液循环到达实质器官；二是被巨噬细胞转运到靶器官。其引起的致死病变主要为肝脏。

3. 镰刀菌毒素

镰刀菌毒素种类较多，从园艺产品卫生角度（与园艺产品可能有关）主要有单端孢霉烯族化合物、玉米赤霉烯酮、丁烯酸内酯、伏马菌素等毒素。

（1）单端孢霉烯族化合物　单端孢霉烯族化合物是一组主要由镰刀菌的某些菌种所产生的生物活性和化学结构相似的有毒代谢产物。该化合物化学性能非常稳定，一般能溶于中等极性的有机溶剂，微溶于水。在实验室条件下长期储存不变，在烹调过程中不易破坏。

单端孢霉烯族化合物毒性的共同特点为较强的细胞毒性、免疫抑制、致畸作用，有的有弱致癌性，急性毒性也强。它可使人和动物产生呕吐，当浓度在 0.1～10 mg/kg 时即可诱发动物呕吐。

单端孢霉烯族化合物除了共同毒性外，不同的化合物还有其独特的毒性。

（2）玉米赤霉烯酮 玉米赤霉烯酮主要由禾谷镰刀菌、黄色镰刀菌、木贼镰刀菌等产生，是一类结构相似的二羟基苯酸内酯化合物，主要作用于生殖系统，具有类雌激素作用。猪对该毒素最敏感。玉米赤霉烯酮主要污染玉米。

（3）伏马菌素 伏马菌素是最近受到发达国家极大关注的一种霉菌毒素。由串珠镰刀菌产生，可引起马的脑白质软化症、羊的肾病变、狒狒心脏血栓，以及抑制鸡的免疫系统，产生猪和猴的肝脏毒性和猪的肺水肿，还可以引起动物试验性的肝癌。伏马菌素是一种完全致癌剂。伏马菌素中的主要种类 FB_1 对园艺产品污染的情况在世界范围内普遍存在，主要污染玉米及玉米制品。FB_1 为水溶性霉菌毒素，对热稳定，不易被蒸煮破坏，所以同黄曲霉毒素一样，控制玉米在生长、收获和储存过程中的霉菌污染仍然至关重要。

四、防止园艺产品腐败变质的措施

为了防止园艺产品腐败变质，延长其可供食用的期限，常对园艺产品进行加工处理，即园艺产品保藏。常用的园艺产保藏方法包括低温冷藏、冷冻，以及高温杀菌、脱水干燥、腌渍及辐射保藏等。

（一）低温保藏与园艺产品质量

1. 低温保藏的方法

低温保藏包括冷藏和冷冻两种方法。

2. 低温保藏的原理

低温可以减缓甚至抑制园艺产品中微生物的生长繁殖。低温还可以减弱园艺产品中的一切生化反应过程。

3. 冷冻工艺对园艺产品质量的影响

当外界温度逐渐降到冰晶生成带，园艺产品中的水分逐渐形成冰晶体，过大的冰晶将压迫园艺产品细胞而发生机械性损伤以至溃破。当园艺产品解冻时，融解水来不及被园艺产品细胞重新吸收，因而自由水增多，汁液流动外泄就会降低园艺产品质量。

4. 对冷藏和冷冻工艺的卫生要求

1）园艺产品冷冻前应尽量保持新鲜，减少污染。

2）用水或冰制冷时，要保证水和人造冰的卫生质量相当于饮用水的水平；采用天然冰时，更应注意冻冰水源及其周围污染情况。

3）防止制冷剂（冷媒）外溢。

4）冷藏车、船要注意防鼠和出现异味。

5）防止冻藏园艺产品的干缩。

对不耐保藏的园艺产品，从生产到销售整个环节中应一直处于适宜的低温下，即保持冷链。

（二）高温杀菌保藏与园艺产品质量

1. 高温杀菌保藏原理与微生物耐热能力

在高温作用下，微生物体内蛋白质凝固，细胞内一切代谢反应停止。在食品工业中，微生物耐热性的大小常用以下三个数值表示：

（1）D 值　D 值是指在一定温度和条件下，细菌死亡 90% 所需时间，称为该菌在该温度下 90% 递减时间，通常以分钟计算。

（2）F 值　F 值是指一定量细菌在某一温度下被完全杀死所需的时间，以分钟表示，通常在右下角注明温度，目前常用 F_{250} 表示。

（3）Z 值　Z 值是指一个对数周期的加热时间（如 10～100 min）所对应的加热温度变化值，如肉毒梭菌芽孢 110 ℃加热致死时间为 35 min，100 ℃为 350 min，故其 Z 值为 10 ℃。

2. 常用的加热杀菌技术

（1）巴氏消毒　巴氏消毒是一种不完全灭菌的加热方法，只能杀死繁殖型细菌（包括一切致病菌），而不能杀死有芽孢的细菌。早期多用低温长时间消毒法，62.8 ℃保温 30 min 的杀菌方式。现多采用瞬间高温巴氏消毒法，即 71.7 ℃保温 15 s。

（2）超高温消毒法　超高温消毒法的操作参数为 137.8 ℃，2 s。这种方法能杀灭大量的细菌，并且能使耐高温的嗜热芽孢梭菌的芽孢也被杀灭，又不影响园艺产品质量。

常用的加热杀菌技术还包括微波加热杀菌等。

一些不适合加热的园艺产品或饮料，常采用过滤除菌的方法。

3. 高温工艺对园艺产品质量的影响

（1）蛋白质的变化　蛋白质发生变性，易被消化酶水解而提高消化率。但近年来的研究发现，蛋白质中的色氨酸和谷氨酸在 190 ℃以上时可产生具有诱变性的杂环胺类热解产物。

（2）脂肪的变化　160～180 ℃加热，可使油脂产生过氧化物、低分子分解产物和聚合物（如二聚体、三聚体）及羰基、环氧基等，不仅降低园艺产品质量，而且还带有一定的毒性。

（3）碳水化合物的变化

1）淀粉的 α 化，即糊化：淀粉粒结晶被破坏，膨润与水结合，黏度增高。α 化是淀粉性产品一般认为的生熟标志。

2）淀粉性产品老化：俗称回生。老化和糊化是两个相反的过程，在一定条件下老化与糊化是可逆的。产品老化有一定的条件，比如保持 60 ℃以上，食品即不发生老化。

3）产品褐变：产品褐变有酶促褐变与非酶褐变。酶促褐变如苹果、梨中的多酚化合物，在多酚氧化酶作用下形成红棕色的现象。非酶褐变也称为碳氨反应或美拉德反应，使产品带有红棕色和气味，有的是人们希望的，有的则是要避免的，凡原料中有氨基与碳基的高温工艺，均须注意这种褐变反应。

4）碳水化合物的焦糖化：焦糖化是高温工艺中产品的重要变化。适度焦糖化可赋予产品悦人的色泽与香气，但要避免发生过度焦糖化。

（三）脱水与干燥保藏

脱水与干燥保藏是一种常用的保藏园艺产品的方法。其原理是将园艺产品中的水分降至微生物繁殖所必需的水分以下。水分活性 a_w 在 0.6 以下，一般微生物均不易生长。

（四）园艺产品腌渍和保藏

腌渍保藏就是让食盐或食糖渗入园艺产品组织中，降低产品组织的水分活度，提高渗透压，借以有选择地控制微生物的活动和发酵，抑制腐败菌的生长，从而防止产品腐败变质，保持其食用品质。

（五）园艺产品的辐射保藏

辐射保藏主要是将放射线用于园艺产品灭菌、杀虫、抑制发芽等，以延长园艺产品的保藏期限。另外，辐射保藏也用于促进成熟和改进园艺产品品质等方面。受照射处理的园艺产品称为辐照园艺产品。

目前，加工和试验用的辐照源有 ^{60}Co 和 ^{137}Cs 产生的 γ 射线及电子加速器产生的低于 10 MeV（1 eV ≈ 1.602 × 10^{-19} J）的电子束。

辐照园艺产品所用射线单位为戈瑞（Gy），相当于被辐照物 1 kg 吸收 1 J 的能量。因剂量不同，辐照保藏有三种方法：辐照灭菌、辐照消毒、辐照防腐。

任务二　农药对园艺产品的污染及预防

农药是指用于预防、消灭或控制危害农业、林业的病虫、草及其他有害生物，以及有目的地调节植物、昆虫生长的化学合成物，或者来源于生物及其他天然物质的一种或几种物质的混合物及其制剂。农药对园艺产品的污染主要来源于农药残留。

一、农药残留及其影响因素

农药残留是指在农业生产过程中农药使用一段时期以后，一部分农药没有分解而残留于农产品、畜产品、水产品及大气、水体和土壤当中的微量农药的原体、有毒降解物、代谢物和杂质。农药残留对园艺产品的污染包括直接和间接两种污染方式。

直接污染是指直接对园艺产品施用农药造成的污染，包括表面黏附污染和内吸性污染。

影响农药直接污染的因素包括：①农药的性质；②农药的剂型及施用方法；③施药浓度、时间和次数；④气象条件；⑤作物品种、生长发育阶段及食用部分。

造成农药直接污染的原因包括：①喷施后农药一部分分解，另一部分累积在作物中；②大剂量滥用农药；③不遵守农药安全间隔期（园艺产品在最后一次施用农药到收获上市之间的最短时间称为安全间隔期）；④蔬菜、水果储存、运输过程中，为了防虫、保鲜、抑制生长而使用杀虫剂、杀菌剂、抑制剂等，这也可造成园艺产品的农药残留。

一般施药次数越多、间隔时间越短、施药浓度越大，作物中的药物残留量越大。

间接污染是指作物从污染的环境中吸收农药。作物在施药后，有 40% ~ 60% 的农药降落至土壤，5% ~ 30% 的农药扩散到大气中，逐渐积累，通过空气、水体、土壤等多种途径进入植物体内，间接污染园艺产品。有些性质稳定的农药，在土壤中可残留数十年。茶园中六六六农药的污染就主要来自污染的空气及土壤中的残留农药。种茶区在禁用滴滴涕（DDT）、六六六多年后，在采收后的茶叶中仍可检出较高含量的滴滴涕及其分解产物和六六六。

影响园艺产品从环境中吸收农药的因素包括：①作物因素，如植物种类、根系情况、食用部分；②农药因素，如剂型、施用方式、使用量；③环境因素，如土壤种类、结构、酸碱度、有机物；④微生物的种类和数量。

二、园艺产品中农药残留的危害

1. 急性毒性

食用喷洒了高毒农药（如有机磷和氨基甲酸酯农药）的蔬菜和瓜果，会导致急性中毒，症状为神经系统功能紊乱和胃肠道症状，严重时会危及生命。

2. 慢性毒性

目前，绝大多数地区使用脂溶性有机合成农药，这类农药易残留于园艺产品原料中。人长期食用导致农药在体内蓄积，引起机体生理功能变化，损害神经系统、内分泌系统、生殖系统、肝脏和肾脏，影响酶活性，降低机体免疫功能，引起结膜炎、皮肤病、不育、贫血等疾病。这种中毒过程较为缓慢，症状短时间内不明显，易被人们忽视，而其潜在危害很大。

3. "三致"作用

动物试验和人群流行病学调查证明，有些农药具有"三致"作用，即致癌、致畸、致突变。

三、园艺产品中常见残留农药的种类及毒性

1. 有机氯农药

有机氯是最早使用的一种农药，常用的有机氯农药有下列特性：

1）蒸汽压低，挥发性小，所以使用后消失缓慢。

2）一般是疏水性的脂溶性化合物，在水中的溶解度大多低于 1 mg/L，个别如丙体六六六，水溶性虽较大，但也小于 10 mg/L。这种性质使有机氯农药在土壤中不可能大量地向地下层渗漏流失，而能较多地被吸附于土壤颗粒上，尤其是在有机质含量丰富的土壤中。因此，有机氯农药在土壤中的滞留期均可长达数年，如 DDT 在土壤中消失 95% 的时间为 3～30 年（平均 10 年）。

3）氯苯结构较为稳定，不易为生物体内酶系降解，所以积存在动植物体内的有机氯农药分子消失缓慢。

4）土壤微生物对这些农药的作用大多是把它们还原或氧化为类似的衍生物，这些产物也像其亲体一样存在着残留毒性。例如，DDT 的还原产物 DDD、环戊二烯类的环氧衍生物及 DDT 的脱氧化氢产物 DDE 等。个别的如丙体六六六由于微生物的降解作用和其他因素的作用，它在环境中的持久性比 DDT、环戊二烯类的环氧衍生物、乙体六六六等异构体都短。

5）有些有机氯农药，如 DDT 在水中能悬浮在水层表面。在汽水界面上 DDT 可随水分子一起蒸发。在世界上没有使用过 DDT 的区域也能检测出 DDT 分子便同这种蒸发有关。

有机氯农药由于具有这些特性，通过生物富集和食物链作用，造成农药公害。目前，有机氯农药的污染主要是指 DDT、六六六和各种环戊二烯类等种类的污染。

有机氯农药通过食物链进入人体和动物体，能在肝、肾、心脏等组织中蓄积，由于这类农药脂溶性大，所以在脂肪中蓄积最多。蓄积的残留农药也能通过母乳排出，或者转入雌性动物的卵、蛋等组织，影响子代。1962—1971 年，在越南战争中，美国向越南喷洒了 6434 升落叶剂 2,4-D（2,4-二氯苯氧基乙酸）和 2,4,5-T（2,4,5-三氯苯氧基乙酸）。在 2,4-D 和 2,4,5-T 中还含有剧毒的副产物二恶英类化合物，其结果是造成大批越南人患肝癌、孕妇流产和新生儿畸形。这证明了有机氯农药有严重的毒害作用。此后，美国和其他西方国家便陆续禁止在本国使用有机氯农药，中国也在 1983 年禁止有机氯农药的生产和使用。

有机氯农药多数属于中等毒或低毒。急性中毒时，主要表现为神经毒作用，如震颤、抽搐和瘫痪等。有机氯农药的慢性毒性主要侵害肝、肾和神经系统等。用浓度 5 mg/L 的 DDT 给大鼠或小鼠灌胃，可引起肝脂肪浸润和肝小叶中心增生。人在慢性中毒时，初期有知觉异

园艺产品营养与检测

常，进而出现共济失调、精神异常、肌肉痉挛，肝、肾损害，如肝肿大和蛋白尿等。

有机氯农药能诱发细胞染色体畸变，因为有机氯可通过胎盘进入胎儿体内，部分品种及其代谢产物具有一定的致癌作用。人群流行病学调查资料表明，使用有机氯农药较多的地区畸胎发生率和死亡率比使用较少的地区高 10 倍左右。关于其致癌作用，一般认为高剂量 DDT 可使小鼠肝癌案例增多，但对一些接触者进行的流行病学调查和一些志愿者每天口服 DDT 35 mg，时间长达 21.5 个月，体内 DDT 的蓄积量为一般人的几十倍至几百倍时，未见致癌的证据。

关于六六六的致癌作用也有很多报道。每天喂给小鼠 20 mg/kg 六六六，可引起肝癌。工业品六六六，纯 α、β、γ 异构体在较大剂量时也可引起肝癌。但对大量长期接触六六六和 DDT 的工人做肝脏活体组织检查，仅发现慢性肝损害。

2. 有机磷农药对人体的危害

有机磷农药是目前使用量最大的一种杀虫剂，常用产品是敌百虫、敌敌畏、乐果、马拉硫磷等。在一般情况下少有慢性中毒。有机磷农药对人的危害主要是引起急性中毒。有机磷属于神经性毒剂，可通过消化道、呼吸道和皮肤进入体内，经血液和淋巴转运至全身。其毒性作用机制主要是与生物体内胆碱酯酶结合，形成稳定的磷酰化乙酰胆碱酯酶，使胆碱酯酶失去活性，从而导致乙酰胆碱在体内大量堆积，阻断神经传导，引起中枢神经系统中毒。轻者头痛、头晕、恶心、呕吐、无力、胸闷、视力模糊，中等中毒者神经衰弱、患皮炎、肌肉震颤、运动障碍，重者肌肉抽搐、痉挛、呼吸麻痹而死亡。

有机磷农药广泛用于园艺作物的杀虫、杀菌、除草，为我国使用量最大的一类农药。其特点是：

1）化学性质不稳定，自然界中易分解。蔬菜和水果中的有机磷农药的生物半衰期为 7～10 天，在高等动物体内分解快，食用作物中残留时间短，但容易在植物性食品，尤其是水果和蔬菜中残留，其残留量高，残留时间长。

2）园艺作物中有机磷农药主要来自直接污染，也可从土壤中吸收。蔬菜吸收能力依次为：根类 > 叶菜类 > 果菜类。

3）园艺产品中有机磷农药的残留量与农药的种类、使用量、作物的种类和环境条件有关。

3. 拟除虫菊酯类

本类产品是人工合成的除虫菊酯，可用作杀虫剂和杀螨剂，具有广谱、高效、低毒、低残留、用量少的特点。目前，大量使用的产品有数十个品种，如溴氰菊酯（敌杀死）、丙炔菊酯、苯氰菊酯、三氟氯氰菊酯等。此类农药由于施用量小、残留低，一般慢性中毒少见，急性中毒多由于误服或生产性接触所致。此类农药常用于防治园艺产品中蔬菜、果树和茶叶等多种作物的害虫。常用的拟除虫菊酯类农药品种有：溴氰菊酯、氯氰菊酯、氯菊酯、胺菊酯、甲醚菊酯等，多属于中低毒性农药，对人畜较为安全，但也不能忽视安全操作规程，不然也会引起中毒。这类农药是一种神经毒剂，作用于神经膜，可改变神经膜的通透性，干扰神经传导而产生中毒。但是，这类农药在哺乳动物的肝脏酶的作用下能水解和氧化，并且大部分代谢物可迅速排出体外。

4. 氨基甲酸酯类

氨基甲酸酯类农药属于中等毒农药，目前使用量较大，主要用作杀虫剂（如西维因、速灭威、混灭威、呋喃丹、克百威、灭多威、敌克松、害扑威等）或除草剂（如丁草特、野麦畏、哌草丹、禾大壮等）。该类农药的特点是药效快、选择性高，对温血动物、鱼类和人的毒性较低，容易被土壤中的微生物分解，在体内不蓄积，属于可逆性胆碱酯酶抑制剂。急性中毒主要表现为胆碱能引起神经兴奋症状。慢性毒性和"三致"（致癌、致畸、致突变）毒性方面报道不一，目前尚无定论。有试验显示，此类农药在弱酸条件下可与亚硝酸盐结合生成亚硝胺，有潜在致癌作用。

四、控制园艺产品中农药残留量的措施

1）制定适合我国的农药政策。
2）加强对农药生产和经营的管理，农药种类选用要适当。
3）安全合理使用农药，严格控制用量及注意间隔期。
4）制定和严格执行园艺产品中农药残留限量标准。
5）注意园艺产品食用方法，减少农药残留。

任务三 有害重金属对园艺产品的污染及预防

一、有害重金属

重金属是指密度在 $5 \times 10^{-3} \, kg/m^3$ 以上的金属。重金属广泛分布于大气圈、岩石圈、生物圈和水圈中。正常情况下，重金属自然本底浓度不会达到有害的程度。但随着大规模工业生产和排污及大范围施用农药，有害金属进入大气、水体和土壤，引起环境的重金属污染。有些重金属通过食物进入人体，干扰人体正常的生理功能，危害人体健康，被称为有害重金属。这类金属元素主要有汞、镉、铬、铅、砷、锌、锡等。其中，砷本属于非金属元素，但根据其化学性质，又鉴于其毒性，一般将其列在有毒重金属元素中。根据这些重金属元素对人类的危害不同，又将它们区分为铜、锡、锌等中等毒性元素，以及汞、砷、镉、铅、铬等强毒性元素。其中，镉、砷及其化合物、镉及六价铬为致癌物质。

园艺产品中的有害重金属元素，一部分来自于园艺作物对重金属元素的富集，另一部分则来自于园艺产品生产加工、储藏运输过程中出现的污染。重金属具有富集性，难以在环境中降解，可通过食物链经生物浓缩，浓度提高千万倍，最后进入人体造成危害。重金属进入人体后，与蛋白质及各种酶发生相互作用，使它们失去活性；也可能在某些器官中富集，经过一段时间的积累才显示出毒性，往往不易被人们察觉，具有很大的潜在危害性。而且，重金属进入人体后，又很难自然排出或彻底清除，对人体的危害一般是终生不可逆的。

二、重金属污染园艺产品的主要途径

1）某些地区自然地质条件特殊，环境中的高本底重金属含量造成重金属污染，如矿区、海底火山活动地区等。
2）未经处理的工业废水、废气、废渣的排放，是汞、镉、铅、砷等重金属元素及其化合物对园艺产品造成污染的主要渠道。大气中的重金属主要来源于能源、运输、冶金和建筑材料生产所产生的气体和粉尘。除汞以外，重金属基本上是以气溶胶的形态进入大气，经过

自然沉降和降水进入土壤。园艺产品通过根系从土壤中吸收并富集重金属，也可通过叶片从大气中吸收气态或尘态的铅和汞等重金属元素。经研究，蔬菜中铅含量过高与汽车尾气中铅污染有很大的关系。

3）农业上施用的农药和化肥是造成园艺产品重金属污染的另一渠道。长期使用含铅、镉、锌、铜的农药、化肥，如波尔多液、代森锰锌等，会导致土壤中重金属元素的积累。磷肥含有镉，其施用面广且量大，可造成土壤、作物和园艺产品的严重污染。有机汞农药含苯基汞和烷氧基汞，在体内易分解成无机汞。目前，我国已禁止生产、进口和使用有机汞农药，除拌种常用的乙酸苯汞、氯化乙基汞外，各国都已禁止使用有机汞农药，但民间剩余的有机汞农药仍在使用，应引起重视。

4）在园艺产品加工过程中使用的机械、管道等与产品摩擦接触，会造成微量的金属元素掺入园艺产品；同时，因工艺需要加入的添加剂中混有金属元素也会引起污染；储藏产品的大多数金属容器含有重金属元素，在一定条件下也可能污染园艺产品。

三、常见的污染园艺产品的重金属及其危害

1. 汞

汞在自然界中有金属单质汞（俗称水银）、无机汞和有机汞等几种形式。汞及其化合物是常见的应用广泛的有毒金属和化合物。汞极易随环境中的污染物通过各种途径对园艺产品造成污染，直接影响人们的饮食安全，危害人体的健康。汞是蓄积作用较强的元素，主要在动物体内蓄积。湖泊、沼泽中的水生植物、水产品易蓄积大量的汞。20世纪50年代后期，农业上使用含汞杀螨剂以来，汞对土壤、自然水系、大气的污染日益严重。工厂排放含汞的废水是水体污染的主要来源。有机汞对人体危害很大，并且易被植物吸收，特别是甲基汞（如 CH_3HgCl ），其比无机汞的毒性强得多。甲基汞是在微生物的作用下合成和分解的，在生物体内的半衰期为40~70天。农业上使用的大量甲基汞化合物会导致植物吸收此类化合物而受到污染，被汞污染的园艺产品虽经加工也不能将汞除净。汞通过食物链的传递而在人体蓄积，体内蓄积量最多的部位为骨髓、肾、肝、脑、肺、心等。长期食用被污染的食物，在体内可引起慢性汞中毒的一系列不可逆的神经系统中毒病变，还可产生致畸性。微量汞在人体内不致引起危害，可经尿、粪和汗液等途径排出体外，如果数量过多，则产生神经中毒症状，机理主要是汞离子与巯基结合，使与巯基有关的细胞色素氧化酶、丙酮酸激酶、琥珀酸脱氢酶等失去活性。汞对机体组织有腐蚀作用，与蛋白质结合，形成疏松的蛋白化合物，使肾脏受损，出现蛋白尿症状，并且破坏中枢神经组织，对口、黏膜和牙齿也会产生不利的影响。中毒后出现的主要症状有头痛、肝炎、肾炎、尿血、尿毒症、肌肉萎缩、肾衰竭、呕吐、腹痛等。典型的汞中毒病为水俣病。

2. 镉

镉是一种蓝白色金属，在自然界中分布广泛但含量极小。镉是最常见的污染园艺产品类食品和饮料的重金属元素，我国蔬菜等作物中镉的检出率较高。镉污染发生的原因主要来自金属冶炼、矿山开采、电镀、油漆、颜料、陶瓷、塑料和农药等生产中排放的废气、废渣和废水。镉可通过植物根系的吸收进入园艺产品，镉在园艺产品中的浓度可以高过正常区域20倍左右。急性镉中毒常常引起呕吐、腹泻、头晕、多涎、意识丧失等。除了急、慢性中毒外，研究表明，镉及其化合物还具有一定的致突变、致畸和致癌作用。

3. 铅

铅是一种灰白色金属。铅主要用于制造蓄电池、颜料、釉料等，四乙基铅等烷基铅因为具有良好的抗震性而曾经被用作汽油的防爆剂广泛使用。铅对环境的污染主要来自于冶炼厂、加铅汽油废气、含铅材料的使用等。铅中毒是一种蓄积性中毒，主要通过空气、饮水、土壤和被铅污染的食物进入人体内而引起。

铅进入人体后，一部分可经肾脏和肠道排出体外。留在体内的铅可取代骨中的钙而蓄积于骨骼中。随着蓄积量的增加，机体可呈现出毒性反应。铅对人体各系统均有毒害作用，主要可引起造血、肾脏及神经系统损伤。神经系统方面，早期可出现高级神经机能障碍，晚期则可造成器质性脑病及神经麻痹，表现为智力低下和反应迟钝。对造血系统，主要是铅干扰血红素的合成而造成贫血。从危害程度来说，铅对胎儿和幼儿生长发育影响最大，幼儿大脑对铅污染更为敏感，儿童血液中铅的含量超过 0.6 g/mL 时，就会出现智能发育障碍和行为异常。因此，儿童发生铅中毒的概率远远高于成年人。目前，我国儿童遭受金属铅污染危害较为严重。

4. 砷

砷是一种非金属，但由于其许多理化性质类似于金属，故常称其为类金属。砷的化合物包括无机砷和有机砷，常被用作农药，因而农药是园艺产品砷污染的主要原因。砷在我国大部分地区的蔬菜中检出率近100%，水果、茶叶等园艺产品均有检出，有的超过食品安全卫生标准。

长期饮用、食用被砷污染的水和园艺产品，可在人体内有蓄积性。砷与细胞内巯基酶结合而使其失去活性，从而影响组织的新陈代谢，引起细胞中毒死亡。砷进入肠道，可引起腹泻。砷还可使心脏及脑组织缺血，造成虚脱、意识消失及痉挛。砷的慢性中毒表现为疲劳、乏力、心悸、惊厥；急性中毒的症状是口腔有金属味，口、咽、食道有烧灼感、恶心、剧烈呕吐、腹泻、体温和血压下降，重症病人烦躁不安、四肢疼痛。砷还能引起皮肤损伤，出现角质化、蜕皮、脱发、色素沉积等。无机砷是皮肤癌与肺癌的致癌物质。砷的氧化物和盐类经人体吸收后可经肾或粪便排出，也能从乳汁排出，但排泄极缓慢，也可透过胎盘损害胎儿。砷对人体的毒性很大，其中无机砷的毒性大于有机砷的毒性；三价砷化合物的毒性大于五价砷化合物的毒性；砷化氢和三氧化二砷（俗称砒霜）毒性最大。

四、预防园艺产品中重金属残留的措施

1. 控制与消除工业"三废"排放

大力推广闭路循环和无毒工艺，以减少或消除污染物的排放。对工业"三废"进行回收处理，化害为利。对所排放的"三废"要进行净化处理，并严格控制污染物排放量与浓度，使之符合排放标准。

2. 加强土壤污灌区的监测与管理

对污水进行灌溉的污灌区，要加强对灌溉污水的水质监测，了解水中污染物质的成分、含量及其动态，避免带有不易降解的高残留的污染物随水进入土壤，引起土壤污染。

3. 合理施用化肥与农药

禁止或限制使用剧毒、高残留性农药，大力发展高效、低毒、低残留农药，发展生物防治措施。例如，禁止使用虽是低残留，但急性、毒性大的农药。禁止使用高残留的有机氯农

药。根据农药特性，合理施用农药，确定使用农药的安全间隔期。采用综合防治措施，既要防治病虫害对农作物的威胁，又要把农药对环境与人体健康的危害限制在最低程度。

4. 增加土壤容量与提高土壤净化能力

增加土壤有机质含量、掺沙掺黏改良土壤，以增加与改善土壤胶体的种类与数量，增加土壤对有害物质的吸附能力与吸附量，从而减少污染物在土壤中的活性。发现、分离与培养新的微生物品种以增强生物降解作用，是提高土壤净化能力极为重要的一环。

5. 进行系统性监测

建立监测系统网络，定期对辖区土壤环境质量进行检查，建立系统的档案资料。

6. 制定标准，强化监督检测

制定各类园艺产品中有毒金属元素的最高允许限量标准，加强园艺产品卫生质量检测和监督工作。

任务四　其他有害化学物质对园艺产品的污染及预防

对园艺产品产生化学性污染的物质除了农药和有害重金属之外，还有一些其他的有害化学物质，如 N-亚硝基化合物、多环芳烃化合物、二恶英及包装材料中所含有的有毒物质等。

一、N-亚硝基化合物污染及其预防

N-亚硝基化合物是对动物具有较强致癌作用的一类化学物质，已研究的有 300 多种亚硝基化合物，其中 90% 具有致癌性。

1. N-亚硝基化合物的分类和结构特点及理化性质

根据分子结构的不同，N-亚硝基化合物可分为 N-亚硝胺和 N-亚硝酰胺。

（1）N-亚硝胺　N-亚硝胺是研究最多的一类 N-亚硝基化合物，低分子量的 N-亚硝胺（如二甲基亚硝胺）在常温下为黄色油状液体，高分子量的 N-亚硝胺多为固体。N-亚硝胺溶于有机溶剂，特别是三氯甲烷。亚硝胺在中性和碱性环境中较稳定，在酸性环境中易被破坏，盐酸有较强的去亚硝基作用。加热到 70～110 ℃，N-亚硝胺中的氮与氮之间的键可发生断裂。

（2）N-亚硝酰胺　N-亚硝酰胺的化学性质活泼，在酸性和碱性条件中均不稳定，在酸性条件下，分解为相应的酰胺和亚硝酸，在弱酸性条件下主要经重氮甲酸酯重排，放出 N_2 和羟酸酯，在弱碱性条件下 N-亚硝酰胺分解为重氮烷。

2. N-亚硝基化合物的前体物

（1）硝酸盐和亚硝酸盐　硝酸盐和亚硝酸盐广泛地存在于人类生活的环境中，是自然界中最普遍的含氮化合物。一般蔬菜中的硝酸盐含量较高，而亚硝酸盐含量较低。但腌制不充分的蔬菜、不新鲜的蔬菜、泡菜中含有较多的亚硝酸盐（其中的硝酸盐在细菌作用下转变成亚硝酸盐）。硝酸盐和亚硝酸盐作为园艺产品生产的添加剂加入量不宜过多。

（2）胺类物质　含氮的有机胺类化合物是 N-亚硝基化合物的前体物，也广泛地存在于环境中，蛋白质、氨基酸、磷脂等胺类的前体物是园艺产品的组成成分。

另外，胺类也是药物、化学农药和一些化工产品的原材料（如大量的二级胺用于药物和工业原料）。

3. 天然园艺产品中的 N-亚硝基化合物在体内的合成

N-亚硝基化合物可在生物机体内合成。胃液的 pH 为 1 ~ 4，符合亚硝胺合成所需的酸度，因此生物体的胃可能是合成亚硝胺的主要场所，口腔和受感染的膀胱也可以合成一定的亚硝胺。

4. N-亚硝基化合物的致癌性

1）N-亚硝基化合物可通过呼吸道吸入、消化道摄入、皮下肌肉注射、皮肤接触等引起动物肿瘤，并且具有剂量效应关系。

2）不管是一次冲击量还是少量多次给予动物，均可诱发癌症。

3）可使多种动物患上癌症。到目前为止，还没有发现有一种动物对 N-亚硝基化合物的致癌作用具有抵抗力。

4）各种不同的亚硝胺对不同的器官有作用，如二甲基亚硝胺主要导致消化道肿瘤，可引起胃癌、食管癌、肝癌、肠癌、膀胱癌等。

5）妊娠期的动物摄入一定量的 N-亚硝基化合物可通过胎盘使子代动物致癌，甚至影响到第三代和第四代。有试验显示，N-亚硝基化合物还可以通过乳汁使子代发生肿瘤。

5. N-亚硝基化合物与人类肿瘤的关系

目前，缺少 N-亚硝基化合物对人类直接致癌的资料，但许多的流行病学资料显示其摄入量与人类的某些肿瘤的发生呈正相关。

园艺产品中的挥发性亚硝胺是人类暴露于亚硝胺的一个重要方面。许多食物中都能检测出亚硝胺。此外，人类接触 N-亚硝基化合物的途径还有化妆品、香烟烟雾、农药、化学药物及餐具清洗液和表面清洁剂等。

人类许多的肿瘤可能都与亚硝基化合物有关，如胃癌、食管癌、结直肠癌、膀胱癌和肝癌。引起肝癌的环境因素，除黄曲霉毒素外，亚硝胺也是重要的环境因素。肝癌高发区的副食以腌菜为主，对肝癌高发区的腌菜中的亚硝胺测定显示，其检出率为 60%。

N-亚硝基化合物除致癌外，还具有致畸作用和致突变作用。

N-亚硝酰胺对动物具有致畸作用，并存在剂量效应关系；而亚硝胺的致畸作用很弱。

N-亚硝酰胺是一类直接致突变物。亚硝胺需经哺乳动物代谢活化后才具有致突变作用。

6. 预防措施

1）减少 N-亚硝基化合物前体物的摄入量。例如，限制园艺产品加工过程中的硝酸盐和亚硝酸盐的添加量，以及尽量食用新鲜蔬菜等。

2）减少 N-亚硝基化合物的摄入量。人体接触的 N-亚硝基化合物有 70% ~ 90% 是在体内自己合成的。多食用能阻断 N-亚硝基化合物合成的成分和富含这些成分的园艺产品，如维生素 C，维生素 E 及一些多酚类的物质，并制定园艺产品中 N-亚硝基化合物的最高限量标准。

二、多环芳烃化合物对园艺产品的污染及预防

多环芳烃化合物是指含有两个以上苯环的有机化合物，是目前环境中普遍存在的污染物质。此类化合物对各种生物及人类的毒害主要是参与机体的代谢作用，具有致癌、致畸、致突变和生物难降解的特性。多环芳烃按照芳环的连接方式可分为两类：第一类为稠环芳烃，即相邻的苯环至少有两个共用碳原子的多环芳烃，其性质介于苯和烯烃之间，如萘、蒽、

菲、丁省、苯并（α）芘等；第二类是苯环直接通过单键联合，或者通过一个或几个碳原子连接的碳氢化合物，称为孤立多环芳烃，如联苯、1,2-二苯基乙烷等。目前，已鉴定出数百种多环芳烃化合物，其中苯并（α）芘研究最早且相关资料最多，以下主要介绍苯并（α）芘。

1. 苯并（α）芘的结构及理化性质

苯并（α）芘是由 5 个苯环构成的多环芳烃，分子式为 $C_{20}H_{12}$，分子量为 252，常温下为针状结晶，浅黄色，性质稳定，沸点为 310～312 ℃，熔点为 178 ℃，溶于苯、甲苯、二甲苯及环己烷中，稍溶于甲醇和乙醇中，在水中的溶解度仅为 5～6 μg/L。阳光和荧光均可使苯并（α）芘发生光氧化作用，臭氧也可使之氧化。其与一氧化氮或二氧化氮作用可发生硝基化。苯并（α）芘在苯溶液中呈蓝色或紫色荧光。

2. 苯并（α）芘的致癌性和致突变性

苯并（α）芘对动物的致癌性是肯定的，其能在大鼠、小鼠、地鼠、豚鼠、蝾螈、兔、鸭及猴等动物体内成功诱发肿瘤，在小鼠中还可经胎盘使子代发生肿瘤，也可使大鼠胚胎死亡、仔鼠免疫功能下降。

苯并（α）芘是短期致突变试验的阳性物，在一系列的致突变试验中皆呈阳性反应。

有许多的流行病学研究资料显示了人类摄入多环芳族化合物与胃癌发生率的关系。

3. 苯并（α）芘的代谢

通过水和食物进入人体的苯并（α）芘很快通过肠道吸收，吸收后很快分布于全身。多数脏器在摄入后几分钟和几小时就可检测出苯并（α）芘和其代谢物。乳腺和脂肪组织中可蓄积苯并（α）芘。经口摄入的苯并（α）芘可通过胎盘进入胎体，呈现强毒性和致癌性。

无论任何途径摄入苯并（α）芘，主要的排泄途径是经肝、胆通过粪便和尿排出。绝大部分为其代谢产物，只有 1% 为原型。

4. 多环芳烃对园艺产品的污染

多环芳烃主要由各种有机物，如煤、柴油、汽油、原油及香烟燃烧不完全而产生。

园艺产品中的多环芳烃主要有以下几个来源：

1）园艺产品在烘烤或熏制时直接受到污染。

2）园艺产品在烹调加工时经高温裂解或热聚形成，这是园艺产品中多环芳烃的主要来源。

3）园艺产品吸收土壤、水中污染的多环芳烃，并可受大气飘尘直接污染。

4）园艺产品加工过程中受机油污染，或者受包装材料的污染，以及在柏油马路上晾晒受到污染。

5）污染的水体可使水产品受到污染。

6）植物和微生物体内可合成微量的多环芳烃。

5. 防止苯并（α）芘危害的预防措施

防止苯并（α）芘危害的预防措施包括防止污染、去毒、制定园艺产品中苯并（α）芘最高允许限量标准等。

三、二恶英对园艺产品的污染及预防

二恶英是工业生产中向环境释放，或者因环境因素分解变质所产生的有毒的环境污染物。早在 1940 年的湖底沉积物中就发现了二恶英。1957 年，美国发生了"雏鸡浮肿病"。1958 年，日本发生了"米糠油事件"。在越南战争期间，美国在越南国土上撒下了大量含有二恶英的落叶剂，其污染和危害长达 30 多年。1999 年 5 月，比利时又发生了因饲料污染而引发的二恶英严重中毒事件，立即震撼了比利时，继而波及全世界，引起了世界各国政府和人民的密切关注。现今，仍能看到饲料加工或仓储过程中大量使用已被禁止的农药、杀虫剂、杀菌剂和防霉剂，在仓库和养殖场普遍使用含氯消毒液，更有甚者是在饲料中拌入可能产生二恶英的呋喃类抗生素和盐酸类的"瘦肉精"，在饲料厂或养殖场周围经常可以看到焚烧可能产生二恶英烟尘颗粒的秸秆和杂草等。

1. 二恶英的化学结构

二恶英是一类氯代含氧三环芳烃类化合物，根据氯原子取代数目和取代位置的不同，又有大量的异构体，某些文献还将具有二恶英活性的更为广泛的卤代芳烃化合物统称为"二恶英及其类似物"，它包括多氯联苯类、氯代二苯醚、氯代萘等。此外，通常也将溴代物或其他混合卤代物也包括在内。

2. 二恶英的环境化学特性

二恶英及其类似物的化学特性相近，均为固体，有较高的沸点和熔点，不溶于水，亲脂性能很强，在机体内具有很强的蓄积性，在环境中的共同化学特性主要可概括为：

（1）热稳定性　对热极其稳定，只在温度高达 800 ℃下才能降解，超过 1000 ℃下才能分解破坏。

（2）低挥发性　二恶英及其类似物的蒸汽压很低，在空气中除可被气溶胶体颗粒吸附之外，很少能游离存在，主要积聚于地面、植物表面或江河湖海的淤泥中。

（3）脂溶性　二恶英极具亲脂性，可以通过脂质转移而富集于食物链中。例如，二恶英通过园艺产品或饲料而进入人或动物的体内，并积聚于机体的脂肪组织内。其在机体内的存留时间很长，欲排出人或动物体外的半衰期为 5～10 年，通常平均长达 7 年。

（4）环境稳定性　二恶英及其类似物虽可被紫外线分解，但分解也会因二恶英受空气中气溶胶颗粒的吸附而减弱，故其环境稳定性极高，它在土壤中存在的半衰期长达 9～12 年。

3. 二恶英的主要污染源

二恶英及其类似物主要来源于含氯工业产品的杂质、垃圾焚烧、纸张漂白及汽车尾气排放等。

（1）含氯工业产品杂质　含氯工业产品主要是指农药、除草剂和杀菌剂等生产过程中的中间产物，也可因副反应而产生二恶英及其类似物。我国当今仍然在使用的大量化学农药和除草剂等也含有二恶英及其类似物，同样会污染作物、饲料和牧草等。

氯酚被广泛地用作杀虫剂、防腐剂、防霉剂和消毒剂。氯酚可由酚类化合物直接氯化，或者由氯苯水解生产，在生产中可以产生 PCDDs 和 PCDFs。我国广泛使用五氯酚钠和氯硝柳胺作为灭螺剂，大量水面、园艺和饲料作物等都因此被污染。

（2）焚烧和金属回收　1930 年以后，多氯联苯混合物被广泛地用于电缆、变压器、电容器等的绝缘材料，或者用作塑料添加剂和无焰热交换液，在电线加工中使用了氯乙烯，在日常生活中大量使用塑料袋，用于捆绑报纸、杂志等的乙烯绳，以及其他包括门窗材料在内的塑料制品及聚氯乙烯壁纸等，在垃圾焚烧或废金属冶炼回收时都会产生大量含二恶英的有毒飞灰。农药、除草剂和化肥等的施用和作物秸秆等的焚烧都会产生二恶英污染物。

（3）纸浆漂白　我国至今沿用氯气漂白纸浆工艺，木质素与氯可产生二恶英及其类似物留存于纸张上，或者随纸厂废水排入江、河、湖、海或沉淀于污泥中。在使用漂白粉消毒液消毒后如不消除残留活性氯，氯气与竹木作用也会产生二恶英。

（4）汽车尾气　长期以来因使用以二氯乙烷为溶剂的含四乙基铅的高辛烷值汽油，当其燃烧或不完全燃烧时都会产生二恶英有毒物质排放于大气中，继而污染植物等。此外，光化学反应和某些生化反应也会产生二恶英污染物。

4. 二恶英的主要污染途径

二恶英及其类似物对环境的污染途径是多方面的，主要有：

（1）环境污染　例如，农药、杀虫剂、除草剂等含氯化学品的使用，纸张、废木料、废塑料和金属电线等固体垃圾及作物秸秆的焚烧，城市垃圾掩埋和纸张、纺织品漂白等排放的污水，以及城市日常使用的橡胶添加剂、增塑剂、润滑剂、胶粘剂、油漆及油墨等均可污染空气、水源和土壤，然后再以大气、河水和海水为媒介通过食物链扩大到生态系统的全面污染。

（2）意外事故　1957年、1960年和1969年，美国曾因使用含PCDDs的五氯酚处理生皮后提取的肥油作为雏鸡饲料，导致数万只雏鸡患"雏鸡浮脚病"而死亡。1968年，日本用PCBs作为热液加热米糠油，因泄露造成数十万只鸡的突然死亡和五千多人中毒的"米糠油事件"。1973年，美国某赛马场因撒放含二恶英的乳油防尘剂而导致马匹中毒。1999年5月，比利时的福格拉公司在收集家畜肥油和废弃植物油的油罐中注入大量废机油，购买这批油脂的维克斯特油脂加工公司又转卖给饲料厂为原料，饲料厂又将被二恶英污染的饲料出口到荷兰、德国和法国等欧洲国家，仅比利时就有400家养鸡场、500家养猪场和150家养牛场受到二恶英污染，涉及用户达7000多家，污染波及面很广，经济损失达15亿欧元，并造成了严重的经济、政治危机。

5. 二恶英的主要危害

二恶英具有致癌、免疫及生理毒性，一次污染可长期留存体内，长期接触可在体内积蓄，即使低剂量的长期接触也会造成严重的毒害作用，主要有：

（1）致死作用与废物综合症　二恶英可使人畜中毒死亡。其特征是染毒几天之内便出现严重的体重减轻，并伴随有肌肉和脂肪组织的急剧减少，谓之"废物综合症"，即使低于致死剂量的染毒也会引发体重减轻，但不同动物差异较大。

（2）胸腺萎缩及免疫毒性　二恶英可引起动物的胸腺萎缩，以胸腺皮质中淋巴细胞减少为主，并伴有免疫抑制，并且对体液免疫和细胞免疫均有抑制作用。

（3）氯痤疮　二恶英中毒的重要特征标志是"氯痤疮"，即发生皮肤增生或角化过度，并以痤疮的形式出现，并伴随有胸腺萎缩和"废物综合症"。

（4）肝中毒　二恶英中毒以肝脏肿大、实质细胞增生与肥大为其共同特征，但其变损程度与动物种属有关。

（5）生殖毒性　二恶英可使受试动物受孕、产窝数、子宫重量减少，以及月经和排卵周期改变。

（6）发育毒性和致畸性　二恶英对某些种属的动物有致畸性，并对啮齿动物发育构成毒性。二恶英可使母体致死剂量以下的胎儿死亡。

（7）致癌性　二恶英对动物有很强的致癌毒性。不断染毒的啮齿动物可诱发多部位肿瘤。1997 年，国际癌症研究机构将二恶英定为对人致癌的 I 级致癌物。二恶英是全致癌物，单独使用二恶英即可诱发癌症，但它没有遗传毒性。

6. 防止二恶英污染的措施

1）严格执行和实施我国 2004 年修订的关于《中华人民共和国固体废物污染环境防治法》，减少化学和家庭废弃物，禁止焚烧固体垃圾和作物秸秆。加强对垃圾填埋场的监管。

2）禁止使用 2000 年年底由联合国持久性有机污染物协议签署国参加制定的"十二种污染物"，即八种杀虫剂（艾氏剂、异狄氏剂、毒杀芬、氯丹、狄氏剂、七氯、灭蚁灵和滴滴涕）、六氯苯、多氯联苯、二氧芑和呋喃等工业化合物及其副产品。应当减少生产和使用含氯化学农药、除草剂、杀虫剂、杀菌剂、防霉剂和消毒液。在园艺产品生产中提倡及推广施用生物农药和有机肥，开发具有抗虫基因的园艺作物，走"绿色园艺"之路。

3）加强对二恶英及其类似物的危险性评估和危险性管理方面的研究。加强对预防二恶英污染方面的知识宣传，提高关于二恶英污染中毒的自我保护意识。

 思考题

1. 哪些微生物会对园艺产品造成污染？
2. 防止园艺产品腐败变质的措施有哪些？
3. 说一说园艺产品中农药残留的危害。
4. 园艺产品中常见的残留农药有哪些？其毒性如何？
5. 哪些重金属会对园艺产品造成污染？污染的途径是什么？
6. 环境及包装材料中还有哪些有害化学物质会对园艺产品造成污染？如何预防？

项目六 园艺产品中毒及预防

任务一 园艺产品卫生与管理

食品卫生安全是一项从农田到餐桌、从食品原料到终端产品的全程质量控制的系统工程，而植物性食品的安全保证了食品安全的第一步。园艺产品是人类主要的植物性食品，是以植物的种子、果实或组织部分为原料，直接或加工后为人类提供能量或物质来源的食品，也是畜禽饲养和饲料的来源。食品一旦受污染，就要危害人类的健康。例如，粮食、水果、蔬菜等在生产、运输、包装、储存、销售、烹调过程中，混进了有毒有害物质或病菌。因此，园艺产品的安全卫生管理有着十分重要的意义。

一、影响园艺产品的安全因素

影响园艺产品的安全因素主要是指原料中的植物性酸毒素。植物性食品原料中的毒素是指植物中存在的某种对人体健康有害的非营养性天然物质成分，或者因储存方法不当，在一定条件下产生的某种有毒成分。这些有毒物质的摄入可不同程度地危害人体健康，降低食品的营养价值和影响食品风味品质，引起人们食物过敏和对食品的特异性反应。

因为含有毒物质的植物外形、色泽与无毒的品种相似，所以很易被人们混淆误食而引发食品中毒。

常见的植物中的天然有毒物质主要有苷类、生物碱、毒蛋白及一些酶。

二、园艺产品的安全管理及控制

园艺产品从种植到收获，从生产加工到储运、销售的各个环节中都有可能存在某些不利因素，从而造成食品的卫生状况不良，甚至损害人体的健康，因此必须加强植物性食品的安全卫生管理与控制工作。这就要求在食品加工、储运和销售等方面严格按照《中华人民共和国食品卫生法》和其他相关法规和条例的要求，加强食品企业的卫生管理、食品生产的卫生管理、食品储运过程的卫生管理。同时，还要结合植物性食品自身的特点，从原料选择、加工、储藏到销售的整个环节中采取必要的措施，层层把关，尽可能减少有害因素的侵入和扩散，最终确保人们食用消费的安全性。

三、园艺产品的卫生要求

1. 保持新鲜

为了避免腐败和亚硝酸盐含量过高，新鲜的蔬菜和水果最好不要长期保藏，采收后及时食用不但营养价值高，而且新鲜、适口。如果一定要储藏的话，应剔除有外伤的蔬菜和水果并保持其外形完整，以小包装形式进行低温保藏。

2. 清洗消毒

为了安全食用蔬菜，既要杀灭肠道致病菌和寄生虫卵，又要防止营养素的流失，最好的方法是先在流水中清洗，然后在沸水中进行极短时间的热烫。食用水果前也应彻底洗净，最好用沸水烫或消毒水浸泡后削皮再吃。为了防止二次污染，严禁将水果削皮切开出售。

常用的药物消毒有：①漂白粉溶液浸泡；②高锰酸钾溶液浸泡法及其他低毒高效消毒液等，均可按标识规定方法对蔬菜和水果进行消毒浸泡，应注意的是浸泡消毒后要及时用清水冲洗干净。

3. 蔬菜、水果卫生标准

我国食品卫生标准规定：蔬菜、水果中汞的含量不得超过 0.01 mg/kg，六六六的含量不得超过 0.2 mg/kg，DDT 的含量不得超过 0.1 mg/kg。

任务二　园艺产品中毒及处理

园艺产品中毒属于植物性中毒。自然界中有毒的植物种类很多，所含的有毒成分复杂，常见的有毒植物种类有毒蕈中毒、含氰苷植物中毒、发芽马铃薯中毒、豆角中毒、生豆浆中毒等。

一、豆类中毒

1. 中毒原因

豆角品种很多，如四季豆、扁豆、豆芽等。豆类引起中毒的原因一般认为在生豆角中含有有毒物——毒蛋白和皂苷，前者具有凝血作用，后者是一种能破坏红细胞的溶血素并对胃肠有强烈刺激作用。

2. 中毒表现

潜伏期为数十分钟至 5 h。主要为胃肠炎症状，恶心、呕吐、腹痛、腹泻。以呕吐为主，并伴有头晕、头痛、出冷汗，有的四肢麻木，胃部有烧灼感，病程一般为数小时或 1 ~ 2 天。

3. 紧急处理

立即催吐（可刺激舌根、咽部或口服催吐药），症状重者应立即到医院就诊，对症治疗，防治并发症。一般只要治疗及时，大多数病人可在 1～3 天内恢复健康。

4. 预防

购买时选择鲜嫩的豆类，不要老的豆类；加工时，去除两头、豆荚和老菜豆；烹调时避免采用凉拌、爆炒，一定要"烧熟煮透"，外观失去原有的鲜绿色，吃起来没有豆腥味，切莫贪图生嫩、碧绿。豆浆应煮沸 10 min 以上至无豆腥味时方可饮用。皂苷、抑肽酶和凝血素等有毒物质均不耐高温，在 100 ℃ 以上加热数分钟即大部分被破坏。

二、黄花菜中毒

1. 中毒原因

黄花菜不是越鲜越好。食用鲜黄花菜可能会引起中毒。鲜黄花菜中的有毒成分为秋水仙碱，人口服秋水仙碱的致死量按体重计为 8～65 mg/kg，食用鲜黄花菜 100 g 即可引起中毒。黄花菜在干制过程中，所含的秋水仙碱已被破坏，因此，食用干黄花菜不会引起中毒。

2. 中毒表现

中毒后短者 12～30 min，长者 4～8 h 发病。表现为头痛、头晕、恶心、呕吐、腹痛、腹胀、腹泻，腹泻水样便，1～15 次不等。个别重者有发冷、发热、口渴、四肢麻木等。

3. 紧急处理

催吐、洗胃、口服活性炭排出毒素，同时给予对症治疗和支持治疗。

4. 预防

食用鲜黄花菜一定要开水焯，浸泡后再烹调。

三、发芽马铃薯中毒

1. 中毒原因

马铃薯中含有龙葵素，它是一种对人体有害的生物碱。平时马铃薯中的龙葵素含量极少，一旦发芽后皮肉变绿，其芽眼、芽根和变绿、溃烂的地方龙葵素的含量剧增，可高出平时的 40～70 倍。人一次食用 0.2～0.4 g 可发生中毒。

2. 中毒表现

一般在进食后十分钟至数小时出现症状，胃部灼痛，舌、咽麻，恶心、呕吐、腹痛、腹泻，严重中毒者体温升高、头痛、昏迷、出汗。

3. 紧急处理

立即手法或药物催吐，催吐后口服活性炭 50 g。出现中毒表现的需到医院就诊。

4. 预防

马铃薯应储存在低温、通风、无阳光直射的地方，防止生芽变绿。生芽过多或皮肉大部分变黑、变绿时不得食用。发芽很少的马铃薯，应彻底挖去芽和芽眼周围的肉。因龙葵素溶于水，可浸入水中泡半小时左右。

四、毒蕈中毒

蕈，即大型菌类，尤指蘑菇类。有毒的大型菌类称为毒蕈，俗语"毒蘑菇"。全世界已知的毒蕈有百余种，目前在我国已发现的80余种。各种毒蕈所含的毒素不同，引起中毒的临床表现也各异。

1. 中毒表现

（1）胃肠毒与胃肠炎型　潜伏期0.5~6 h。发病时表现为剧烈腹泻、腹痛等。

（2）神经毒与神经精神型　发病时临床表现除肠胃炎的症状外，尚有副交感神经兴奋症状，如多汗、流涎、流泪、脉搏缓慢、瞳孔缩小等。少数病情严重者可有谵妄、幻觉、呼吸抑制等表现。个别病例可因此而死亡。

（3）溶血毒与溶血毒型　潜伏期6~12 h。发病时除肠胃炎症状外，并有溶血表现。可引起贫血、肝脾肿大等体征。此类型中毒对中枢神经系统也常有影响，可有头痛等症状。

（4）原浆毒与肝肾损害型（也称为中毒肝炎型）　中毒症状可分为六期，即潜伏期→胃肠炎期→假愈期→内障损害期→神经症状期→恢复期。此种类型是毒蕈中毒中最严重的一种，必须经过积极的抢救才能让患者进入恢复期。

2. 预防

1）如果酒席上有蘑菇菜谱，尤其是野生鲜蘑菇，别误认为是酒醉的反应。神经受损者可出现瞻望、烦躁不安、幻觉、呼吸抑制、昏迷而死亡。

2）家庭鉴别毒蕈的方法。蒸煮时能使银器或大蒜变黑者为毒蕈。

3）如发现以上症状，又有鲜蘑菇的菜谱，应及时就诊。

五、果仁类中毒

1. 中毒原因

能引起中毒的果仁主要有苦杏仁、苦桃仁、枇杷仁、亚麻仁、杨梅仁、李子仁、樱桃仁、苹果仁等。中毒原因主要是食用了未经处理的果仁所至。生食大量甜杏仁也可中毒。上述果仁含有氰苷类毒物，如苦杏仁含有的苦杏仁苷。氰苷类物质在有关酶的作用下，可水解生成氢氰酸及苯甲醛等，氢氰酸能抑制细胞色素氧化酶的活性，造成细胞内窒息，多因呼吸中枢麻痹而死亡。生苦杏仁中毒量：致死量约为60 g，成人生食40~60粒，小儿生食10~20粒。生苦桃仁、生枇杷仁致死量分别为0.6g（约1粒）/kg体重和2.5~4g（2~3粒）/kg体重。

2. 中毒表现

一般在进食果仁2 h内发病。轻度中毒者出现恶心、呕吐、腹痛、腹泻及面红、口唇和舌麻木、头痛、头晕、心慌、胸闷等，呼出气中有苦杏仁味。重度中毒者可出现抽搐等。另外，中毒者还可出现四肢末端疼痛、感觉异常。

3. 紧急处理

立即手法或药物催吐。出现中毒症状者要立即吸入亚硝酸异戊酯，同时送医院抢救。

4. 预防

1）不生吃苦杏仁、李子仁、核桃仁等，也不要吃炒果仁。

2）用杏仁做咸菜时，应反复用水浸泡，充分加热，使氢氰酸挥发掉后再食用。

六、白果中毒

1. 中毒原因

白果树又称为银杏树，种子称为白果或银杏。白果肉、外种皮、种仁及绿色的胚含白果二酚、白果酚、白果酸等有毒成分及银杏毒，种仁尚含微量氢氰酸，若食用过量或生食可引起中毒。中毒多见于儿童。白果二酚、白果酚、白果酸等对中枢神经系统有先兴奋后抑制的作用，并损害末梢神经，对皮肤黏膜和胃肠道有强烈刺激作用，白果酸和银杏毒有溶血作用。三岁以下幼儿中毒量为 10 粒左右；儿童中毒量为 10～50 粒。

2. 中毒表现

口服 1～12 h 后可出现恶心、呕吐、腹泻、头痛、头晕、乏力、烦躁等症状；重度中毒者可发生抽搐、昏迷和脑水肿；部分病人可有末梢神经感觉障碍及下肢迟缓性瘫痪。

3. 紧急处理

立即手法或药物催吐，催吐后口服牛奶 300 mL 或蛋清适量。有中毒表现者要及时到医院治疗。

4. 预防

白果肉可食用，但切忌食用过量。勿将白果放在小儿能够接触到的地方。白果的有毒成分易溶于水，加热后毒性降低，所以，食用前可用清水浸泡 1 h 以上，加热后食用更为安全。

七、野菜和树叶中毒

1. 中毒原因

部分野菜，如灰菜、苋菜、刺菜、马齿苋、荠菜等，以及部分树叶，如杨树叶、榆树叶、槐树叶等植物中含有较多紫质和紫质衍生物，这种物质进入人体后可发生中毒，当日光照射人体时，病情加重。女性发病多于男性，月经期、哺乳期更易发生。

2. 中毒表现

潜伏期为几小时到十几天。中毒后，皮肤裸露部位，如颜面、颈、手背、脚背直至前臂、小腿等处出现刺痒、麻木、潮红、灼痛等，并逐渐肿胀，有时颜面浮肿、眼睑肿胀，所有症状经日晒后加重。严重者还有皮下出血、小水泡或血泡，可破溃发生局部坏死，胃肠症状少见，一般无全身症状，继发感染时则可有淋巴结肿痛，口唇肿胀时可有流口水表现，所有症状在停止日光照射后 1～4 日内逐渐消退，严重者可持续一周以上。

3. 急救处理

避光保护，硫酸镁导泻，多饮茶水利尿，口服抗过敏药物和烟酰胺、维生素 C 等，对症治疗。

4. 预防

合理加工可除去或破坏毒物，食用前用开水烫一下，水泡并勤换水后再烹调食用，不要生食。

八、木薯（葛薯、臭薯、树番薯）中毒

1. 中毒原因

食用了未经加工或加工不彻底的木薯，毒性物质是木薯中的氢氰酸。

2. 中毒表现

因食入量不同，发病时间有所不同，常见 10 多分钟致数小时。中毒者有恶心、呕吐、腹痛、头痛、头晕、心悸、脉速、无力、面色苍白、出冷汗、抽搐症状，严重者出现呼吸困

难、躁动不安、心跳加快、对光反应迟钝或消失、昏迷、缺氧、休克或呼吸衰竭而死亡。

3. 预防

木薯食用前应彻底加工，如用清水充分浸泡，将其毒物浸出。

九、芥菜、菠菜、小白菜中毒

1. 中毒原因

芥菜叶含硝酸盐 0.05% ~ 0.1%，菠菜、小白菜等绿叶菜含硝酸盐也很多，若在一个时期集中吃这类蔬菜或用这些菜做菜粥、菜团子作为主食，即可引起中毒，若每日食入 500 ~ 1000 g 芥菜，则每日摄入硝酸盐 0.5 ~ 1 g，不新鲜的菜或发黄的菜叶中含量更高。肠道细菌可将硝酸盐还原为亚硝酸盐，引起高铁血红蛋白症，即有名的青紫病。

2. 中毒表现

潜伏期为 0.5 ~ 3 h，口唇、指甲及全身皮肤青紫，呼吸困难，并有头晕、头痛、恶心、呕吐、心跳加快、呼吸急促，有的昏迷、抽搐，终因呼吸衰竭而死亡。

3. 紧急处理

进食时间短者可催吐，或者大量饮温水也能产生反射性的呕吐。如果病情严重，并且中毒时间较长，应速送到医院进行抢救。

4. 预防

蔬菜食用要合理搭配。

十、荔枝中毒

荔枝为荔枝树的果实，荔枝核可以入药。过量进食荔枝可以中毒，称为荔枝病。

1. 中毒原因

荔枝中毒的机理尚不明确，一般认为食入大量荔枝会影响其他食物摄取和能量代谢，使血糖降低，并出现相应的症状。

2. 中毒表现

进食大量荔枝后出现饥饿、口渴、恶心、头晕、眼花、心慌、出汗、面色苍白、皮肤冰冷等症状，严重者会发生昏迷、抽搐、呼吸不规则、心律不齐、四肢及面部肌肉瘫痪、血压下降，呼吸、心脏停止死亡。

3. 紧急处理

进食荔枝后，如出现饥饿、无力、头晕等症状时，要尽快口服糖水或糖块，一般多能很快恢复。出现中毒表现者要及时到医院救治。

4. 预防

食用荔枝要节制。

十一、曼陀罗中毒

曼陀罗又称为洋金花、闹洋花、山茄子、大喇叭花、醉仙桃等。曼陀罗中毒多因误食其种子或其叶混入蔬菜被食用所致。

1. 中毒原因

曼陀罗全株有毒，以种子毒性最大，其主要有毒成分为莨菪碱，还有少量阿托品、东莨

园艺产品营养与检测

莨碱，对中枢神经系统先兴奋后抑制。一个果实约含莨菪碱 8.4 g，儿童服 3~8 粒种子即可中毒，但也有服 5 粒致死者。

2. 中毒表现

一般在食后 0.5~3 h 出现头晕、口干、皮肤干燥、潮红、体温升高、吞咽困难、烦躁不安、呼吸加深、心动过速、声音嘶哑、视物模糊等症状。重者有多语、哭笑无常、谵妄、幻视、幻听、意识模糊等，甚至发生抽搐、痉挛、血压下降、呼吸衰竭等症状。

3. 紧急处理

立即手法或药物催吐。出现中毒表现者必须尽快到医院就诊。

4. 预防

曼陀罗要在中医大夫的指导下使用。学会识别曼陀罗，不食用不认识的野生蔬菜。

1. 园艺产品的卫生要求有哪些？
2. 哪些园艺产品可造成中毒，紧急处理措施是什么？

项目七 园艺产品的营养检测

知识目标

● 了解园艺产品中水分的检测方法、蛋白质的检测方法、脂类的检测方法、碳水化合物的检测方法、维生素的检测方法和矿物质的检测方法。

能力目标

● 通过对各营养素检测方法的学习，可以对各类园艺产品的营养成分做检测。

任务一 园艺产品中水分的测定

园艺产品中的水分含量很高，但含量的差异很大，达到 70% ~ 97%。水分是园艺产品的重要组成成分和园艺产品加工生产的原料，水分含量的高低，直接影响到园艺产品的感官性状、组成比例及储藏的稳定性等。所以，水分是园艺产品的重要检验项目之一。

水分测定的方法有许多种，通常可分为两大类：直接测定法和间接测定法。

直接测定法一般是采用烘干、化学干燥、蒸馏、提取或其他物理化学方法去掉样品中的水分，再通过称量或其他手段获得分析结果。直接测定法主要有常压干燥法、减压干燥法和蒸馏法等。间接测定法一般不从样品中去除水分，而是根据一定条件下样品的某些物理性质与其水分含量存在的简单函数关系来确定水分含量，典型的有卡尔费休法和近红外分光光度法。随着人们对食品水分快速检测的需求越来越明显，目前已有学者对食品中水分含量的快速检测有了一定研究，具体包括以下几种快速检测方法：电容水分检测法、电阻水分检测法、微波水分检测法、核磁共振检测法、红外水分检测法等。以上水分测定方法中，直接干燥法使用最普遍，下面着重介绍应用得比较广泛的几种水分检测方法。

一、常压干燥法

常压干燥法适合大多数园艺产品测定。

1. 原理

园艺产品中的水分一般是指在 101 ~ 105 ℃直接干燥的情况下失去的物质的总量。

园艺产品中的水分受热后产生的蒸汽压高于空气在电热干燥箱中的分压，使水分变成水蒸气从食品中分离出来，不断加热，排走水蒸气而达到干燥的目的。

2. 样品的预处理

1）采集、处理及保存过程中，要防止组分发生变化，特别要防止水分的丢失或受潮。

2）固体样品要磨碎（粉碎），经过 20～40 目筛后混匀。

3）液态样品要在水浴上先浓缩，然后放进干燥箱，不然烘箱受不了。

4）果蔬类样品要进行两步干燥，即首先称重，切成 2～3 mm 的薄片或长条，风干 15～20 h 后再次称重，然后用烘箱干燥、恒重。或者先用 50～60 ℃ 低温烘 3～4 h，再升温至 101～105 ℃，继续干燥至恒重。

3. 操作步骤

（1）固体样品　将处理好的样品放入预先干燥至恒重的玻璃或铝制称量皿中，置于 101～105 ℃ 干燥箱中，打开皿盖并斜支于瓶边，干燥 2～4 h 后，盖好皿盖取出，置干燥器中冷却 0.5 h 后称重，再放入同温度的烘箱中干燥 1 h 左右，然后冷却、称量，并重复干燥至恒重。

（2）半固体或液体样品　将 10 g 洁净干燥的海砂及一根小玻璃棒放入蒸发皿中，在 101～105 ℃ 下干燥至恒重，然后准确称取适量样品，置于蒸发皿中，用小玻璃棒搅匀后放在沸水浴中蒸干（注意过程中要不时搅拌），擦干皿底后置于 101～105 ℃ 干燥箱中干燥 4 h，按上述操作反复干燥至恒重。

（3）计算

$$X = \frac{m_1 - m_2}{m_1 - m_0} \times 100\%$$

式中　X——样品中水分的含量（质量分数，%）；

　　　m_1——称量瓶（或蒸发皿加海砂、玻璃棒）和样品的质量，g；

　　　m_2——称量瓶（或蒸发皿加海砂、玻璃棒）和样品干燥后的质量，g；

　　　m_0——称量瓶（或蒸发皿加海砂、玻璃棒）的质量，g。

4. 注意事项

1）水分测定中的恒重是指前后两次称量的质量差不超过 2 mg。

2）在烘干过程中，有时样品内部的水分由于来不及转移至物料表面而在表面形成一层干燥薄膜，以至于大部分水分留于园艺产品内不能排除。例如，在干燥糖浆、富含糖分的水果、富含糖分和淀粉的蔬菜等样品时，要及时处理，以防表面结成干膜。

3）蔬菜样品必须用水将泥沙洗净，再用蒸馏水冲洗一次，然后用纱布将菜上的水吸干，将茎叶切碎或撕碎，混匀后取样。因蔬菜含水分多，所以应多取样品测定，可取 20～50 g。

4）测定过程中，盛有试样的称量器皿从烘箱中取出后应迅速放入干燥器中进行冷却，否则不易达到恒重。

5）加入海砂（或河砂）可使样品分散，水分容易除去。海砂（或河砂）的处理方法是：用水洗去泥土后，先用 6 mol/L 盐酸溶液煮沸 0.5 h，用水洗至中性，再用 6 mol/L 氢氧化钠溶液煮沸 0.5 h，用水洗至中性，经 105 ℃ 干燥备用。如果无海砂，可用玻璃碎末或石英砂代替。

6）本法不大适用胶体或半胶体状态的样品。

7）测定时称样数量一般控制在其干燥后的残留物质量在 1.5～3.0 g 为宜。对于水分含量较低的固态、浓稠态食品，将样品的质量控制在 3～5 g；而对于果汁等液态食品，通常每份样品的质量控制在 15～20 g 为宜。

8）在重复条件下获得的两次独立测定结果的绝对误差值不得超过算术平均数的 5%。

二、减压干燥法

1. 原理

在一定温度及压力下，将样品烘干至恒重，以烘干失重求得样品中的水分含量。

本法可参考《食品安全国家标准　食品中水分的测定》（GB 5009.3—2010），适用于测定在 100 ℃左右易挥发、分解、变质的样品。

2. 操作步骤

（1）干燥条件　温度 55~65 ℃。

（2）压强　40~53 kPa。

（3）样品的测定　将需要干燥的样品在称量瓶中称好后放入干燥箱内，连接好水泵或真空泵抽出干燥箱内空气至所需压力，并同时加热至所需温度，关闭通向水泵或真空泵的活塞，停止抽气，使干燥箱内保持一定的温度与压力。经过一定时间后，打开活塞，使空气经干燥装置慢慢进入，待烘箱内压力恢复正常后再打开。取出称量瓶，置于干燥器内 0.5 h 后称重，重复以上操作至恒重。

（4）计算　同直接加热干燥法。

3. 注意事项

1）减压干燥箱（或称真空干燥箱）内的真空是由于箱内气体被抽吸所造成的，一般用压强或真空度来表征真空的高低，采用真空表（计）测量。真空度和压强的物理意义是不同的，气体的压强越低，表示真空度越高；反之，压强越高，真空度就越低。

真空干燥箱常用的测量仪表为弹簧管式真空表，它测定的实际上是环境大气压与真空干燥箱中气体压强的差值。被测系统的绝对压强与外界大气压和读数之间的关系为

$$绝对压强 = 外界大气压 - 读数$$

2）国际单位制中规定压强的单位是帕斯卡（Pa），但在实际工作中经常使用的单位是托（Torr，非法定计量单位）或毫米汞柱（mmHg，非法定计量单位）。

3）减压干燥法能加快水分的去除，并且操作温度较低，大大降低了样品氧化或分解的影响，可得到较准确的结果。

三、蒸馏法

1. 原理

基于两种互不相溶的液体二元体系的沸点低于各组分的沸点这一事实，将食品中的水分于甲苯或二甲苯或苯共沸蒸出，冷凝并收集馏出液。由于密度不同，馏出液在接受管中分层，根据馏出液中水的体积，即可计算出样品的水分含量。

2. 特点及适用范围

蒸馏法由于采用了一种高效的换热方式，水分可迅速移出。此外，测定过程在密闭容器中进行，加热温度比直接干燥法低，故对易氧化、易分解、具有热敏性及含有大量挥发性组分的样品，测定准确度明显优于干燥法。该方法使用的设备简单，操作方便，现已广泛用于谷类、果蔬、油类香料等多种样品的水分测定，特别对于香料，此法是唯一公认的水分含量的标准分析法。

3. 仪器及试剂

蒸馏式水分测定仪如图7-1所示。

取甲苯或二甲苯（化学纯），先以水饱和后，分去水层，进行蒸馏，收集馏出液备用。

有机溶剂的种类很多，在使用时应根据测定样品的性质和要求加以选择。一般常用的有机溶剂为甲苯（沸点110.7 ℃）、二甲苯（沸点139 ℃）和苯（沸点80.1 ℃）。

对热不稳定的食品，一般不采用二甲苯，因为它的沸点高，常选用低沸点的苯、甲苯或甲苯－二甲苯的混合液。

对含糖分且可分解放出水分的样品，如脱水洋葱、脱水大蒜，宜选用苯。

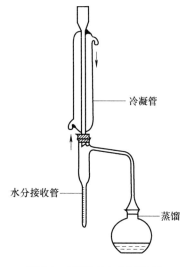

图7-1 蒸馏式水分测定仪

4. 操作步骤

1）准确称取适量样品（估计含水量为2～5 mL），放入水分测定仪的蒸馏瓶中，加入新蒸馏的甲苯（或二甲苯）75 mL使样品浸没，连接冷凝管及水分接收管。

2）加热慢慢蒸馏，使每秒钟约蒸馏出2滴馏出液，待大部分水分蒸馏出后，加速蒸馏使每秒约蒸出4滴馏出液，当水分全部蒸出后（水分接收管内的体积不再增加时），从冷凝管顶端注入少许甲苯（或二甲苯）冲洗。如果发现冷凝管壁或水分接收管上部附有水滴，可用附有小橡皮头的铜丝擦下，再蒸馏片刻直到水分接收管上部及冷凝管壁无水滴附着为止，待水分接收管水平面保持10 min不变，读取水分接收管水层的体积。

3）计算。

$$X = \frac{V}{M} \times 100\%$$

式中　X——样品中的水分含量，mL/100 g；

　　　V——水分接收管内水的体积，mL；

　　　M——样品的质量，g。

5. 注意事项

一般情况下，蔬菜、水果取样量约为5 g，谷类、豆类约为20 g，鱼、肉、蛋、乳制品为5～10 g。

有机溶剂一般用甲苯，其沸点为110.7 ℃。对于在高温中易分解的样品，则用苯作为蒸馏溶剂，但蒸馏的时间需延长。

加热温度不宜太高，温度太高时冷凝管上端水汽难以全部回收。蒸馏时间一般为2～3 h，样品不同则蒸馏时间各异。

为了避免水分接收管和冷凝管壁附着水滴，仪器必须洗涤干净。

四、卡尔·费休法

卡尔·费休法简称费休法或 K-F 法，是1935年由卡尔·费休提出的测定水分的定量方法，属于碘量法，是测定水分最准确的化学方法。多年来，许多分析工作者对此方法进行了较为全面的研究，在反应的化学计量、试剂的稳定性、滴定方法、计量点的指示及各类样品的应用和仪器操作的自动化等方面有许多改进，使该方法日趋成熟与完善。

1. 原理

利用 I_2 氧化 SO_2 时需要有一定的水参加反应（氧化还原反应）：

$$I_2 + SO_2 + 2H_2O \Longleftrightarrow H_2SO_4 + 2HI$$

此反应具有可逆性，当生成物 H_2SO_4 浓度 $> 0.05\%$ 时，即发生可逆反应。要想使反应顺利向右进行，可加入适量的碱性物质以中和生成的酸，吡啶（C_5H_5N）可满足此要求。

$$C_5H_5N \cdot I_2 + C_5H_5N \cdot SO_2 + H_2O + C_5H_5N \longrightarrow 2C_5H_5N \cdot HI(氢碘酸吡啶) + C_5H_5N \cdot SO_3(硫酸吡啶)$$

硫酸吡啶很不稳定，与水发生副反应，形成干扰。若有甲醇存在，则可生成稳定的化合物。

由此可见，滴定操作所用的标准溶液是含有 I_2、SO_2、C_5H_5N 及 CH_3OH 的混合溶液，此溶液称为卡尔·费休试剂。

卡尔·费休法的滴定总反应式可写为

$$C_5H_5N \cdot I_2 + C_5H_5N \cdot SO_2 + C_5H_5N + H_2O + CH_3OH \longrightarrow 2C_5H_5N \cdot HI + C_5H_6N\left[SO_4CH_3\right]$$

从上面的总反应式可以看到，1 mol 水需要与 1 mol 碘、1 mol 二氧化硫和 3 mol 吡啶及 1 mol 甲醇反应，产生 2 mol 氢碘酸吡啶和 1 mol 甲基硫酸氢吡啶（实际操作中各试剂用量摩尔比为 $I_2 : SO_2 : C_5H_5N = 1 : 3 : 10$）。

整个滴定操作在氮气流中进行，终点常用"永停滴定法"确定（永停滴定法也叫双指示电极电流滴定法，滴定至微安表指针偏转至一定刻度并保持 1 min 不变，即为终点），此种方法更适宜于测定深色样品及微量、痕量水分时采用；也可采用试剂本身所含的 I_2 作为指示剂，当溶液颜色由浅黄色转变为棕黄色时即为终点。

2. 卡尔·费休水分测定仪

卡尔·费休水分测定仪的主要部件包括反应瓶、自动注入式滴定管、磁力搅拌器、氮气瓶及适合于永停滴定法测定终点的电位测定装置等。

3. 试剂配制

（1）无水甲醇　要求其含水量在 0.05% 以下，无水甲醇的脱水方法是用 3A 分子筛脱水，分子筛干燥后可再次使用。量取甲醇 200 mL，置于干燥的蒸馏瓶中，加表面光洁的镁条 15 g、碘 0.5 g，加热回流至金属镁开始转变为白色絮状的甲醇镁时，再加入甲醇 800 mL，继续回流至镁条溶解。分馏，收集 64～65 ℃馏分，用干燥的吸滤瓶作为接收器。冷凝管顶端和接收器支管上要装置氯化钙干燥管。

（2）无水吡啶　无水吡啶的含水量应控制在 0.1% 以下。无水吡啶的脱水方法是取吡啶 200 mL 置于蒸馏瓶中，加苯 40 mL，加热蒸馏，收集 110～116 ℃馏出的吡啶。

（3）碘　将碘置于硫酸干燥器内放置 48 h 以上。

（4）卡尔·费休试剂　由碘、吡啶、二氧化硫组成。三者比例为 $I_2 : SO_2 : C_5H_5N = 1 : 3 : 10$。

新配制的卡尔·费休试剂不太稳定，混匀后需放置一段时间后再用，每次用前均需标定。

配制方法：取无水吡啶 133 mL，碘 42.33 g，置于具塞烧瓶中，摇动烧瓶至碘全部溶解，再加无水甲醇 333 mL 称重。待烧瓶充分冷却（可置冰盐浴中）后，通入干燥的二氧化

硫至质量增加 32 g，然后加塞、摇匀。在暗处放置 24 h 后再标定。

配制好的试剂应避光、密封、置于阴凉干燥处保存，以防止水分吸入。

4. 操作步骤

（1）卡尔·费休试剂的标定　K-F 试剂可用重蒸馏水进行标定，也可用水合盐中的结晶水标定。常用的有二水合酒石酸钠（$C_4H_4O_6Na_2 \cdot 2H_2O$），其理论含水量为 15.66%；三水合乙酸钠（$CH_3COONa \cdot 3H_2O$），其理论含水量为 39.72%。

水合盐标定：准确称取三水合乙酸钠（120 ℃ 干燥 4 h）约 0.4 g，放入预先干燥好的 50 mL 圆底烧瓶中，加入 40 mL 无水甲醇并立即加塞，摇动内容物直到样品完全溶解。吸取此溶液 10 mL 进行滴定，另取甲醇 10 mL 进行同样操作，做空白试验来校正。

重蒸馏水标定：准确称取重蒸馏水约 30 mg，放入干燥的反应瓶中，加入无水甲醇 2~5 mL，不断搅拌，用卡尔·费休试剂滴定至终点。另做空白试验。

（2）水分的测定　准确称取适量样品（约含水 100 mg），放入预先干燥好的 50 mL 圆底烧瓶中，加入 40 mL 无水甲醇，立即装好冷凝管并加热，让瓶中的内容物徐徐沸腾 15 min 后停止加热。静置 15 min，取下冷凝管并加盖。吸取 10 mL 萃取液到反应瓶中，不断搅拌，用卡尔·费休试剂滴定至终点。

（3）计算

1）卡尔·费休试剂对水的滴定度。用水合盐标定：

$$F = \frac{M \times X \times (10/40)}{V_1 - V_2}$$

式中　F——卡尔·费休试剂对水的滴定度，即每毫升试剂相当于水的毫克数；

　　　M——三水合乙酸钠的质量，mg；

　　　X——乙酸钠水分的质量分数（%）；

　　　V_1——标定时消耗滴定剂的体积，mL；

　　　V_2——空白试验中消耗滴定剂的体积，mL。

用重蒸馏水标定：

$$F = \frac{W}{V_1 - V_2}$$

式中　W——称取重蒸馏水的质量，mg；

　　　V_1——标定时消耗滴定剂的体积，mL；

　　　V_2——空白试验中消耗滴定剂的体积，mL。

2）样品中水分含量：

$$X = \frac{0.4 \times F(V_1 - V_0)}{M} \times 100\%$$

式中　X——样品中水分的质量分数（%）；

　　　F——卡尔·费休试剂对水的滴定度，g/mL；

　　　V_1——样品萃取液消耗试剂的体积，mL；

　　　V_0——空白试验中消耗试剂的体积，mL。

　　　M——样品的质量，g；

　　　0.4——换算因素（分取倍数×10^{-3}×102）。

5. 注意事项

1）滴定操作过程中，借通入的惰性气体（氮气或二氧化碳）保持很小的正压，以驱除空气。

2）卡尔·费休法适用于测定脱水蔬菜等干制样品。但水分含量高且不均匀的样品不宜使用此法测定。

3）冷凝管在使用前要用无水甲醇回流处理，具体操作为加热回流 15 min，然后移开热源静置 15 min，使冷凝管内壁附着的液体流下来。

4）样品细度约为 40 目，一般不用研磨机而采用破碎机处理，以免水分损失。

5）含维生素 C 等强还原性组分的样品不宜使用此法。

6）滴定操作要求迅速，加试剂的间歇时间应尽可能短。

五、近红外线分光光度法

1. 原理

近红外线分光光度法是利用不同水分含量的样品在二甲基甲酰胺存在的情况下对近红外线有不同的吸光度的原理进行测定的。

2. 适用范围

近红外线分光光度法适用于水分含量较低的干菜等干制品中水分含量的测定。

任务二 园艺产品中蛋白质及氨基酸的测定

园艺产品中的含氮物质大部分是蛋白质，其次为氨基酸、酰胺，以及某些铵盐和硝酸盐。虽然园艺产品中含氮物质的含量较少，但其对园艺产品及其制品的外观质量、风味及营养价值的评价有着重要的影响和意义。

一、蛋白质的测定

测定园艺产品中的蛋白质的含量，对于评价园艺产品的营养价值、合理开发和利用园艺产品资源，以及提高产品质量和生产过程控制均具有有极其重要的意义。此外，蛋白质及其分解物对园艺产品的色、香、味和产品质量都有一定影响。

测定蛋白质的方法可分为两大类：一类是利用蛋白质的共性，即含氮量、肽键和折射率测定蛋白质含量；另一类是利用蛋白质中特定氨基酸残基、酸性和碱性基团及芳香基团等测定蛋白质含量。

（一）凯氏定氮法测定蛋白质含量

凯氏定氮法是测定总有机氮量较为准确、操作较为简单的方法之一，可用于所有动植物食品的分析及各种加工食品的分析，可同时测定多个样品，故国内外应用较为普遍，是经典分析方法，至今仍被作为标准检验方法。

1. 常量凯氏定氮法

（1）原理 样品、浓硫酸和催化剂一同加热消化，使蛋白质分解，其中碳和氢被氧化为二氧化碳和水逸出，而样品中的有机氮转化为氨与硫酸结合成硫酸铵，然后加碱蒸馏，使氨蒸出，用硼酸吸收后再以标准盐酸或硫酸溶液滴定。根据标准酸消耗量可计算出蛋白质的含量。

反应过程如下：

1）样品消化。

$$2NH_2(CH_2)_2COOH + 13H_2SO_4 \rightarrow (NH_4)_2SO_4 + 6CO_2\uparrow + 12SO_2\uparrow + 16H_2O$$

浓硫酸具有脱水性，有机物脱水后被炭化为碳、氢、氮。浓硫酸又具有氧化性，将有机物炭化为二氧化碳，硫酸则被还原成二氧化硫

$$2H_2SO_4 + C \xrightarrow{\triangle} 2SO_2\uparrow + 2H_2O + CO_2\uparrow$$

二氧化硫使氮还原为氨，本身则被氧化为三氧化硫，氨随之与硫酸作用生成硫酸铵留在酸性溶液中。

$$H_2SO_4 + 2NH_3 =\!=\!= (NH_4)_2SO_4$$

2）蒸馏：在消化完全的样品溶液中加入氢氧化钠浓溶液使之呈碱性，加热蒸馏，即可释放出氨气：

$$2NaOH + (NH_4)_2SO_4 \xrightarrow{\triangle} 2NH_3\uparrow + Na_2SO_4 + 2H_2O$$

3）吸收与滴定：加热蒸馏所放出的氨，可用硼酸溶液进行吸收，待吸收完全后，再用盐酸标准溶液滴定，因硼酸呈微弱酸性（$K_a = 5.8 \times 10^{-10}$），用酸滴定不影响指示剂的变色反应，但它有吸收氨的作用，吸收及滴定的反应方程式如下：

$$2NH_3 + 4H_3BO_3 =\!=\!= (NH_4)_2B_4O_7 + 5H_2O$$
$$(NH_4)_2B_4O_7 + 2HCl + 5H_2O =\!=\!= 2NH_4Cl + 4H_3BO_3$$

（2）仪器和试剂

1）凯氏烧瓶（500 mL）、定氮蒸馏装置（图7-2）。

2）混合指示剂：1份0.1%甲基红乙醇溶液和5份0.1%溴甲酚绿乙醇溶液临用时混合。也可用2份0.1%甲基红乙醇溶液与1份0.1%亚甲基蓝乙醇溶液临用时混合。

3）0.05 mol/L盐酸标准溶液。

4）浓硫酸、硫酸铜（$CuSO_4 \cdot 5H_2O$）、硫酸钾。

5）40%氢氧化钾溶液。

6）4%硼酸吸收液：称取20 g硼酸，溶解于500 mL热水中，摇均匀备用。

7）95%乙醇。

（3）操作步骤

1）样品的处理。准确称取0.2～2.0 g固体样品，或者2～5 g半固体样品，或者吸取10～20 mL液体样品（相当于30～40 mg氮），移入

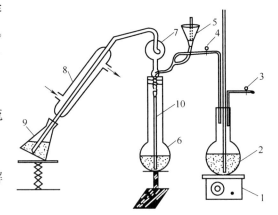

图7-2 常量凯氏定氮蒸馏装置

1—电炉 2—水蒸气发生瓶 3—大气夹 4—螺旋夹
5—加碱漏斗 6—凯氏烧瓶 7—氮素球
8—冷凝管 9—接收瓶 10—塑料管

干燥的100 mL或500 mL凯氏烧瓶中，加入0.4 g $CuSO_4$、6 g K_2SO_4及20 mL H_2SO_4，稍摇匀后于瓶口放一小漏斗，将瓶以45°斜支于有小孔的石棉网上，小心加热，待内容物全部炭化、泡沫完全停止后，加强火力，并保持瓶内液体微沸，直至液体呈蓝绿色且澄清透明后，

再继续加热 0.5~1 h，取下冷却，加 20 mL 水，待完全冷却后，定容至 100 mL。

2）装好定氮蒸馏装置。在水蒸气发生瓶内装水至约 2/3 处，加数毫升硫酸及甲基红指示剂，以保持水呈酸性，并加入数粒沸石以防暴沸。用调压器控制，加热煮沸水蒸气发生瓶内的水。

3）碱化蒸馏。安装好如图 7-3 所示的消化装置，并结合图 7-2 中的常量凯氏定氮蒸馏装置图，向接收瓶内加入 10 mL 4% 硼酸溶液及 4~5 滴甲基红-亚甲基蓝混合指示液。将接收瓶置于蒸馏装置的冷凝管下口，使冷凝管下口浸入硼酸溶液中。将盛有消化液的凯氏烧瓶连接在氮素球下，塑料管下端浸入消化液中。放松夹子，沿漏斗向凯氏烧瓶中缓慢加入 70~80 mL 40% 氢氧化钠溶液，摇动凯氏瓶，至瓶内溶液变为深蓝色，或者产生黑色沉淀，再加入 100 mL 蒸馏水（从漏斗中加入），夹紧夹子。通入蒸汽，蒸馏 30 min（始终保持液面沸腾），至氨全部蒸出（约 250 mL 蒸馏液）。降低接收瓶的位置。使冷凝管口离开液面，继续蒸馏 1~3 min

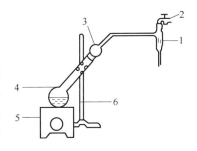

图 7-3 消化装置
1—水抽瓶 2—水龙头 3—凯氏球
4—凯氏烧瓶 5—电炉 6—铁夹台

（用表面皿接几滴溜出液，以奈氏试剂检查，如无红棕色生成，表示蒸馏完毕）。停止加热，用少量水冲洗冷凝管管口，洗液于接收瓶内，取下接收瓶。

4）滴定。用 0.1000 mol/L 的盐酸标准溶液滴定至灰色（用甲基红-溴甲酚绿为指示剂时）或紫红色即为终点。同时做试剂空白（除不加样品外，从消化开始完全相同），记录空白滴定消耗盐酸标准溶液的体积。

（4）计算

$$X = \frac{c \times (V_2 - V_1) \times M_N \times F}{m \times 1000} \times 100\%$$

式中　X——样品中蛋白质的质量分数（%）；

　　　c——盐酸标准液的浓度，mol/L；

　　　V_2——空白滴定消耗标准液的体积，mL；

　　　V_1——试剂滴定消耗标准液的体积，mL；

　　　m——样品质量，g；

　　　M_N——氮的毫摩尔质量，14.01 g/mol；

　　　F——氮换算为蛋白质的系数。一般为 6.25。花生为 5.46，芝麻和南瓜籽为 5.4，栗和胡桃为 5.3。

2. 微量凯氏定氮法

（1）原理　蛋白质是含氮的有机化合物，在强热和热硫酸的作用下，可被消化（分解）生成 $(NH_4)_2SO_4$。在凯氏蒸馏器中，$(NH_4)_2SO_4$ 与碱作用，通过蒸馏将氨放出，收集于硼酸溶液中，用已知浓度的 HCl 溶液滴定。根据 HCl 消耗量计算出氨的含量，再乘上蛋白质系数即可得蛋白质含量。

微量凯氏定氮法的原理与操作方法与常量法基本相同，所不同的是样品质量及试剂用量较少，并且有一套适于微量测定的特定仪器——微量凯氏定氮装置（图 7-4）。

（2）仪器和试剂

1）微量凯氏定氮装置，如图7-4所示。

2）浓硫酸（分析纯）、硫酸钾（固体）。

3）10%硫酸铜溶液、50%氢氧化钠溶液、2%硼酸溶液。

4）混合指示剂。

① 甲基红溶液：称取0.1 g甲基红，溶于95%乙醇，用95%乙醇稀释至100 mL。

② 亚甲基蓝溶液：称取0.1 g亚甲基蓝，溶于95%乙醇，用95%乙醇稀释至100 mL。

③ 溴甲酚绿乙醇溶液：称取0.1 g溴甲酚绿，溶于95%乙醇，用95%乙醇稀释至100 mL。

混合指示液：2份甲基红乙醇溶液与1份亚甲基蓝乙醇溶液临用时混合。也可用1份甲基红乙醇溶液与5份溴甲酚绿乙醇溶液临用时混合。

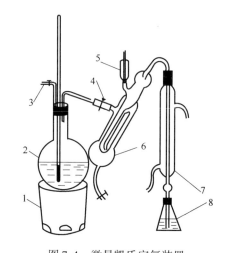

图7-4　微量凯氏定氮装置

1—电炉　2—蒸汽发生瓶　3—大气夹　4—螺旋夹　5—小玻璃瓶　6—反应室　7—冷凝管　8—接收瓶

5）盐酸标准溶液。

① 先配制0.1000 mol/L盐酸溶液：吸取浓盐酸（相对密度1.19）8.47 mL，用蒸馏水稀释至1000 mL。

② 称取经150 ℃干燥2~3 h的无水碳酸钠0.1 g（精确度达小数点后第4位）2~3份，各放锥形瓶；加入30 mL蒸馏水，加甲基橙2滴，用待标定的盐酸溶液滴定至溶液从黄色到橙色为止。操作误差不大于2%。将标定好的盐酸溶液再稀释5倍，即可应用。

（3）操作步骤

1）样品的处理。此步骤参考常量凯氏定氮法。

2）蒸馏。向接收瓶内加入10.0 mL 2%硼酸溶液及1~2滴混合指示液，并使冷凝管的下端插入液面下，根据试样中氮含量，准确吸取2.0~10.0 mL试样处理液由小玻璃杯注入反应室，以10 mL水洗涤小玻璃杯并使之流入反应室内，随后塞紧棒状玻塞。将10.0 mL氢氧化钠溶液倒入小玻璃杯，提起棒状玻塞使其缓缓流入反应室，立即将玻塞盖紧，并加水于小玻璃杯以防漏气。夹紧螺旋夹，开始蒸馏。蒸馏10 min后移动蒸馏液接收瓶，液面离开冷凝管下端，再蒸馏1 min。用少量水冲洗冷凝管下端外部，取下蒸馏液接收瓶。

3）滴定。以0.1000 mol/L盐酸标准滴定溶液滴定至终点，其中2份甲基红乙醇溶液与1份亚甲基蓝乙醇溶液指示剂，颜色由紫红色变成灰色，pH为5.4；1份甲基红乙醇溶液与5份溴甲酚绿乙醇溶液指示剂，颜色由酒红色变成绿色，pH为5.1。同时做试剂空白。

（4）计算　计算公式同常量凯氏定氮法。

（5）注意事项

1）消化时要把附在管壁上的食物用少量硫酸冲下，使其消化完全。蒸馏时要随时注意防止蒸馏器漏水与漏气等情况。

2）蒸馏前加氢氧化钠，动作要快，并在接上有硼酸的锥形瓶后加入，以防氨的逸出。

3）加入硫酸钾的目的是提高硫酸的沸点，硫酸铜是催化剂，可加速其反应速度。也可加硒粉、硫酸锶或氧化汞。但如果加氧化汞，蒸馏时还需加硫代硫酸钠以分解汞铵使铵游离。

4）蛋白质系数来源。一般混合膳食的蛋白质平均含氮量为16%，故从已知氮量求蛋白质时，应乘上系数6.25。实际上各种食品的蛋白质系数稍有差别。

5）本法所测结果尚包括非蛋白质的含氮部分，如生物碱、叶绿素等，所以只能算粗蛋白。要求精确的数值时，可先用乙醚把叶绿素、脂肪部分浸提，然后把残留物用5% CCl₃COOH洗两次，烘干后的提取液部分是生物碱，残留部分为蛋白质。

（二）蛋白质的快速测定法

除自动凯氏定氮法外，常量、微量凯氏定氮法均操作费时，如遇到高脂肪、高蛋白质的样品，消化需要5 h以上，并且在操作中会产生大量有害气体而污染工作环境，影响操作人员的健康。

为了满足生产单位对工艺过程的快速控制分析，尽量减少环境污染，使接作简便省时，人们又陆续创立了不少快速测定蛋白质的方法，如双缩脲法、紫外分光光变法、水杨酸比色法及近红外光谱法等。

1. 双缩脲法

（1）原理　当脲被小心加热至150~160 ℃，可由两个分子间脱去一个氨分子而生成二缩脲（也叫双缩脲），反应式为

$$H_2NCONH_2 + HNHCONH_2 \xrightarrow{150~160\ ℃} H_2NCONHCONH_2 + NH_3\uparrow$$

双缩脲与碱及少量硫酸铜溶液作用生成紫红色的配合物（此反应称为双缩脲反应），由于蛋白质分子中含有肽键（—CO—NH—），与双缩脲结构相似，故也能呈现此反应而生成紫红色络合物，在一定条件下其颜色深浅与蛋白质含量成正比，据此可用吸光度法来测定蛋白质含量，该络合物的最大吸收波长为560 nm。

（2）仪器和试剂

1）分光光度计、离心机。

2）碱性硫酸铜溶液：

① 以甘油为稳定剂：将10 mL 10 mol/L氢氧化钾和3.0 mL甘油加到937 mL蒸馏水中，激烈搅拌，同时慢慢加入40 mL 4%硫酸铜溶液。

② 以酒石酸钾钠作为稳定剂：将10 mL 10 mol/L氢氧化钾和20 mL 25%酒石酸钾钠溶液加到930 mL蒸馏水中，激烈搅拌，同时慢慢加入40 mL 4%硫酸铜溶液。

配制试剂时，在加入硫酸铜溶液时必须激烈搅拌，否则将生成氢氧化铜沉淀。试剂应完全透明，无沉淀物，否则宜重新配置。

3）四氯化碳。

（3）操作步骤

1）标准曲线的绘制。以预先采用凯氏定氮法测出其蛋白质含量的样品作为标准蛋白质样品，按蛋白质含量40 mg、50 mg、60 mg、70 mg、80 mg、90 mg、100 mg、110 mg分别称取混合均匀的标准样品于8支50 mL纳氏比色管中，然后各加入1 mL四氯化碳，再用碱性硫酸铜溶液定容，震荡10 min后静置1 h，取上层清液离心5 min（2000 r/min），取离心分离后的透明液于比色皿中，在560 nm波长下以蒸馏水作为参比液，调节仪器零点并测定各溶液的吸光度（A）。

以蛋白质的含量为横坐标，吸光度（A）为纵坐标绘标准曲线。

2）样品的测定。准确称取适量样品（蛋白质含量为 40 ~ 110 mg）于 50 mL 纳氏比色管中，加 1 mL 四氯化碳，按上述步骤显色后，在相同条件下测其吸光度（A）。用测得的 A 值在标准曲线上即可查得样品的蛋白质毫克数，进而由此求得蛋白质含量。

（4）计算

$$X = \frac{C \times 100}{M}$$

式中　X——样品蛋白质含量，mg/100 g；

　　　C——由标准曲线上查得的蛋白质含量，mg；

　　　M——样品质量，g。

（5）注意事项

1）蛋白质的种类不同，对发色程度的影响不大。

2）标准曲线绘制完整之后，无须每次再绘制标准曲线。

3）含脂肪高的样品应预先用醚抽出弃去。

4）样品中有不溶性成分存在时，会给比色带来困难，此时可预先将蛋白质抽出后再进行测定。

5）当肽链中含有脯氨酸时，若有多量糖类共存，则显色不好，会使测定值偏低。

2. 水杨酸比色法

（1）原理　样品中的蛋白质经硫酸消化转化成铵盐后，在一定的酸度和温度下与水杨酸钠溶液、次氯酸钠溶液作用生成有颜色的化合物，可在 660 nm 处比色测定，由所求的含氮量换算成蛋白质含量。此法与凯氏定氮法相比，具有更低的氮检出量，最低可测出 2.5 μg 氮。

（2）仪器和试剂

1）分光光度计和恒温水浴箱。

2）氮标准液：称取干燥的 $(NH_4)_2SO_4$（110 ℃ 干燥 2 h）0.4719 g，临用时用水配制成含氮量为 2.50 μg/mL 的标准溶液。

3）空白酸溶液：称取 0.50 g 蔗糖，加入 15 mL H_2SO_4 和 5 g 催化剂（1 份硫酸铜和 9 份无水硫酸钠，二者研细混匀备用），与样品一样处理消化后定容至 250 mL，使用时吸取 10 mL 定容至 100 mL 作为介质液。

4）磷酸盐缓冲液：称取 7.1 g 磷酸氢二钠（Na_2HPO_4）、38 g 磷酸钠（Na_3PO_4）和 20 g 酒石酸钾钠，加 400 mL 水溶解过滤，另称取 35 g 氢氧化钠溶于 100 mL 水中，再与磷酸盐溶液混合，最后加水至 1000 mL。

5）水杨酸钠溶液：称取 25 g 水杨酸钠和 0.15 g 亚硝基铁氰化钠，溶于 200 mL 水中，过滤，加水至 500 mL。

6）次氯酸钠溶液：吸取 4 mL 次氯酸钠，加水至 100 mL。

（3）操作步骤

1）样品的处理：称取 0.200 ~ 1.000 g 样品，置于凯氏烧瓶中，加入 15 mL 浓硫酸和 5 g 催化剂，如同微量凯氏定氮法对样品进行消化，最后定容至 250 mL。

2）样品的测定：吸取上述消化稀释液 10 mL（如取 5 mL 则加 5 mL 空白酸溶液），置于 100 mL 容量瓶中，加水稀释至刻度。吸 2 mL 上述稀释液置于 25 mL 比色管中，加 5 mL 磷酸缓冲液，加水至 15 mL，再加 5 mL 水杨酸钠溶液，置于 36 ~ 37 ℃ 的恒温水浴中加热 15 min，再加 2.5 mL 次氯酸钠溶液，再恒温加热 15 min，最后加水至刻度，测定吸光度。

3）氮标准液的测定：吸取一定量的氮标准液，加 2 mL 空白水杨酸液，以下操作按样品测定步骤进行。

与氮标准溶液做对照，求出样品的含氮量。

本法在 0 ~ 12.5 mg/L 氮范围内呈良好线性关系。

（4）计算

$$总氮量（\%）= \frac{C \times K}{m \times 10000}$$

$$蛋白质（\%）= 总氮量（\%）\times F$$

式中　C——从标准曲线中查得的样液含氮量，μg；

　　　K——样品溶液的稀释倍数；

　　　m——样品的质量，g；

　　　F——蛋白质系数。

（5）注意事项

1）样品消化后于当天测定，结果重现性好。

2）显色与温度有关，应严格控制反应温度。

二、甲醛滴定法测定氨基酸

1. 原理

氨基酸具有带酸性的羧基（—COOH）和带碱性的氨基（—NH$_2$）。它们互相作用使氨基酸成为中性的内盐。加入甲醛溶液时，—NH$_2$ 基与甲醛结合，其碱性消失。这样就可以用碱来滴定羧基，并用间接的方法测定氨基酸的量。用碱完全中和羧基时的 pH 为 8.4 ~ 9.2。

2. 试剂

1）40% 中性甲醛：用百里酚酞作为指示剂，将甲醛用碱溶液中和至浅蓝色。

2）0.1% 百里酚酞乙醇溶液。

3）0.1 mol/L 氢氧化钠标准溶液。

4）0.1% 中性红 50% 乙醇溶液。

3. 操作步骤

称取粉碎样品 5.00 ~ 10.00 g 或液体样品 5 ~ 10 mL 置于烧杯中，加入 50 mL 水和 5 g 活性炭，加热煮沸，过滤，用 30 ~ 40 mL 热水洗涤活性炭，收集滤液于锥形瓶中，加入 3 滴百里酚酞指示剂，用 0.1 mol/L 氢氧化钠标准溶液滴定至浅蓝色。加入中性甲醛 20 mL，摇匀，静置 1 min，此时蓝色已经消失，再用 0.1 mol/L 氢氧化钠标准溶液滴定至浅蓝色。记录第二次滴定时消耗的碱液毫升数。

4. 计算

$$氨基酸态氮（\%）= \frac{N \times V \times 0.014}{W} \times 100\%$$

式中　N——氢氧化钠标准溶液的当量浓度；

　　　V——氢氧化钠标准溶液的消耗量（第二次），g；

W——样品溶液相当于样品的量，g；

0.014——氮的毫克当量。

5. 注意事项

1）用碱性溶液第一次滴定时，用 pH 计控制滴定到溶液 pH 为 7.5 后，加入中性甲醛继续用碱液滴定，再用 pH 计控制用碱液滴定样液至 pH 为 9.2 为终点较为正确。

2）取相同两份样品溶液，其中一份加入中性红指示剂 3 滴，用 0.1 mol/L 氢氧化钠标准溶液滴定至琥珀色为终点，另一份加入百里酚酞指示剂 3 滴和中性甲醛 20 mL，静置 1 min 后，用 0.1 mol/L 氢氧化钠标准溶液滴定至浅蓝色。按下列公式计算：

$$氨基酸(\%) = \frac{N \times (V_2 - V_1) \times 0.014}{W} \times 100\%$$

式中　V_2——用百里酚蓝作为指示剂时消耗氢氧化钠的体积，mL；

　　　V_1——用中性红作为指示剂时消耗氢氧化钠的体积，mL；

　　　N——标准氢氧化钠溶液的当量浓度；

　　　W——样品重量，g；

　　　0.014——氮的毫克当量。

以上方法更为准确些。

任务三　园艺产品中脂类的测定

园艺类产品属于低脂食品，脂类主要存在于种子与果实中，根、茎、叶中含量较少。果蔬类产品中的脂类主要包括脂肪和一些类脂，如脂肪酸、磷脂、糖脂、固醇等。果蔬产品的含脂量对其风味、组织结构、品质、外观等有直接影响，测定园艺类产品的脂肪含量，可以用来评价它们的品质，对研究果蔬类产品的储藏方式等方面都有重要的意义。

一、索氏抽提法

1. 原理

干燥样品用无水乙醚或石油醚回流提取，游离脂肪、磷脂、糖脂等脂肪和色素、蜡、树脂等醚溶性物质进入溶剂中，再回收溶剂，即得残留物粗脂肪。

果蔬类产品中的游离脂肪一般能直接被乙醚、石油醚等有机溶剂提取，而结合态脂肪不能直接被乙醚、石油醚等有机溶剂提取，需要在一定条件下进行水解等处理，使之转变为游离态脂肪后才能被提取，所以索氏提取法只能测出游离态脂肪的含量。

2. 适用范围

索氏抽提法适用于脂肪含量较高、结合态脂肪少，以及能烘干、磨细、不易吸湿结块的样品（结合态脂肪测不出来）。

3. 仪器和试剂

（1）仪器　索氏提取器（图7-5）、电热恒温水浴（50~80 ℃）、电热恒温烘箱（80~120 ℃）、分析天平。

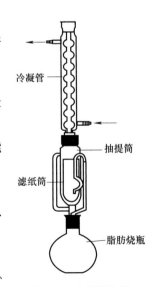

图 7-5　索氏提取器

冷凝管

抽提筒

滤纸筒

脂肪烧瓶

（2）试剂

1）乙醚脱脂过的滤纸及白色棉线。

2）无水乙醚或石油醚。

3）海砂：取用水洗去泥土的海砂或河砂，先用 6 mol/L 盐酸煮沸 0.5 h，用水洗至中性，再用 6 mol/L 氢氧化钠溶液煮沸 0.5 h，用水洗至中性，经 105 ℃ 干燥备用。

4. 操作步骤

滤纸筒的制备→样品制备→索氏提取器的准备→抽提→回收溶剂。

（1）滤纸筒的制备　将滤纸裁成 8 cm × 15 cm 大小，以直径为 2.0 cm 的大试管为模型，将滤纸紧靠试管壁卷成圆筒形，把底端封口，内放一小片脱脂棉，用白细线扎好定型，在 100 ~ 105 ℃ 烘箱中烘至恒量（准确至 0.0002 g）。

（2）样品的制备　样品于 100 ~ 105 ℃ 烘箱中烘干并磨碎，或者用测定水分后的试样。准确称取 2 ~ 5 g 试样于滤纸筒内，封好上口。

1）固体样品：精确称取 2 ~ 5 g（可取测定水分后的样品），必要时拌以海砂，无损地移入滤纸筒内。

2）液体或半固体品：称取 5.0 ~ 10.0 g，置于蒸发皿中，加入海砂约 20 g 于沸水浴上蒸干后，再于 95 ~ 105 ℃ 中干燥，研细，全部移入滤纸筒内。蒸发皿及附有样品的玻璃棒均用蘸有乙醚的脱脂棉擦净，并放入滤纸筒内，再用脱脂棉线封捆滤纸筒口。

（3）抽提　将装有试样的滤纸筒放入带有虹吸管的提脂管中，倒入乙醚至虹吸管发生虹吸作用，乙醚全部流入提脂烧瓶，再倒入乙醚，同样再虹吸一次。此时，提脂烧瓶中乙醚量约为烧瓶体积的 2/3。接上回流冷凝器，在恒温水浴中抽提，控制每分钟滴下乙醚 80 滴左右（夏天约控制 650 ℃，冬天约控制 800 ℃），抽提 3 ~ 4 h，至抽提完全（视含油量高低，或抽提 8 ~ 12 h，甚至 24 h）。

（4）回收溶剂　取出滤纸筒，用抽提器回收乙醚，当乙醚在提脂管内即将虹吸时立即取下提脂管，将其下口放到盛乙醚的试剂瓶口，使之倾斜，使液面超过虹吸管，乙醚即经虹吸管流入瓶内。

将乙醚完全蒸出后，取下提脂烧瓶，于水浴上蒸去残留乙醚。用纱布擦净烧瓶外部，于 100 ~ 105 ℃ 烘箱中烘至恒量并准确称量。

滤纸筒及样品所减少的质量即为脂肪质量。所用滤纸应事先用乙醚浸泡挥干处理，滤纸筒应预先恒量。

（5）计算

$$X = \frac{m_2 - m_1}{m} \times 100\%$$

式中　X——样品中脂肪的含量（%）；

m_1——接收瓶和脂肪的质量，g；

m_2——接收瓶的质量，g；

m——样品的质量（如果是测定水分后的样品，按测定水分前的质量计算），g。

5. 注意事项

1）样品应干燥后研细，否则会影响溶剂提取效果，而且溶剂会吸收样品中的水分造成非脂成分溶出。装样品的滤纸筒一定要严密，不能往外漏样品，也不能包得太紧影响溶剂的渗透。放滤纸筒的高度不要超过回流弯管，否则样品中的脂肪不能被抽提，结果偏低。

2）对糖及糊精含量高的样品，要先以冷水将糖及糊精溶解，经过滤除去，将残渣连同滤纸一起烘干，放入抽提管中。

3）抽提用的乙醚或石油醚要求无水、无醇、无过氧化物，挥发残渣含量低。

4）过氧化物的检测方法：取 6 mL 乙醚，加 2 mL 100 g/L 碘化钾溶液，用力振摇，放置 1 min 后，若出现黄色，则证明有过氧化物存在。

5）提取时，水浴温度不可过高，以每分钟从冷凝管滴下 80 滴左右、每小时回流 6~12 次为宜，提取过程应注意防火。

6）在抽提时，冷凝管上端最好连接一支氯化钙干燥管，或者塞一团干燥的脱脂棉球。

7）抽提是否完全可凭经验判断，也可用滤纸或毛玻璃检查，由抽提管下口滴下的乙醚滴在滤纸或毛玻璃上，挥发后不留下油迹表明抽提完全，若留下油迹说明抽提不完全。

8）在挥发乙醚和石油醚时，切忌用明火直接加热。放入烘箱前应驱除全部残余的乙醚，因为乙醚稍有残留，放入供箱时就有爆炸的危险。

二、酸水解法

酸水解法测定的脂肪为总脂肪，适用于果蔬加工制品和结块制品及不易除去水分的样品。此法不适用于含糖量高的果蔬加工制品，因为糖类遇到强酸易炭化而影响测定结果。

1. 原理

利用强酸在加热的条件下将试样中的成分水解，使结合或包藏在组织内的脂肪游离出来，再用有机溶剂提取，经回收溶剂并干燥后，称量提取物质量即为试样中脂类的含量。

2. 仪器和试剂

1）仪器：电热恒温水浴（50~80 ℃）、100 mL 具塞量筒。

2）试剂：乙醇（体积分数为95%）、乙醚（不含过氧化物）、石油醚（30~60 ℃沸腾）、盐酸。

3. 操作步骤

样品处理→水解→提取→回收溶剂→烘干→称重。

（1）水解　准确称取固体样品 2 g 于 50 mL 大试管中，加入 8 mL 水，用玻璃棒充分混合，加 10 mL 盐酸。或者称取液体样品 10 g 于 50 mL 大试管中，加 10 mL 盐酸。混匀后于 70~80 ℃的水浴中，每隔 5~10 min 用玻璃棒搅拌一次至脂肪游离为止，需 40~50 min，取出静置，冷却。

（2）提取　取出试管加入 10 mL 乙醇，混合。冷却后将混合物移入 100 mL 具塞筒中，用 25 mL 乙醚分次冲洗试管，洗液一并倒入具塞量筒内。加塞振摇 1 min，将塞子慢慢转动放出气体，再塞好，静置 15 min，小心开塞，用石油醚-乙醚等量混合液冲洗塞及筒口附着的脂肪。静置 10~20 min，待上部液体清晰，吸出上层清液于已恒量的锥形瓶内，再加入 5 mL乙醚于具塞量筒内振摇，静置后仍将上层乙醚吸出，放入原锥形瓶内。将锥形瓶于水浴上蒸干，置 95~105 ℃烘箱中干燥 2 h，取出放干燥器中冷却 30 min 后称量。

4. 计算

$$X = \frac{m_2 - m_1}{m} \times 100\%$$

式中　X——样品中脂肪的质量分数（%）；

m_1——空锥形瓶的质量，g；

m_2——锥形瓶与样品的总质量，g；

m——样品的质量。

5. 注意事项

1）开始加入 8 mL 水是为防止后面加盐酸时干试样固化，水解后加入乙醇可使蛋白质沉淀，降低表面张力，促进脂肪球聚合，同时溶解一些碳水化合物，如糖、有机酸等。用乙醚提取脂肪时因乙醇可溶于乙醚故需加入石油醚降低乙醇在醚中的溶解度，使乙醇溶解物残留在水层，使分层清晰。

2）挥干溶剂后，残留物中若有黑色焦油状杂质，是分解物与水一同混入所致，会使测定值增大造成误差，可用等量的乙醚及石油醚溶解后过滤，再次进行溶剂的挥干操作。

3）若无分解液等杂质混入，通常干燥 2 h 即可恒量。

任务四　园艺产品中碳水化合物的测定

糖类又称为碳水化合物，人类膳食中的糖类主要来自植物性原料，如谷物、水果和蔬菜等。园艺产品中糖类的含量是园艺产品营养价值的一个重要标志，因此，园艺产品中糖含量的测定在营养学中有重要的意义。

一、还原糖的测定

还原糖是指具有还原性的糖类，如葡萄糖、果糖、乳糖和麦芽糖。还有些非还原性糖类本身不具有还原性，但水解后可形成具有还原性的单糖，再进行测定，换算成样品中相应的糖类含量。所以，糖类的测定是以还原糖的测定为基础的。

（一）直接滴定法

1. 原理

在加热的条件下，以亚甲基蓝为指示剂，以已除去蛋白质的被测样品溶液直接滴定已标定过的碱性酒石酸铜溶液，样品中的还原糖与其中的酒石酸钾钠铜络合物反应生成红色的氧化亚铜沉淀，氧化亚铜再与试剂中的亚铁氰化钾反应，生成可溶性化合物，到达终点时，稍过量的还原糖立即将亚甲基蓝还原，由蓝色变为无色，呈现出原样品溶液的颜色，即为终点。根据样品消耗的体积，计算还原糖的含量。

本方法测定的是一大类具有还原性的糖，包括葡萄糖、果糖、乳糖、麦芽糖等，只是结果用葡萄糖或其他转化糖表示而已。

本法是国家标准分析方法［参考《食品中还原糖的测定》（GB 5009.7—2016）］，适合于各类食品中还原糖的快速测定，当称样量为 5.0 g 时，检出限为 0.25 g/100 g。

2. 仪器与试剂

1）天平（感量为 0.1 mg）、水浴锅、可调温电路、酸式滴定管（25 mL）等。

2）碱性酒石酸铜甲液　称取 15 g 硫酸铜（$CuSO_4 \cdot 5H_2O$）及 0.05 g 亚甲基蓝，溶于水中并稀释到 1000 mL。

3）碱性酒石酸铜乙液　称取 50 g 酒石酸钾钠与 75 g 氢氧化钠，溶解后再加入 4 g 亚铁氰化钾，完全溶解后，用水稀释至 1000 mL，储存于橡胶塞玻璃瓶中。

4）乙酸锌溶液（219 g/L） 称取 21.9 g 乙酸锌，加 3 mL 冰乙酸，加水溶解后，稀释至 100 mL。

5）氢氧化钠溶液（40 g/L） 称取氢氧化钠 4 g 加水溶解后，放冷，并定容至 100 mL。

6）葡萄糖标准溶液 准确称取 1.000 g 经过 80 ℃ 干燥至恒重的葡萄糖（纯度在 99% 以上），加水溶解后，加入 5 mL 盐酸（目的是防腐），用水稀释至 1 000 mL。此液相当于 1.0 mg/mL 葡萄糖。

3. 操作步骤

（1）样品处理

1）新鲜果蔬样品：将样品洗净、擦干，并除去不可食用部分。准确称取混匀的样品 10 ~ 25 g，研磨成浆状（对于多汁的果蔬样品，如西瓜、葡萄、柑橘等，可直接榨取果汁后，取 10.0 ~ 25.0 mL 汁液），用 100 mL 水分数次将样品转入 250 mL 容量瓶中。然后用碳酸钠（$NaCO_3$）溶液（150 g/L）调整样液至微酸性，置于 80 ℃ 水浴中加热 30 min。

冷却后滴加中性乙酸铅溶液（100 g/L）沉淀蛋白质等干扰物质，加至不再产生雾状沉淀为止。再加入同浓度的硫酸钠（Na_2SO_4）溶液以除去多余的铅盐。摇匀，用水定容至刻度，静置 15 ~ 20 min 后，用干燥滤纸过滤，滤液备用。

2）干果类样品。准确称取经干燥、粉碎过的均匀样品 5 ~ 10 g，置于 250 mL 锥形瓶中，加入乙醇（体积分数为 82%）50 mL，在 50 ℃ 水浴上加热 30 min（浸提过程中注意经常搅拌）。将上层清液过滤于干燥烧杯中，残渣留在锥形瓶内。再用乙醇同上法重复提取 2 ~ 3 次。然后用少量 50 ℃ 乙醇（体积分数为 82%）洗涤残渣，洗液合并于烧杯中。残渣可保留供测定淀粉用。

在水浴上蒸去提取液中的乙醇，然后加热水将提取物洗入 250 mL 容量瓶中。冷却后定容至刻度，用干燥滤纸过滤，滤液备用。用乙醇溶液作为提取剂时，因蛋白质溶出量很少，所以提取液不必除蛋白质。

（2）碱性酒石酸铜溶液的标定 准确吸取碱性酒石酸铜甲液和乙液各 5 mL，置于 250 mL 锥形瓶中，加水 10 mL，加入玻璃珠 3 粒。从滴定管中滴加 9 mL 葡萄糖标准溶液，加热使其在 2 min 之内沸腾，并保持沸腾 1 min，趁沸以 1 滴/2s 的速度继续用葡萄糖标准溶液滴定，直至蓝色刚好褪去为终点。记录消耗葡萄糖标准溶液的体积。平行操作 3 次，取其平均值。

计算每 10 mL（甲、乙液各 5mL）碱性酒石酸铜溶液相当于葡萄糖的质量：

$$P_2 = V \times P_1$$

式中　P_1——葡萄糖标准溶液的浓度，mg/mL；

　　　V——标定时消耗葡萄糖标准溶液的总体积，mL；

　　　P_2——10 mL 碱性酒石酸铜溶液相当于葡萄糖的质量，mg。

（3）样液的预测定 准确吸取碱性酒石酸铜甲液和乙液各 5 mL，置于 250 mL 锥形瓶中。加水 10 mL，加入玻璃珠 3 粒，加热使其在 2 min 之内沸腾，并保持沸腾 1 min，趁沸以先快后慢的速度从滴定管中滴加样液，滴定时必须始终保持溶液呈微沸腾状态。待溶液颜色变浅时，以 1 滴/2 s 的速度继续滴定，直至蓝色刚好褪去为终点。记录消耗样液的总体积。

（4）样液的测定 准确吸取碱性酒石酸铜甲液和乙液各 5 mL，置于 250 mL 锥形瓶中。

加水 10 mL，加入玻璃珠 3 粒，从滴定管中加入比预测定时少 1 mL 的样液，加热使其在 2 min 之内沸腾，并保持沸腾 1 min，趁沸以 1 滴/2 s 的速度继续滴定，直至蓝色刚好褪去为终点。记录消耗样液的总体积。同法平行操作 3 次，取其平均值。

4. 计算

$$W = \frac{P_2}{M \times \frac{V}{250} \times 1000} \times 100\%$$

式中　W——试样中还原糖（以葡萄糖计）的质量分数（%）；

　　　M——样品的质量，g；

　　　V——测定时平均消耗样液的体积，mL；

　　　P_2——10 mL 碱性酒石酸铜溶液相当于葡萄糖的质量，mg；

　　　250——样液的总体积，mL。

5. 注意事项

1）碱性酒石酸铜甲液、乙液应分别配制和储存，用时才混合。

2）碱性酒石酸铜的氧化能力较强，可将醛糖和酮糖都氧化，所以测得是总还原糖量。

3）本方法对糖进行定量的基础是碱性酒石酸铜溶液中二价铜（Cu^{2+}）的量，所以样品处理时不能采用硫酸铜-氢氧化钠作为澄清剂，以免样液中误入二价铜（Cu^{2+}），得出错误的结果。

4）在碱性酒石酸铜乙液中加入亚铁氰化钾是为了使所生成的氧化亚铜（$Cu_2O\downarrow$）的红色沉淀与之形成可溶性的无色络合物，使终点便于观察。

$$Cu_2O\downarrow + K_4Fe(CN)_6 + H_2O \xrightarrow{\triangle} K_2Cu_2Fe(CN)_6 + 2KOH$$

5）亚甲基蓝也是一种氧化剂，但在测定条件下其氧化能力比一价铜（Cu^+）弱，故还原糖先与二价铜（Cu^{2+}）反应，待二价铜（Cu^{2+}）完全反应后，稍过量的还原糖才会与亚甲基蓝发生反应，溶液蓝色消失，指示到达终点。

6）整个滴定过程必须在沸腾条件下进行，其目的是为了加快反应速度和防止空气进入，避免氧化亚铜和还原型的亚甲基蓝被空气氧化从而使得耗糖量增加。

7）测定中还原糖液浓度、滴定速度、热源强度及煮沸时间等对测定精密度有很大的影响。还原糖液浓度要求在 0.1% 左右，与标准葡萄糖溶液的浓度相近。继续滴定至终点的体积数应控制在 0.5 ~ 1 mL，以保证在 1 min 内完成继续滴定的工作。热源一般采用 800 W 电炉，热源和煮沸时间应严格按照操作规定执行，否则，加热至煮沸时间不同，蒸发量不同，反应液的碱度也不同，从而影响反应的速度、反应进行的程度及最终测定的结果。

8）预测定与正式测定的检测条件应一致。平行试验中消耗样液量应不超过 0.1 mL。

（二）高锰酸钾滴定法

1. 原理

高锰酸钾滴定法为还原糖的测定方法的经典的方法，为《食品中还原糖的测定》（GB 5009.7—2016）中的第二法。此方法的准确度和重现性都优于直接滴定法，适用于各类食品中还原糖的测定，有色样液不受限制，准确度高，重现性好。但此方法操作复杂、费时，需使用专用的检索表。

还原糖 + 碱性铜试剂→Cu_2O（沉淀）→过滤（古氏坩埚）→洗涤（热水，60 ℃）→溶解（酸性硫酸铁溶液）→Fe^{2+}（与Cu^{2+}等当量）→Fe^{3+}（用$KMnO_4$标准溶液滴定生成的Fe^{2+}，根据消耗的体积计算Cu_2O含量）。

$$Cu_2O + Fe_2(SO_4)_3 + H_2SO_4 = 2CuSO_4 + 2FeSO_4 + H_2O$$
$$10FeSO_4 + 2KMnO_4 + 8H_2SO_4 = 5Fe_2(SO_4)_3 + 2MnSO_4 + K_2SO_4 + 8H_2O$$

根据以上反应式，1 mol Cu^{2+}生成 2 mol Fe^{2+}，10 mol Fe^{2+}消耗 2 mol $KMnO_4$，故 1 mol Cu^{2+}相当于 1/5 mol $KMnO_4$。

2. 计算

1）计算还原糖时，先计算出生成的Cu_2O量，再根据糖量表（表 7-1）查出相应的还原糖量。

$$X_1 = c \times (V - V_0) \times 71.54$$

式中　X_1——样品中还原糖质量相当于氧化亚铜的质量，mg；

　　　　c——1/5 $KMnO_4$标准溶液的浓度，mol/L；

　　　　V——测定时样品液消耗高锰酸钾溶液的体积，mL；

　　　　V_0——试剂空白消耗高锰酸钾标准溶液的体积，mL；

71.54——1 mL、1 mol/L 1/5 $KMnO_4$溶液相当于氧化亚铜的质量，mg。

2）再计算样品中还原糖含量。

$$X_2 = \frac{A}{m \times (V_2/V_1) \times 1000} \times 100\%$$

式中　X_2——样品中还原糖的含量（%）；

　　　　A——氧化亚铜相当于还原糖的质量（可查表 7-1），mg；

　　　　m——样品质量，g；

　　　　V_1——样品处理液总体积，mL；

　　　　V_2——测定用样品溶液的总体积，mL。

表 7-1　相当于氧化亚铜质量的葡萄糖、果糖、乳糖、转化糖质量表

氧化亚铜	葡萄糖	果糖	乳糖（含水）	转化糖	氧化亚铜	葡萄糖	果糖	乳糖（含水）	转化糖
11.3	4.6	5.1	7.7	5.2	30.4	12.8	14.2	20.7	13.8
12.4	5.1	5.6	8.5	5.7	31.5	13.3	14.7	21.5	14.3
13.5	5.6	6.1	9.3	6.2	32.6	13.8	15.2	22.2	14.8
14.6	6.0	6.7	10.0	6.7	33.8	14.3	15.8	23.0	15.3
15.8	6.5	7.2	10.8	7.2	34.9	14.8	16.3	23.8	15.8
16.9	7.0	7.7	11.5	7.7	36.0	15.3	16.8	24.5	16.3
18.0	7.5	8.3	12.3	8.2	37.2	15.7	17.4	25.3	16.8
19.1	8.0	8.8	13.1	8.7	38.3	16.2	17.9	26.1	17.3
20.3	8.5	9.3	13.8	9.2	39.4	16.7	18.4	26.8	17.8
21.4	8.9	9.9	14.6	9.7	40.5	17.2	19.0	27.6	18.3
22.5	9.4	10.4	15.4	10.2	41.7	17.7	19.5	28.4	18.9
23.6	9.9	10.9	16.1	10.7	42.8	18.2	20.1	29.1	19.4
24.8	10.4	11.5	16.9	11.2	43.9	18.7	20.6	29.9	19.9
25.9	10.9	12.0	17.7	11.7	45.0	19.2	21.1	30.6	20.4
27.0	11.4	12.5	18.4	12.3	46.2	19.7	21.7	31.4	20.9
28.1	11.9	13.1	19.2	12.8	47.3	20.1	22.2	32.2	21.4
29.3	12.3	13.6	19.9	13.3	48.4	20.6	22.8	32.9	21.9

（续）

氧化亚铜	葡萄糖	果糖	乳糖（含水）	转化糖	氧化亚铜	葡萄糖	果糖	乳糖（含水）	转化糖
49.5	21.1	23.3	33.7	22.4	103.6	45.0	49.4	70.5	47.3
50.7	21.6	23.8	34.5	22.9	104.7	45.5	50.0	71.3	47.8
51.8	22.1	24.4	35.2	23.5	105.8	46.0	50.5	72.1	48.3
52.9	22.6	24.9	36.0	24.0	107.0	46.5	51.1	72.8	48.8
54.0	23.1	25.4	36.8	24.5	108.1	47.0	51.6	73.6	49.4
55.2	23.6	26.0	37.5	25.0	109.2	47.5	52.2	74.4	49.9
56.3	24.1	26.5	38.3	25.5	110.3	48.0	52.7	75.1	50.4
57.4	24.6	27.1	39.1	26.0	111.5	48.5	53.3	75.9	50.9
58.5	25.1	27.6	39.8	26.5	112.6	49.0	53.8	76.7	51.5
59.7	25.6	28.2	40.6	27.0	113.7	49.5	54.4	77.4	52.0
60.8	26.1	28.7	41.4	27.6	114.8	50.0	54.9	78.2	52.5
61.9	26.5	29.2	42.1	28.1	116.0	50.6	55.5	79.0	53.0
63.0	27.0	29.8	42.9	28.6	117.1	51.1	56.0	79.7	53.6
64.2	27.5	30.3	43.7	29.1	118.2	51.6	56.6	80.5	54.1
65.3	28.0	30.9	44.4	29.6	119.3	52.1	57.1	81.3	54.6
66.4	28.5	31.4	45.2	30.1	120.5	52.6	57.7	82.1	55.2
67.6	29.0	31.9	46.0	30.6	121.6	53.1	58.2	82.8	55.7
68.7	29.5	32.5	46.7	31.2	122.7	53.6	58.8	83.6	56.2
69.8	30.0	33.0	47.5	31.7	123.8	54.1	59.3	84.4	56.7
70.9	30.5	33.6	48.3	32.2	125.0	54.6	59.9	85.1	57.3
72.1	31.0	34.1	49.0	32.7	126.1	55.1	60.4	85.9	57.8
73.2	31.5	34.7	49.8	33.2	127.2	55.6	61.0	86.7	58.3
74.3	32.0	35.2	50.6	33.7	128.3	56.1	61.6	87.4	58.9
75.4	32.5	35.8	51.3	34.3	129.5	56.7	62.1	88.2	59.4
76.6	33.0	36.3	52.1	34.8	130.6	57.2	62.7	89.0	59.9
77.7	33.5	36.8	52.9	35.3	131.7	57.7	63.2	89.8	60.4
78.8	34.0	37.4	53.6	35.8	132.8	58.2	63.8	90.5	61.0
79.9	34.5	37.9	54.4	36.3	134.0	58.7	64.3	91.3	61.5
81.1	35.0	38.5	55.2	36.8	135.1	59.2	64.9	92.1	62.0
82.2	35.5	39.0	55.9	37.4	136.2	59.7	65.4	92.8	62.6
83.3	36.0	39.6	56.7	37.9	137.4	60.2	66.0	93.6	63.1
84.4	36.5	40.1	57.5	38.4	138.5	60.7	66.5	94.4	63.6
85.6	37.0	40.7	58.2	38.9	139.6	61.3	67.1	95.2	64.2
86.7	37.5	41.2	59.0	39.4	140.7	61.8	67.7	95.9	64.7
87.8	38.0	41.7	59.8	40.0	141.9	62.3	68.2	96.7	65.2
88.9	38.5	42.3	60.5	40.5	143.0	62.8	68.8	97.5	65.8
90.1	39.0	42.8	61.3	41.0	144.1	63.3	69.3	98.2	66.3
91.2	39.5	43.4	62.1	41.5	145.2	63.8	69.9	99.0	66.8
92.3	40.0	43.9	62.8	42.0	146.4	64.3	70.4	99.8	67.4
93.4	40.5	44.5	63.6	42.6	147.5	64.9	71.0	100.6	67.9
94.6	41.0	45.0	64.4	43.1	148.6	65.4	71.6	101.3	68.4
95.7	41.5	45.6	65.1	43.6	149.7	65.9	72.1	102.1	69.0
96.8	42.0	46.1	65.9	44.1	150.9	66.4	72.7	102.9	69.5
97.9	42.5	46.7	66.7	44.7	152.0	66.9	73.2	103.6	70.0
99.1	43.0	47.2	67.4	45.2	153.1	67.4	73.8	104.4	70.6
100.2	43.5	47.8	68.2	45.7	154.2	68.0	74.3	105.2	71.1
101.3	44.0	48.3	69.0	46.2	155.4	68.5	74.9	106.0	71.6
102.5	44.5	48.9	69.7	46.7	156.5	69.0	75.5	106.7	72.2

（续）

氧化亚铜	葡萄糖	果糖	乳糖（含水）	转化糖	氧化亚铜	葡萄糖	果糖	乳糖（含水）	转化糖
157.6	69.5	76.0	107.5	72.7	213.9	95.7	104.3	146.2	99.9
158.7	70.0	76.6	108.3	73.2	215.0	96.3	104.8	147.0	100.4
159.9	70.5	77.1	109.0	73.8	216.2	96.8	105.4	147.7	101.0
161.0	71.1	77.7	109.8	74.3	217.3	97.3	106.0	148.5	101.5
162.1	71.6	78.3	110.6	74.9	218.4	97.9	106.6	149.3	102.1
163.2	72.1	78.8	111.4	75.4	219.5	98.4	107.1	150.1	102.6
164.4	72.6	79.4	112.1	75.9	220.7	98.9	107.7	150.8	103.2
165.5	73.1	80.0	112.9	76.5	221.8	99.5	108.3	151.6	103.7
166.6	73.7	80.5	113.7	77.0	222.9	100.0	108.8	152.4	104.3
167.8	74.2	81.1	114.4	77.6	224.0	100.5	109.4	153.2	104.8
168.9	74.7	81.6	115.2	78.1	225.2	101.1	110.0	153.9	105.4
170.0	75.2	82.2	116.0	78.6	226.3	101.6	110.6	154.7	106.0
171.1	75.7	82.8	116.8	79.2	227.4	102.2	111.1	155.5	106.5
172.3	76.3	83.3	117.5	79.7	228.5	102.7	111.7	156.3	107.1
173.4	76.8	83.9	118.3	80.3	229.7	103.2	112.3	157.0	107.6
174.5	77.3	84.4	119.1	80.8	230.8	103.8	112.9	157.8	108.2
175.6	77.8	85.0	119.9	81.3	231.9	104.3	113.4	158.6	108.7
176.8	78.3	85.6	120.6	81.9	233.1	104.8	114.0	159.4	109.3
177.9	78.9	86.1	121.4	82.4	234.2	105.4	114.6	160.2	109.8
179.0	79.4	86.7	122.2	83.0	235.3	105.9	115.2	160.9	110.4
180.1	79.9	87.3	122.9	83.5	236.4	106.5	115.7	161.7	110.9
181.3	80.4	87.8	123.7	84.0	237.6	107.0	116.3	162.5	111.5
182.4	81.0	88.4	124.5	84.6	238.7	107.5	116.9	163.3	112.1
183.5	81.5	89.0	125.3	85.1	239.8	108.1	117.5	164.0	112.6
184.5	82.0	89.5	126.0	85.7	240.9	108.6	118.0	164.8	113.2
185.8	82.5	90.1	126.8	86.2	242.1	109.2	118.6	165.6	113.7
186.9	83.1	90.6	127.6	86.8	243.1	109.7	119.2	166.4	114.3
188.0	83.6	91.2	128.4	87.3	244.3	110.2	119.8	167.1	114.9
189.1	84.1	91.8	129.1	87.8	245.4	110.8	120.3	167.9	115.4
190.3	84.6	92.3	129.9	88.4	246.6	111.3	120.9	168.7	116.0
191.4	85.2	92.9	130.7	88.9	247.7	111.9	121.5	169.5	116.5
192.5	85.7	93.5	131.5	89.5	248.8	112.4	122.1	170.3	117.1
193.6	86.2	94.0	132.2	90.0	249.9	112.9	122.6	171.0	117.6
194.8	86.7	94.6	133.0	90.6	251.1	113.5	123.2	171.8	118.2
195.9	87.3	95.2	133.8	91.1	252.2	114.0	123.8	172.6	118.8
197.0	87.8	95.7	134.6	91.7	253.3	114.6	124.4	173.4	119.3
198.1	88.3	96.3	135.3	92.2	254.4	115.1	125.0	174.2	119.9
199.3	88.9	96.9	136.1	92.8	255.6	115.7	125.5	174.9	120.4
200.4	89.4	97.4	136.9	93.3	256.7	116.2	126.1	175.7	121.0
201.5	89.9	98.0	137.7	93.8	257.8	116.7	126.7	176.5	121.6
202.7	90.4	98.6	138.4	94.4	258.9	117.3	127.3	177.3	122.1
203.8	91.0	99.1	139.2	94.9	260.1	117.8	127.9	178.1	122.7
204.9	91.5	99.7	140.0	95.5	261.2	118.4	128.4	178.8	123.3
206.0	92.0	100.3	140.8	96.0	262.3	118.9	129.0	179.6	123.8
207.2	92.6	100.9	141.5	96.6	263.4	119.5	129.6	180.4	124.4
208.3	93.1	101.4	142.3	97.1	264.6	120.0	130.2	181.2	124.9
209.4	93.6	102.0	143.1	97.7	265.7	120.6	130.8	181.9	125.5
210.5	94.2	102.6	143.9	98.2	266.8	121.1	131.3	182.7	126.1
211.7	94.7	103.1	144.6	98.8	268.0	121.7	131.9	183.5	126.6
212.8	95.2	103.7	145.4	99.3	269.1	122.2	132.5	184.3	127.2

（续）

氧化亚铜	葡萄糖	果糖	乳糖（含水）	转化糖	氧化亚铜	葡萄糖	果糖	乳糖（含水）	转化糖
270.2	122.7	133.1	185.1	127.8	324.2	149.4	161.3	222.6	155.2
271.3	123.3	133.7	185.8	128.3	325.4	150.0	161.9	223.3	155.8
272.5	123.8	134.2	186.6	128.9	326.5	150.5	162.5	224.1	156.4
273.6	124.4	134.8	187.4	129.5	327.6	151.1	163.1	224.9	157.0
274.7	124.9	135.4	188.2	130.0	328.7	151.7	163.7	225.7	157.5
275.8	125.5	136.0	189.0	130.6	329.9	152.2	164.3	226.5	158.1
277.0	126.0	136.6	189.7	131.2	331.0	152.8	164.9	227.3	158.7
278.1	126.6	137.2	190.5	131.7	332.1	153.4	165.4	228.0	159.3
279.2	127.1	137.7	191.3	132.3	333.3	153.9	166.0	228.8	159.9
280.3	127.7	138.3	192.1	132.9	334.4	154.5	166.6	229.6	160.5
281.5	128.2	138.9	192.9	133.4	335.5	155.1	167.2	230.4	161.0
282.6	128.8	139.5	193.6	134.0	336.6	155.6	167.8	231.2	161.6
283.7	129.3	140.1	194.4	134.6	337.8	156.2	168.4	232.0	162.2
284.8	129.9	140.7	195.2	135.1	338.9	156.8	169.0	232.7	162.8
286.0	130.4	141.3	196.0	135.7	340.0	157.3	169.6	233.5	163.4
287.1	131.0	141.8	196.8	136.3	341.1	157.9	170.2	234.3	164.0
288.2	131.6	142.4	197.5	136.8	342.3	158.5	170.8	235.1	164.5
289.3	132.1	143.0	198.3	137.4	343.4	159.0	171.4	235.9	165.1
290.5	132.7	143.6	199.1	138.0	344.5	159.6	172.0	236.7	165.7
291.6	133.2	144.2	199.9	138.6	345.6	160.2	172.6	237.4	166.3
292.7	133.8	144.8	200.7	139.1	346.8	160.7	173.2	238.2	166.9
293.8	134.3	145.4	201.4	139.7	347.9	161.3	173.8	239.0	167.5
295.0	134.9	145.9	202.2	140.3	349.0	161.9	174.4	239.8	168.0
296.1	135.4	146.5	203.0	140.8	350.1	162.5	175.0	240.6	168.6
297.2	136.0	147.1	203.8	141.4	351.3	163.0	175.6	241.4	169.2
298.3	136.5	147.7	204.6	142.0	352.4	163.6	176.2	242.2	169.8
299.5	137.1	148.3	205.3	142.6	353.5	164.2	176.8	243.0	170.4
300.6	137.7	148.9	206.1	143.1	354.6	164.7	177.4	243.7	171.0
301.7	138.2	149.5	206.9	143.7	355.8	165.3	178.0	244.5	171.6
302.9	138.8	150.1	207.7	144.3	356.9	165.9	178.6	245.3	172.2
304.0	139.3	150.6	208.5	144.8	358.0	166.5	179.2	246.1	172.8
305.1	139.9	151.2	209.2	145.4	359.1	167.0	179.8	246.9	173.3
306.2	140.4	151.8	210.0	146.0	360.3	167.6	180.4	247.7	173.9
307.4	141.0	152.4	210.8	146.6	361.4	168.2	181.0	248.5	174.5
308.5	141.6	153.0	211.6	147.1	362.5	168.8	181.6	249.2	175.1
309.6	142.1	153.6	212.4	147.7	363.6	169.3	182.2	250.0	175.7
310.7	142.7	154.2	213.2	148.3	364.8	169.9	182.8	250.8	176.3
311.9	143.2	154.8	214.0	148.9	365.9	170.5	183.4	251.6	176.9
313.0	143.8	155.4	214.7	149.4	367.0	171.1	184.0	252.4	177.5
314.1	144.4	156.0	215.5	150.0	368.2	171.6	184.6	253.2	178.1
315.2	144.9	156.5	216.3	150.6	369.3	172.2	185.2	253.9	178.7
316.4	145.5	157.1	217.1	151.2	370.4	172.8	185.8	254.7	179.2
317.5	146.0	157.7	217.9	151.8	371.5	173.4	186.4	255.5	179.8
318.6	146.6	158.3	218.7	152.3	372.7	173.9	187.0	256.3	180.4
319.7	147.2	158.9	219.4	152.9	373.8	174.5	187.6	257.1	181.0
320.9	147.7	159.5	220.2	153.5	374.9	175.1	188.2	257.9	181.6
322.0	148.3	160.1	221.0	154.1	376.0	175.7	188.8	258.7	182.2
323.1	148.8	160.7	221.8	154.6	377.2	176.3	189.4	259.4	182.8

（续）

氧化亚铜	葡萄糖	果糖	乳糖（含水）	转化糖	氧化亚铜	葡萄糖	果糖	乳糖（含水）	转化糖
378.3	176.8	190.1	260.2	183.4	434.6	206.3	220.7	299.8	213.6
379.4	177.4	190.7	261.0	184.0	435.7	206.9	221.3	300.6	214.2
380.5	178.0	191.3	261.8	184.6	436.8	207.5	221.9	301.4	214.8
381.7	178.6	191.9	262.6	185.2	438.0	208.1	222.6	302.2	215.4
382.8	179.2	192.5	263.4	185.8	439.1	208.7	232.2	303.0	216.0
383.9	179.7	193.1	264.2	186.4	440.2	209.3	223.8	303.8	216.7
385.0	180.3	193.7	265.0	187.0	441.3	209.9	224.4	304.6	217.3
386.2	180.9	194.3	265.8	187.6	442.5	210.5	225.1	305.4	217.9
387.3	181.5	194.9	266.6	188.2	443.6	211.1	225.7	306.2	218.5
388.4	182.1	195.5	267.4	188.8	444.7	211.7	226.3	307.0	219.1
389.5	182.7	196.1	268.1	189.4	445.8	212.3	226.9	307.8	219.8
390.7	183.2	196.7	268.9	190.0	447.0	212.9	227.6	308.6	220.4
391.8	183.8	197.3	269.7	190.6	448.1	213.5	228.2	309.4	221.0
392.9	184.4	197.9	270.5	191.2	449.2	214.1	228.8	310.2	221.6
394.0	185.0	198.5	271.3	191.8	450.3	214.7	229.4	311.0	222.2
395.2	185.6	199.2	272.1	192.4	451.5	215.3	230.1	311.8	222.9
396.3	186.2	199.8	272.9	193.0	452.6	215.9	230.7	312.6	223.5
397.4	186.8	200.4	273.7	193.6	453.7	216.5	231.3	313.4	224.1
398.5	187.3	201.0	274.4	194.2	454.8	217.1	232.0	314.2	224.7
399.7	187.9	201.6	275.2	194.8	456.0	217.8	232.6	315.0	225.4
400.8	188.5	202.2	276.0	195.4	457.1	218.4	233.2	315.9	226.0
401.9	189.1	202.8	276.8	196.0	458.2	219.0	233.9	316.7	226.6
403.1	189.7	203.4	277.6	196.6	459.3	219.6	234.5	317.5	227.2
404.2	190.3	204.0	278.4	197.2	460.5	220.2	235.1	318.3	227.9
405.3	190.9	204.7	279.2	197.8	461.6	220.8	235.8	319.1	228.5
406.4	191.5	205.3	280.0	198.4	462.7	221.4	236.4	319.9	229.1
407.6	192.0	205.9	280.8	199.0	463.8	222.0	237.1	320.7	229.7
408.7	192.6	206.5	281.6	199.6	465.0	222.6	237.7	321.6	230.4
409.8	193.2	207.1	282.4	200.2	466.1	223.3	238.4	322.4	231.0
410.9	193.8	207.7	283.2	200.8	467.2	223.9	239.0	323.2	231.7
412.1	194.4	208.3	284.0	201.4	468.4	224.5	239.7	324.0	232.3
413.2	195.0	209.0	284.8	202.0	469.5	225.1	240.3	324.9	232.9
414.3	195.6	209.6	285.6	202.6	470.6	225.7	241.0	325.7	233.6
415.4	196.2	210.2	286.3	203.2	471.7	226.3	241.6	326.5	234.2
416.6	196.8	210.8	287.1	203.8	472.9	227.0	242.2	327.4	234.8
417.7	197.4	211.4	287.9	204.4	474.0	227.6	242.9	328.2	235.5
418.8	198.0	212.0	288.7	205.0	475.1	228.2	243.6	329.1	236.1
419.9	198.5	212.6	289.5	205.7	476.2	228.8	244.3	329.9	236.8
421.1	199.1	213.3	290.3	206.3	477.4	229.5	244.9	330.1	237.5
422.2	199.7	213.9	291.1	206.9	478.5	230.1	245.6	331.7	238.1
423.3	200.3	214.5	291.9	207.5	479.6	230.7	246.3	332.6	238.8
424.4	200.9	215.1	292.7	208.1	480.7	231.4	247.0	333.5	239.5
425.6	201.5	215.7	293.5	208.7	481.9	232.0	247.8	334.4	240.2
426.7	202.1	216.3	294.3	209.3	483.0	232.7	248.5	335.3	240.8
427.8	202.7	217.0	295.0	209.9	484.1	233.3	249.2	336.3	241.5
428.9	203.3	217.6	295.8	210.5	485.2	234.0	250.0	337.3	242.3
430.1	203.9	218.2	296.6	211.1	486.4	234.7	250.8	338.3	243.0
431.2	204.5	218.8	297.4	211.8	487.5	235.3	251.6	339.4	243.8
432.3	205.1	219.5	298.2	212.4	488.6	236.1	252.7	340.7	244.7
433.5	205.1	220.1	299.0	213.0	489.7	236.9	253.7	342.0	245.8

二、蔗糖的测定

蔗糖是非还原性双糖，不能用测定还原糖的方式直接测定，因此，蔗糖要先水解，水解后可生成等量的还原性的葡萄糖和果糖混合物，转化后按照还原糖进行测定。

1. 原理

经盐酸水解，蔗糖转化为还原糖，然后按还原糖测定方法分别测定水解前后样液中还原糖含量，两者之差即为由蔗糖水解产生的还原糖量，乘以一个换算系数 0.95 即为蔗糖的含量。

2. 仪器与试剂

1）酸式滴定管、可调式电炉。

2）盐酸（HCl）溶液（1＋1）。

3）1 g/L 甲基红指示剂：称取 0.1 g 甲基红，用体积分数为 60% 的乙醇溶解并定容到 100 mL。

4）200 g/L 氢氧化钠溶液：称取 20 g 氢氧化钠，加水溶解后放冷，并定容至 100 mL。

5）其他试剂同还原糖的测定。

3. 操作步骤

吸取样液两份各 50 mL，其中一份直接加至 100 mL 容量瓶中，用水稀释至刻度。另一份加入 5 mL HCl（1＋1），置 68～70 ℃ 水浴加热 15 min，冷却后加入 100 mL 容量瓶中并加两滴甲基红，用 20% NaOH 中和至中性，加水至刻度。

然后用直接滴定法或高锰酸钾法测定还原糖含量。

4. 计算

$$X = (X_2 - X_1) \times 0.95$$

式中　X——样品中蔗糖的含量（%）；

　　　X_2——水解处理后还原糖的含量（%）；

　　　X_1——不经水解处理的还原糖的含量（%）；

　0.95——还原糖（以葡萄糖计）换算成蔗糖的系数。

三、总糖的测定

园艺产品中含有许多糖类，通常只需要测定其总量，即为"总糖"。园艺产品中的总糖通常是指园艺产品中存在的具有还原性的或在测定条件下能水解为还原性单糖的碳水化合物总量。这里的总糖不包括淀粉，应与营养学上的总糖区分开来。

总糖的测定一般以还原糖的测定方法为基础，常采用直接滴定法。

1. 原理

总糖的测定原理同蔗糖的测定。

2. 测定

按测定蔗糖的方法水解样品，再测定还原糖量。

3. 计算

$$X = \frac{F}{m \times \dfrac{50}{V_1} \times \dfrac{V_2}{100}} \times 100\%$$

式中　X——样品中总糖的含量（以葡萄糖计，%）；

　　　　m——样品的质量，g；

　　　　F——10 mL 碱性酒石酸铜溶液相当于葡萄糖的质量，mg；

　　　　V_1——样品总体积，mL；

　　　　V_2——测定时消耗样品液体积，mL；

50/100——稀释比例。

四、淀粉的测定

淀粉是植物性食品的重要组成成分。淀粉是多糖类物质，可逐步水解为短链淀粉、糊精、麦芽糖、葡萄糖，可测定葡萄糖含量来计算出淀粉的含量。

（一）酶水解法

1. 原理

样品经去除脂肪及可溶性糖类后，其中的淀粉用淀粉酶水解成双糖，再用盐酸将双糖水解成单糖，最后按还原糖测定，并折算成淀粉含量。

2. 仪器与试剂

1）酸式滴定管、可调式电炉。

2）淀粉酶溶液（5 g/L）：称取淀粉酶 0.5 g，加 100 mL 水溶解，加入数滴甲苯或三氯甲烷防止长霉，储于 4 ℃ 冰箱中。

3）碘溶液：称取 3.6 g 碘化钾溶于 20 mL 水中，加入 1.3 g 碘，溶解后加水稀释至 100 mL。

4）乙醚。

5）乙醇（体积分数为 85%）。

6）其余试剂同"蔗糖的测定"

3. 操作步骤

称取 2.00 ~ 5.00 g 样品，置于放有折叠滤纸的漏斗上，先用 50 mL 乙醚分 5 次洗除脂肪，再用约 100 mL 乙醇（体积分数为 85%）洗去可溶性糖类，将残留物移入 250 mL 烧杯内，并用 50 mL 水洗涤滤纸及漏斗。洗液并入烧杯内，将烧杯置沸水浴上加热 15 min，使淀粉糊化，放冷至 60 ℃ 以下，加 20 mL 淀粉酶溶液，在 55 ~ 60 ℃ 保温 1 h，并不时搅拌。然后，取 1 滴此液，加 1 滴碘溶液，应不显现蓝色。若呈蓝色，再加热糊化并加 20 mL 淀粉酶溶液，继续保温直至加碘不显蓝色为止。加热至沸，冷却后移入 250 mL 容量瓶中，并加水至刻度，混匀，过滤。弃去初滤液，取 50 mL 滤液，置 250 mL 锥形瓶中，加 5 mL 盐酸（1 + 1），装上回流冷凝器。在沸水浴中回流 1 h，冷后加 2 滴甲基红指示液，用氢氧化钠溶液（200 g/L）中和至中性，溶液转入 100 mL 容量瓶中，洗涤锥形瓶，洗液并入 100 mL 容量瓶中，并加水至刻度，混匀备用。同时量取 50 mL 水及与样品处理时相同量的淀粉酶溶液，按同一方法做试剂空白试验。

4. 计算

$$X_1 = \frac{(A_1 - A_2) \times 0.9}{m_1 \times \dfrac{50}{250} \times \dfrac{V_1}{100} \times 1000} \times 100\%$$

式中　X_1——样品中淀粉的含量（%）；

A_1——测定用样品中还原糖的含量，mg；

A_2——试剂空白中还原糖的含量，mg；

0.9——还原糖（以葡萄糖计）换算成淀粉的换算系数；

m_1——样品质量，g；

V_1——测定用样品处理液的体积，mL。

5. 注意事项

1）淀粉酶能使淀粉水解为麦芽糖，具有专一性，但当温度过高（高于85 ℃）或有酸、碱存在时将失去活性。配制的酶溶液活性降低很快，需现用现配，并储存于冰箱中。

2）用乙醚除去脂肪，乙醇（体积分数为85%）除去可溶性糖类。

3）淀粉水解后的双糖为麦芽糖，所需酸水解条件较高，时间长，温度高。

4）校正系数0.9的由来：

$$(C_6H_{10}O_5)_n + nH_2O \longrightarrow nC_6H_{12}O_6$$

淀粉的实际含量 = 测得的还原糖的含量 $\times \dfrac{162}{180}$ = 测得的还原糖的含量 $\times 0.9$

（二）酸水解法

1. 原理

样品经除去脂肪及可溶性糖类后，其中淀粉用酸水解成具有还原性的单糖，然后按还原糖测定，并折算成淀粉。

2. 试剂

1）乙醚。

2）乙醇溶液（体积分数为85%）。

3）盐酸溶液（1+1）。

4）氢氧化钠溶液（400 g/L）。

5）甲基红乙醇指示溶液（2 g/L）。

6）乙酸铅溶液（200 g/L）。

7）硫酸钠溶液（100 g/L）。

3. 仪器

1）水浴锅。

2）高速组织捣碎机（120 r/min）。

3）皂化装置，并附250 mL锥形瓶。

4）精密pH试纸。

4. 操作步骤

（1）样品处理

1）粮食、豆类、糕点、饼干等较干燥的食品：称取2.00 ~ 5.00 g（磨碎过40目筛的样品），置于放有慢速滤纸的漏斗中，用30 mL乙醚分三次洗去样品中脂肪，弃去乙醚。再用150 mL乙醇溶液（体积分数为85%）分数次洗涤残渣，除去可溶性糖类物质，并滤干乙醇溶液。以100 mL水洗涤漏斗中残渣并转移至250 mL锥形瓶中，加30 mL盐酸（1+1），接好冷凝管，置沸水浴中回流2 h。回流完毕后，立即置流水中冷却，待样品水解液冷却后，加入2滴甲基红指示液，先以400 g/L氢氧化钠溶液调至黄色，再以盐酸（1+1）校正至水解液刚变红色。若水解液颜色较深，可用精密 pH 试纸测试，使样品水解液的 pH 约为 7。然后，加 20 mL 200 g/L 乙酸铅溶液，摇匀，放置 10 min。再加 20 mL 100 g/L 硫酸钠溶液以除去过多的铅，摇匀后将全部溶液及残渣转入 500 mL 容量瓶中，用水洗涤锥形瓶，洗液合并于容量瓶中，加水稀释至刻度。过滤，弃去初滤液 20 mL，滤液供测定用。

2）蔬菜、水果，各种粮豆含水熟食制品：按 1：1 加水，在组织捣碎机中捣成匀浆（蔬菜、水果需先洗净、晾干，取可食部分）。称取 5.00～10.00 g 匀浆（液体样品可直接量取）于 250 mL 锥形瓶中，加 30 mL 乙醚振摇提取（除去样品中脂肪），用滤纸过滤除去乙醚，再用 30 mL 乙醚淋洗两次，弃去乙醚，以下按 1）中的自"再用 150 mL 乙醇溶液（体积分数为 85%）分数次洗涤残渣"操作。

（2）测定

最后，按还原糖的测定方法操作。

5. 计算

$$X_2 = \frac{(A_3 - A_4) \times 0.9}{m_2 \times \frac{V_2}{500} \times 1000} \times 100\%$$

式中　X_2——样品中的淀粉含量（%）；

　　　A_3——测定用样品水解液中还原糖的含量，mg；

　　　A_4——试剂空白中的还原糖含量，mg；

　　　m_2——样品质量，g；

　　　V_2——测定用样品水解液体积，mL；

　　　500——样品液总体积，mL；

　　　0.9——还原糖（以葡萄糖计）折算成淀粉的换算系数。

6. 注意事项

1）利用盐酸对淀粉水解，可一次将淀粉水解至葡萄糖，较为简便易行。

2）盐酸水解淀粉的专一性较差，它可同时将样品中半纤维素水解，生成还原物质，引起还原糖测定的正误差，因此，此方法对含有半纤维高的食品，如食物壳皮、高粱、糖等，不宜采用。

3）回流装置的冷凝管应较长，以保证水解过程中盐酸不会挥发，保持一定的浓度。

五、膳食纤维的测定

纤维素是地球上最丰富的有机物质。膳食纤维是评定园艺产品的消化率品质的体现，虽然没有营养价值，但是在生物体内所起的作用是十分重要的。

膳食纤维指的是植物的可食部分，不能被人体小肠消化吸收，但对人体的健康有意义，聚合度大于或等于 3 的碳水化合物和木质素，包括纤维素、半纤维素、果胶、菊粉等。

1. 总的、可溶性和不溶性膳食纤维的测定

（1）原理　取干燥试样，经 α-淀粉酶、蛋白酶和葡萄糖苷酶酶解消化，去除蛋白质和淀粉，酶解后样液用乙醇沉淀、过滤，残渣用乙醇和丙酮洗涤，干燥后物质称重即为总膳食纤维（TDF）残渣；另取试样经上述三种酶酶解后直接过滤，残渣用热水洗涤，经干燥后称重，即得不溶性膳食纤维（IDF）残渣；滤液用 4 倍体积的 95% 乙醇沉淀、过滤、干燥后称重，得可溶性膳食纤维（SDF）残渣。以上所得残渣干燥称重后，分别测定蛋白质和灰分。总膳食纤维（TDF）、不溶性膳食纤维（IDF）和可溶性膳食纤维（SDF）的残渣扣除蛋白质、灰分和空白即可计算出试样中总的、不溶性和可溶性膳食纤维的含量。

本方法测定的总膳食纤维是指不能被淀粉酶、蛋白酶和葡萄糖苷酶酶解消化的碳水化合物聚合物，包括纤维素、半纤维素、木质素、果胶、部分回生淀粉、果聚糖及美拉德反应产物等；一些小分子（聚合度 3~12）的可溶性膳食纤维，如低聚果糖、低聚半乳糖、多聚葡萄糖、抗性麦芽糊精和抗性淀粉等，由于能部分或全部溶解在乙醇溶液中，本方法不能够准确测量。

（2）试剂和材料　除特殊说明外，本标准中实验室用水为二级水，电导率（25 ℃）≤0.10 mS/m，试剂为分析纯。

1）95%乙醇：分析纯。

2）85%乙醇溶液：取 895 mL 95%乙醇置 1 L 容量瓶中，用水稀释至刻度，混匀。

3）78%乙醇溶液：取 821 mL 95%乙醇置 1 L 容量瓶中，用水稀释至刻度，混匀。

4）热稳定 α-淀粉酶溶液：于 0~5 ℃ 冰箱储存。

5）0.05 mol/L MES-TRIS 缓冲液：称取 19.52 g MES 和 12.2 g TRIS，用 1.7 L 蒸馏水溶解，用 6 mol/L 氢氧化钠调 pH 至 8.2，加水稀释至 2 L。

注：一定要根据温度调 pH，24 ℃时调 pH 为 8.2，20 ℃时调 pH 为 8.3，28 ℃时调 pH 为 8.1；20 ℃ 和 28 ℃ 之间的偏差用内插法校正。

6）蛋白酶：用 MES-TRIS 缓冲液配成浓度为 50 mg/mL 的蛋白酶溶液，现用现配，于 0~5 ℃储存。

7）淀粉葡萄糖苷酶溶液：于 0~5 ℃储存。

8）酸洗硅藻土：取 200 g 硅藻土于 600 mL 和 2 mol/L 盐酸中，浸泡过夜，过滤，用蒸馏水洗至滤液为中性，置于 525 ℃±5 ℃ 马弗炉中灼烧出灰分后备用。

9）重铬酸钾洗液：100 g 重铬酸钾，用 200 mL 蒸馏水溶解，加入 1800 mL 浓硫酸混合。

10）MES：2-（N-吗啉代）乙烷磺酸（$C_6H_{13}NO_4S \cdot H_2O$）。

11）TRIS：三羟甲基氨基甲烷（$C_4H_{11}NO_3$）。

12）3 mol/L 乙酸（HAC）溶液：取 172 mL 乙酸，加入 700 mL 水，混匀后用水定容至 1 L。

13）0.4 g/L 溴甲酚绿溶液：称取 0.1 g 溴甲酚绿于研钵中，加 1.4 mL 0.1 mol/L 氢氧化钠研磨，加少许水继续研磨，直至完全溶解，用水稀释至 250 mL。

14）石油醚：沸程 30~60 ℃。

15）丙酮（CH_3COCH_3）。

（3）仪器

1）高型无导流口烧杯：400 mL 或 600 mL。

2）坩埚：具粗面烧结玻璃板，孔径为 40~60 μm（国产型号为 G2 坩埚）。坩埚预处理：坩埚在马弗炉中 525 ℃ 灰化 6 h，炉温降至 130 ℃ 以下取出，在室温下于洗液中浸泡 2 h，分别用水和蒸馏水冲洗干净，最后用 15 mL 丙酮冲洗后风干。加入约 1.0 g 硅藻土，130 ℃烘至恒重。取出坩埚，在干燥器中冷却约 1 h，称重，记录坩埚加硅藻土质量，精确到 0.1 mg。

3）真空装置：真空泵或有调节装置的抽吸器。

4）振荡水浴：有自动计时和停止功能的计时器，控温范围为 58 ~ 100 ℃。

5）分析天平：灵敏度为 0.1 mg。

6）马弗炉：能控温 525 ℃ ±5 ℃。

7）烘箱：105 ℃，130 ℃ ±3 ℃。

8）干燥器：二氧化硅或同等的干燥剂。干燥剂每两周于 130 ℃ 中烘干过夜一次。

9）pH 计：具有温度补偿功能，用 pH 4.0、pH 7.0 和 pH 10.0 标准缓冲液校正。

（4）操作步骤

1）样品制备。膳食纤维测定前应先脱脂。脱脂方法为：若样品中脂肪含量 > 10%，正常粉碎困难，可用石油醚脱脂，每次每克试样用 25 mL 石油醚，连续 3 次，然后再干燥粉碎。要记录由石油醚造成的试样损失，最后在计算膳食纤维含量时进行校正。

将样品混匀后，70 ℃ 真空干燥过夜，然后置干燥器中冷却，干样粉碎后过 0.3 ~ 0.5 mm 筛。若样品不能受热，则采取冷冻干燥后再粉碎过筛。

若样品糖含量高，测定前要先进行脱糖处理。按每克试样加 85% 乙醇 10 mL 处理样品 2 ~ 3 次，40 ℃ 下干燥过夜。粉碎过筛后的干样存放于干燥器中待测。

2）试样酶解。每次分析试样要同时做 2 个试剂空白。

准确称取双份样品（m_1 和 m_2）1.0000 g ± 0.0020 g，把称好的试样置于 400 mL 或 600 mL 高型无导流口烧杯中，加入 pH 8.2 的 MES-TRIS 缓冲液 40 mL，用磁力搅拌直至试样完全分散在缓冲液中（避免形成团块，试样和酶不能充分接触）。

热稳定 α-淀粉酶酶解：加 50 µL 热稳定 α-淀粉酶溶液缓慢搅拌，然后用铝箔将烧杯盖住，置于 95 ~ 100 ℃ 的恒温振荡水浴中持续振摇，当温度升至 95 ℃ 开始计时，通常总反应时间为 35 min。之后，将烧杯从水浴中移出，冷却至 60 ℃，打开铝箔盖，用刮勺将烧杯内壁的环状物及烧杯底部的胶状物刮下，用 10 mL 蒸馏水冲洗烧杯壁和刮勺。然后进行蛋白酶酶解。在每个烧杯中各加入（50 mg/mL）蛋白酶溶液 100 µL，盖上铝箔，继续水浴振摇，水温达 60 ℃ 时开始计时，在 60 ℃ ±1 ℃ 条件下反应 30 min。之后，打开铝箔盖，边搅拌边加入 3 mol/L 乙酸溶液 5 mL。溶液 60 ℃ 时，调 pH 约为 4.5（以 0.4 g/L 溴甲酚绿为外指示剂）。注意一定要在 60 ℃ 时调 pH，温度低于 60 ℃ 则 pH 升高。每次都要检测空白的 pH，若所测值超出要求范围，同时也要检查酶解液的 pH 是否合适。之后进行淀粉葡萄糖苷酶酶解。边搅拌边加入 100 µL 淀粉葡萄糖苷酶溶液，盖上铝箔，持续振摇，水温到 60 ℃ 时开始计时，在 60 ℃ ±1 ℃ 条件下反应 30 min。

（5）测定

1）总膳食纤维的测定。首先，在每份试样中加入预热至 60 ℃ 的 95% 乙醇 225 mL（预热以后的体积），乙醇与样液的体积比为 4：1，取出烧杯，盖上铝箔，室温下沉淀 1 h。之后，用 78% 乙醇 15 mL 将称重过的坩埚中的硅藻土润湿并铺平，抽滤去除乙醇溶液，使坩埚中硅藻土在烧结玻璃滤板上形成平面。乙醇沉淀处理后的样品酶解液倒入坩埚中过滤，用刮勺和 78% 乙醇将所有残渣转至坩埚中。分别用 78% 乙醇、95% 乙醇和丙酮 15 mL 洗涤残渣各 2 次，抽滤去除洗涤液后，将坩埚连同残渣在 105 ℃ 烘干过夜。将坩埚置干燥器中冷却 1 h，称重（包括坩埚、膳食纤维残渣和硅藻土），精确至 0.1 mg。减去坩埚和硅藻土的干重，计算残渣质量。

接着进行蛋白质和灰分的测定。称重后的试样残渣，测定氮（N），以 N × 6.25 为换算系数，计算蛋白质质量；测定灰分，即在 525 ℃灰化 5 h，于干燥器中冷却，精确称量坩埚总质量（精确至 0.1 mg），减去坩埚和硅藻土质量，计算灰分质量。

2）不溶性膳食纤维的测定。仍旧准确称取双份样品（m_1 和 m_2） 1.0000 g ± 0.0020 g，把称好的试样置于 400 mL 或 600 mL 高型无导流口烧杯中，加入 pH 8.2 的 MES-TRIS 缓冲液 40 mL，用磁力搅拌直至试样完全分散在缓冲液中（避免形成团块，试样和酶不能充分接触）。之后进行热稳定 α-淀粉酶酶解，将酶解液转移至坩埚中过滤。过滤前用 3 mL 水润湿硅藻土并铺平，抽去水分使坩埚中的硅藻土在烧结玻璃滤板上形成平面。之后将试样酶解液全部转移至坩埚中过滤，残渣用 70 ℃热蒸馏水 10 mL 洗涤 2 次，合并滤液，转移至另外一个 600 mL 高型无导流口烧杯中，备测可溶性膳食纤维。残渣分别用 78% 乙醇、95% 乙醇和丙酮 15 mL 各洗涤 2 次，抽滤去除洗涤液，并洗涤干燥称重，洗涤方法和总膳食纤维的测定洗涤方法一样，记录残渣质量。测定蛋白质和灰分，方法同"总膳食纤维的测定"

3）可溶性膳食纤维的测定。将不溶性膳食纤维过滤后的滤液收集到 600 mL 高型无导流口烧杯中，通过称"烧杯 + 滤液"总质量、扣除烧杯质量的方法估算滤液的体积。之后，在滤液中加入 4 倍体积预热至 60 ℃的 95% 的乙醇，室温下沉淀 1 h。以下测定按总膳食纤维步骤进行。

（6）计算

1）空白的质量计算：

$$m_B = \frac{m_{BR_1} + m_{BR_2}}{2} - m_{P_B} - m_{A_B}$$

式中　　m_B——空白的质量，mg；

m_{BR_1} 和 m_{BR_2}——双份空白测定的残渣质量，mg；

m_{P_B}——残渣中蛋白质的质量，mg；

m_{A_B}——残渣中灰分的质量，mg。

2）膳食纤维的含量计算：

$$X = \frac{\left[(m_{R_1} + m_{R_2})/2\right] - m_P - m_A - m_B}{(m_1 + m_2)/2} \times 100\%$$

式中　　X——膳食纤维的含量，g/100 g；

m_{R_1} 和 m_{R_2}——双份试样残渣的质量，mg；

m_P——试样残渣中蛋白质的质量，mg；

m_A——试样残渣中灰分的质量，mg；

m_B——空白的质量，mg；

m_1 和 m_2——试样的质量，mg。

计算结果保留到小数点后两位。

总膳食纤维（TDF）、不溶性膳食纤维（IDF）、可溶性膳食纤维（SDF）均用此式计算。

（7）精密度　在重复性条件下获得的两次独立测定结果的绝对差值不得超过算术平均值的 10%。

2. 不溶性膳食纤维的测定

（1）原理　在中性洗涤剂的消化作用下，试样中的糖、淀粉、蛋白质、果胶等物质被溶解除去，不能消化的残渣为不溶性膳食纤维，主要包括纤维素、半纤维素、木质素、角质和二氧化硅等，还包括不溶性灰分。

（2）试剂

1）无水硫酸钠、石油醚（沸程 30～60 ℃）、丙酮、甲苯。

2）中性洗涤剂溶液：将 18.61 g EDTA 二钠盐和 6.81 g 四硼酸钠（含 $10H_2O$）置于烧杯中，加水约 150 mL，加热使之溶解，将 30 g 月桂基硫酸钠（化学纯）和 10 mL 乙二醇独乙醚（化学纯）溶于约 700 mL 热水中，合并上述两种溶液，再将 4.56 g 无水磷酸氢二钠溶于 150 mL 热水中，再并入上述溶液中，用磷酸调节上述混合液至 pH 6.9～7.1，最后加水至 1 000 mL。

3）磷酸盐缓冲液：由 38.7 mL 0.1 mol/L 磷酸氢二钠和 61.3 mL 0.1 mol/L 磷酸二氢钠混合而成，pH 为 7.0。

4）2.5% α-淀粉酶溶液：称取 2.5 g α-淀粉酶溶于 100 mL、pH 7.0 的磷酸盐缓冲溶液中，离心、过滤，滤过的酶液备用。

（3）仪器

1）烘箱、恒温箱（37 ℃±2 ℃）、纤维测定仪。

注：如没有纤维测定仪，可由下列部件组成。

① 电热板：带控温装置。

② 高型无导流口烧杯：600 mL。

③ 坩埚式耐热玻璃滤器：60 mL。

④ 回流冷凝装置。

⑤ 抽滤装置：由抽滤瓶、抽滤垫及水泵组成。

2）耐热玻璃棉（耐热并不易折断的玻璃棉）。

（4）操作发骤

1）试样的处理。蔬菜及其他植物性食品：取其可食部分，用水冲洗 3 次后，用纱布吸去水滴，切碎，取混合均匀的样品于 60 ℃烘干，称量并计算水分含量，磨粉：过 20～30 目筛，备用。或者，鲜试样用纱布吸取水滴，打碎、混合均匀后备用。

2）测定。准确称取试样 0.5～1.0 g，置高型无导流口烧杯中，若试样脂肪含量超过 10%，需先去脂肪。例如，1.0 g 试样用石油醚（30～60 ℃）提取 3 次，每次 10 mL。加 100 mL 中性洗涤剂溶液，再加 0.5 g 无水亚硫酸钠。电炉加热，5～10 min 内使其煮沸，移至电热板上，保持微沸 1 h。在耐热玻璃滤器中，铺 1～3 g 耐热玻璃棉，移至烘箱内，110 ℃烘 4 h，取出置干燥器中冷至室温，称量，得 m_1（准确至小数点后四位）。将煮沸后试样趁热倒入滤器，用水泵抽滤。用 500 mL 热水（90～100 ℃）分数次洗烧杯及滤器，抽滤至干。洗净滤器下部的液体和泡沫，塞上橡皮塞。在滤器中加酶液体，液面需覆盖纤维，用细针挤压掉其中气泡，加数滴甲苯，上盖表玻皿，37 ℃恒温箱中过夜。取出滤器，除去底部塞子，抽滤去酶液，并用 300 mL 热水分数次洗去残留酶液，用碘液检查是否有淀粉残留，如有残留，继续加酶水解，如淀粉已除尽，抽干，再以丙酮洗 2 次。将滤器置烘箱中，110 ℃烘 4 h，取出，置干燥器中，冷至室温，称量，得 m_2（准确至小数点后四位）。

（5）计算

$$X = \frac{m_1 - m_2}{m} \times 100\%$$

式中　X——试样中不溶性膳食纤维的含量（％）；

m_2——滤器加耐热玻璃棉及试样中纤维的质量，g；

m_1——滤器加玻璃棉的质量，g；

m——样品的质量，g。

计算结果保留到小数点后两位。

在重复性条件下获得的两次独立测定结果的绝对差值不得超过算术平均值的10％。

六、果胶的测定

在可食的植物中，有许多蔬菜、水果含有果胶，果胶也是一种高分子化合物，化学组成包括半乳糖醛酸等。果胶水解后，产生果胶酸和果酸，果胶有一个重要的特性就是胶凝（凝冻）。测定方法有三种：重量法、咔唑比色法、容量法。此处主要介绍前两种方法。

（一）重量法

1. 原理

利用果胶酸钙不溶于水的特性，先使果胶质从样品中提取出来，再加沉淀剂使果胶酸钙沉淀，测定重量并换算成果胶质重量。沉淀剂＋果胶→果胶酸钙。

采用的沉淀剂有两种：①电介质，如 NaCl、$CaCl_2$；②有机溶液：甲醇、乙醇、丙酮。

聚半乳糖醛酸酯化程度为20％时，水溶性差，易沉淀的果胶酸用 NaCl 为沉淀剂；聚半乳糖醛酸酯化程度为50％时，水溶性大，难沉淀的果胶酸用 $CaCl_2$ 为沉淀剂；聚半乳糖醛酸酯化程度为100％时，用有机溶剂为沉淀剂。

这说明了聚半乳糖醛酸酯化程度大、水溶性就大，脂化程度会高，酒精浓度也应会大。

2. 操作步骤

称30～50 g（干样5～10 g）于250 mL 烧杯→加150 mL 水→煮沸1 h（搅拌加水解免损失）→冷却→定溶→250 mL→抽滤→吸滤液25 mL→于500 mL 烧杯→加100 mL 0.1 mol/L NaOH→放30 min→加50 mL 1 mol/L 醋酸→加50 mL 2 mol/L $CaCl_2$→放1 h→沸腾5 min→用烘至恒重的滤纸过滤→用热水洗至无 Cl^-→把滤纸和残渣放于烘干恒重的称量瓶内→105 ℃烘至恒重。

3. 计算（有两种表示法，一种用果胶酸钙表示，另一种用果胶酸表示）

$$果胶酸钙（\%） = \frac{M_1 - M_2}{M \times V_1/V} \times 100\%$$

$$果胶酸含量 = 0.9233 \times 果胶酸钙（\%）$$

式中　M_1——果胶酸钙和滤纸（或玻璃砂芯漏斗）的质量，g；

M_2——滤纸（或玻璃砂芯漏斗）的质量，g；

M——样品质量，g；

V_1——测定时取果胶提取液的体积，mL；

V——果胶提取液的总体积，mL；

0.9233——果胶酸钙换算成果胶质的系数。

（二）咔唑比色法

1. 原理

咔唑比色法基于果胶物质水解，生成物半乳糖醛酸在强酸中与咔唑的缩合反应，然后对其紫红色溶液进行比色定量测定。生成紫红色物质与半乳糖醛酸浓度成正比。

2. 试剂

1）浓硫酸、乙醇溶液（体积分数为 95%）、0.5 mol/L 硫酸溶液。

2）0.15% 咔唑溶液：0.15 g 咔唑溶解于乙醇溶液（体积分数为 95%）中。

3）半乳糖醛酸标准溶液（75 μg/mL）：称取 7.5 mg 半乳糖醛酸，用水定容至 100 mL。

3. 操作步骤

1）制作半乳糖醛酸标准曲线。准确称取 α-D-水解半乳糖醛酸 100 mg，溶解于蒸馏水，并定容至 100 mL，混合后得 1 mg/mL 的半乳糖醛酸原液。移取上述原液 1.0 mL、2.0 mL、3.0 mL、4.0 mL、5.0 mL、6.0 mL、7.0 mL，分别注入 100 mL 容量瓶中，稀释至刻度，即得一系列浓度为 10 μg/mL、20 μg/mL、30 μg/mL、40 μg/mL、50 μg/mL、60 μg/mL、70 μg/mL 的半乳糖醛酸标准溶液。取 30 mm×200 mm 的硬质大试管 7 支，用吸管注入浓硫酸各 12 mL。置冰水浴中冷却，边冷却边分别沿壁徐徐加入上述不同浓度的半乳糖醛酸标准溶液各 2 mL，充分混合后，再置冰水浴中冷却。然后，在沸水浴中加热 10 min，冷却至室温后，加入 1.5 g/L 咔唑溶液各 1 mL，充分混合。另以蒸馏水代替半乳糖醛酸标准溶液，依上法同样处理作为试剂空白。室温下放置 30 min 后，用 721 型分光光度计在波长 530 nm 下分别测定其吸光度（A），以测得的吸光度（A）为纵坐标，每毫升标准溶液中半乳糖醛酸的含量为横坐标，制作标准曲线。

2）样品处理和提取参考重量法。吸取果胶提取液并用水稀释至适宜浓度，然后移取稀释液 2 mL，按照标准曲线的制作步骤进行测定，并由标准曲线查出果胶稀释液中半乳糖醛酸的浓度（μg/mL）。

3）计算

$$X = \frac{C \times V \times K}{M \times 10^6} \times 100\%$$

式中 X——样品中果胶物质（以半乳糖醛酸计）的质量分数（%）；

C——从标准曲线上查得的半乳糖醛酸浓度，μg/mL；

V——果胶提取液的总体积，mL；

K——提取液的稀释倍数；

M——样品质量，g。

任务五 园艺产品中维生素的测定

维生素是调节人体各种新陈代谢过程必不可少的重要营养素。如果人体从膳食中摄入维生素的量不足或机体由于某种原因吸收或合成发生障碍时，就会引起各种维生素缺乏症。近几年，已经查明仅有少数几种维生素可以在体内合成，大多数维生素都必须由食物供给。

一、维生素 A 的测定

紫外分光光度法不必加显色剂显色，可直接测定维生素 A 的含量，对维生素 A 含量低的样品也可以测出可信结果，操作简便、快速。

1. 原理

维生素 A 为脂溶性的，测定维生素 A 时必须先将样品中的脂肪抽提出来进行皂化，萃取不皂化部分，再经柱层析除去杂质等干扰物质，在 325 nm 波长下测定，求出含量。

2. 主要仪器

分光光度计、回流冷凝装置。

3. 主要试剂

1）维生素 A 标准溶液：视黄醇（纯度 85%）或视黄醇乙酸乙酯（纯度 90%）经皂化处理后使用。取脱醛乙醇溶液维生素 A 标准品，使其浓度大约为 1 mg/mL 视黄醇。临用前以紫外分光光度法标定其准确浓度。

2）无水乙醇：不含醛类物质，否则应进行脱醛处理。取 2 g 硝酸银溶于少量水中。取 4 g 氢氧化钠溶于温乙醇中。将两者倾入盛有 1 L 乙醇的试剂瓶中，震荡后，暗处放置 2 天（不时严冬，促进反应）。取上清液蒸馏，弃去初馏液 50 mL。如若乙醇中含醛类较多，可适当增加硝酸银的用量。

3）异丙醇。

4. 操作步骤

（1）**标准溶液的绘制**　分别取维生素 A 标准溶液（每毫升含 10IU 1IU = 0.3 μg 视黄醇当量）0.0 mL、1.0 mL、2.0 mL、3.0 mL、4.0 mL、5.0 mL 于 10 mL 棕色容量瓶中，用异丙醇定容。以空白液调仪器零点，于紫外分光光度计上在 325 nm 处测定其吸光度，从标准曲线上查出相当的维生素 A 含量。

（2）**样品测定**　称取适量的样品进行皂化。提取、洗涤、脱水、蒸发溶剂后，迅速用异丙醇溶解并移入 50 mL 容量瓶中，用异丙醇定容，于紫外分光光度计 325 nm 处测定其吸光度，从标准曲线上查出相当的维生素 A 含量。

1）皂化：称取 0.5 ~ 5 g 经组织捣碎机捣碎或充分混匀的样品于锥形瓶中，加入 10 mL 1:1 氢氧化钾及 20 ~ 40 mL 乙醇，在电热板上回流 30 min。加入 10 mL 水，稍稍振摇，若无混浊现象，表示皂化完全。

2）提取：将皂化液移入分液漏斗。先用 30 mL 水分两次冲洗皂化瓶（如有渣子，用脱脂棉滤入分液漏斗），再用 50 mL 乙醚分两次冲洗皂化瓶，所有洗液并入分液漏斗中，振摇 2 min（注意放气），提取不皂化部分。静止分层后，水层放入第二个分液漏斗。皂化瓶再用 30 mL 乙醚分两次冲洗，洗液倾入第二个分液漏斗，振摇后静止分层，将水层放入第三个分液漏斗，醚层并入第一个分液漏斗。如此重复操作，直至醚层不再使三氯化锑-三氯甲烷溶液呈蓝色为止。

3）洗涤：在第一个分液漏斗中加入 30 mL 水，轻轻振摇，静止片刻后，放入水层。再加入 15 ~ 20 mL 0.5 mol/L 的氢氧化钾溶液，轻轻振摇后弃去下层碱液（除去醚溶性酸皂）。继续用水洗涤，至水洗液不再使酚酞变红为止。醚液静置 10 ~ 20 min 后，小心放掉析出的水。

4）浓缩：将醚液经过无水硫酸钠滤入锥形瓶中，再用约 25 mL 乙醚冲洗分液漏斗和硫酸钠两次，洗液并入锥形瓶内。于水浴中蒸馏，回收乙醚。待瓶中剩约 5 mL 乙醚时取下。减压抽干，立即准确加入一定量三氯甲烷（约 5 mL），使溶液中维生素 A 含量在适宜浓度范围内（3 ~ 5 μg/mL）。

5. 计算

$$维生素\,A\,(IU/100g) = \frac{C \times V}{m} \times 100\%$$

式中　C——由标准曲线查得的维生素 A 含量，IU/mL；

　　　V——样品的异丙醇溶液体积，mL；

　　　m——样品质量，g。

二、β-胡萝卜素的测定

胡萝卜素是广泛存在于有色蔬菜和水果中的天然色素，有很多异构体及衍生物，总称为类胡萝卜素。它是维生素 A 的前体，是保健食品的重要成分，6 μg β-胡萝卜素相当于 1 μg 维生素 A。

胡萝卜素是一种植物色素，常与叶绿素、叶黄素等共存于植物中，这些色素都能被有机溶剂提取。因此，测定时必须将其与其他色素分离开来，常用的分离方法有纸层析法、柱层析法和薄层层析法。

测定园艺产品中的胡萝卜素的方法为纸层析法。

1. 原理

以丙酮和石油醚提取样品中的胡萝卜素及其他植物色素，以石油醚为展开剂进行纸层析，胡萝卜素极性最小，移动速度最快，从而与其他色素分开。剪下含胡萝卜素的区带，用脱洗剂将胡萝卜素洗下，用分光光度计在 450 nm 波长下进行比色测定。

2. 试剂

1）丙酮。

2）石油醚：沸程 30～60 ℃（以下用石油醚 A 表示）和沸程 60～90 ℃（以下用石油醚 B 表示）。

3）丙酮-石油醚混合液：3 + 7（V/V）。

4）无水硫酸钠：不应有吸附胡萝卜素的能力，每用一批新的无水硫酸钠都要检查。

5）滤纸或脱脂棉：不应吸附胡萝卜素。

6）氢氧化钾溶液：1 + 1（m/V）。

7）氧化镁：通过 80～100 目筛，在 800 ℃灼烧 3 h 活化。

8）无水乙醇：不含醛类物质。脱醛方法见维生素 A 的测定。

9）酚酞指示剂（10 g/L）。

10）丙酮-石油醚 B：5 + 95（V/V）。

11）胡萝卜素标准溶液：准确称取 β-胡萝卜素 50 mg，加少量氯仿溶解，用石油醚稀释至 50 mL。分取此溶液 1 mL，用石油醚稀释至 100 mL，此溶液每毫升含 β-胡萝卜素 10 μg，临用前配制。

3. 仪器

1）玻璃层析缸。

2）旋转蒸发器，配 150 mL 球形瓶。

3）皂化回流装置。

4）恒温水浴锅。

5）点样器或微量注射器。

6）分光光度计。

7）滤纸。

4. 操作步骤

（1）**样品采集**　取可食部分用水冲洗三次后，用纱布吸取水滴，切碎，匀浆，储于塑料瓶中，冰箱冷藏备用。

（2）**样品提取**

1）蒸汽处理样品2～5 min，以破坏其中可能含有的氧化酶，然后切碎或捣碎。

2）称取1～5 g样品（含胡萝卜素50～100 μg），匀浆，置100 mL锥形瓶中，加入丙酮50 mL和石油醚5 mL，振荡1 min，静置5 min。

对于含植物油和高脂肪的样品，需先皂化：取适量样品（＜10 g），加脱醛乙醇30 mL，再加10 mL氢氧化钾溶液（1＋1），回流加热30 min，然后用冰水使之迅速冷却，皂化后样品用石油醚提取，直至提取液无色为止。

注意：不是所有的样品均进行皂化处理。但是许多植物性样品由于细胞壁较厚，在匀浆或研磨过程中不易完全破坏，使胡萝卜素释放不完全。并且，尽管植物性样品中脂肪含量较少，但仍含有脂质成分，如果不进行皂化，会出现提取不完全和提取时出现乳化现象；浓缩时残留脂质，使定容体积不准确；纸层析展开不完全，造成测定结果偏移。所以，建议除酒类、饮料外的所有样品均进行皂化处理。

3）将提取液转入盛有100 mL 5%硫酸钠的分液漏斗中，再在锥形瓶中加入10 mL丙酮-石油醚混合液，振荡1 min，静置5 min，将提取液转并入分液漏斗中。如此提取2～3次，直至提取液无色。

（3）**洗涤**　将提取液静置分层，弃去下层水溶液。反复用5%硫酸钠溶液洗涤振荡，每次约15 mL，直至下层水溶液清亮。将皂化后的样品提取液用水洗涤至中性。将提取液通过盛有10 g无水硫酸钠的小漏斗，漏入球形瓶，用少量石油醚分数次洗净分液漏斗和无水硫酸钠层内的色素，洗涤液并入球形瓶内（注：经过无水硫酸钠辅助过滤，提取液中应不含水分）。

（4）**浓缩与定容**　将上述球形瓶内的提取液于旋转蒸发器上减压蒸发，水浴温度为60 ℃，蒸发至约1 mL时，取下球形瓶，用氨气吹干，立即加入2 mL石油醚定容，备层析用。

（5）**纸层析**（图7-6）

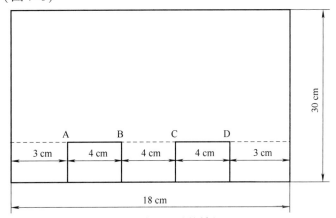

图7-6　纸层析

1）点样：在 18 cm×30 cm 滤纸下端距底边 4 cm 处做一基线，在基线上取 A、B、C、D 四点，吸取 0.100～0.400 mL 浓缩液在 A 与 B 及 C 与 D 间迅速点样（注：保持滤纸干燥，点样应该快速细致，在基线上形成细窄直线）。

2）展开：待纸上所点样液自然挥发干后，将滤纸卷成圆筒状，置于预先用石油醚饱和的层析缸中，进行上行展开（注：层析缸应事先用石油醚饱和，并且防止水分进入）。

3）洗脱：待胡萝卜素与其他色素完全分开后，取出滤纸，自然挥干石油醚，将位于展开剂前沿的胡萝卜素层析带剪下，立即放入盛有 5 mL 石油醚的具塞试管中，用力振摇，使胡萝卜素完全溶入试剂中。

（6）比色测定　用 1 cm 比色杯，以石油醚为调零点，于 450 nm 波长下测吸光度，以其值从标准曲线上查出 β-胡萝卜素的含量，供计算时用。

5. 标准曲线的绘制

吸取 β-胡萝卜素标准液 0.1 mL、0.2 mL、0.4 mL、0.6 mL、0.8 mL、1.0 mL，以石油醚定容至 10 mL，分别于 450 nm 波长处测定吸收度，绘制标准曲线。

6. 计算

$$X = \frac{C \times V}{M} \times 100\%$$

式中　X——样品中胡萝卜素的含量，mg/100 g；

　　　C——由标准曲线上查得的胡萝卜素的含量，mg/mL；

　　　V——定容的体积，mL；

　　　M——样品的质量，g。

7. 注意

1）此法测定结果为总胡萝卜素的含量，即包括 α-胡萝卜素、β-胡萝卜素、γ-胡萝卜素。但是，果蔬中以 β-胡萝卜素的含量最高，因此，此法在用于园艺类产品的测定时，结果仅指 β-胡萝卜素。

2）胡萝卜素见光易被破坏，所以应在较暗环境下操作。

三、维生素 C 的测定

维生素 C 是显示抗坏血酸生物活性的化合物的统称，有抗坏血病的作用，主要为还原型及脱氢型两种，广泛存在于新鲜果蔬及其他绿色植物中，柑橘、鲜枣、番茄、辣椒、猕猴桃、山楂等果蔬中含量较多，野生果实如沙棘、刺梨含量较多。它是氧化还原酶之一，本身易被氧化，但在某些条件下又是一种抗氧化剂。

从化学结构来看，维生素 C 是一种不饱和的 L-糖酸内酯，它的一个显著特性是极易氧化脱氢，成为脱氢抗坏血酸。脱氢抗坏血酸在生物体内又可还原为抗坏血酸，故仍具有生理活性。但脱氢抗坏血酸不稳定，易发生不可逆反应，生成无生理活性的 2,3-二酮古洛糖酸。在维生素 C 的测定中将上述三者合计称为总维生素 C，而将前两者合计称为有效维生素 C。

目前，国内测定维生素 C 的常见方法有：苯肼比色法、荧光法、靛酚滴定法、高效果液相色谱法等。靛酚滴定法测定的是还原型抗坏血酸，该法简便，也较灵敏，但特异性差，样品中的其他还原性物质（如 Fe^{2+}、Sn^{2+}、Cu^{2+} 等）会干扰测定，使测定值偏高，并且对深色样液滴定终点不易辨别。苯肼比色法和荧光法测得的都是抗坏血酸和脱氢抗坏血酸的总量。苯肼比色法操作复杂，特异性较差，易受共存物质的影响，结果中包括2,3-二酮古洛糖酸，故测定值往往偏高。荧光法受干扰的影响较小，并且结果不包括2,3-二酮古洛糖酸，故准确度较高，重现性好，灵敏度与苯肼比色法基本相同，但操作较复杂。高效液相色谱法可以同时测得抗坏血酸和脱氢抗坏血酸的含量，具有干扰少、准确度高、重现性好，以及灵敏、简便、快速等优点，是上述几种方法中最先进、最可靠的方法。下面介绍靛酚滴定法。

1. 原理

2,6-二氯靛酚是一种染料，其颜色反应表现为两种特性。一是取决于氧化还原状态，氧化态为深蓝色，还原态为无色；二是受其介质酸度的影响，在碱性介质中呈深蓝色，在酸性介质中呈浅红色。

还原型抗坏血酸能还原染料2,6-二氯靛酚（DCPIP），本身则氧化为脱氢型。在酸性溶液中，2,6-二氯靛酚呈浅红色，还原后变为无色。因此，当用此染料滴定含有维生素C的酸性溶液时，维生素C尚未全部被氧化前，则滴下的染料立即被还原成无色。一旦溶液中的维生素C全部被氧化，则滴下的染料立即使溶液变成浅红色。所以，当溶液从无色变成浅红色时即表示溶液中的维生素C刚刚全部被氧化，此时即为滴定终点。如无其他杂质干扰，样品提取液所还原的标准染料量与样品中所含还原型抗坏血酸量成正比，反应如下。

2. 试剂

1）10 g/L 草酸溶液、20 g/L 草酸溶液、10 g/L 淀粉溶液、60 g/L 碘化钾溶液。

2）0.000 167 mol/L 碘酸钾标准溶液的配制：精确称取干燥的碘酸钾 0.3567 g，用水稀释至 100 mL，取出 1 mL，用水稀释至 100 mL，此溶液 1 mL 相当于抗坏血酸0.088mg。此溶液用于抗坏血酸标准溶液的配置。

3）抗坏血酸标准溶液：准确称取 20 mg 抗坏血酸，溶于 10 g/L 草酸溶液中，并稀释至 100 mL，置冰箱中保存。用时取出 5 mL，置于 50 mL 容量瓶。用 10 g/L 草酸溶液定容，配成 0.02 mg/mL 的标准溶液。

① 标定：吸取此标准液 5 mL 于锥形瓶中，加入 60 g/L 碘化钾溶液 0.5 mL、10 g/L 淀粉溶液 3 滴，以 0.001 mol/L 碘酸钾标准溶液滴定，终点为浅蓝色。

② 计算：

$$c = \frac{V_1 \times 0.088}{V_2}$$

式中　c——抗坏血酸标准溶液的浓度，mg/mL；

　　　V_1——滴定时消耗 0.001 mol/L 碘酸钾标准溶液的体积，mL；

　　　V_2——滴定时所取抗坏血酸的体积，mL；

　0.088——1 mL 0.001 mol/L 碘酸钾标准溶液相当于抗坏血酸的量，mg/mL。

4）2,6-二氯靛酚溶液的配制：称取 2,6-二氯靛酚 50 mg，溶于 200 mL 含有 52 mg 碳酸氢钠的热水中，待冷，置冰箱中过夜。次日过滤于 250 mL 棕色容量瓶中，定容，在冰箱中保存。每星期标定一次。

① 标定：取 5 mL 已知浓度的抗坏血酸标准溶液，加入 10 g/L 的草酸溶液 5 mL，摇匀，用 2,6-二氯靛酚溶液滴定至溶液呈浅红色，在 15 s 内不褪色为终点。

② 计算：

$$T = \frac{c_1 \times V_3}{V_4}$$

式中　T——每毫升染料溶液相当于抗坏血酸的毫克数，mg/mL；

　　　c_1——抗坏血酸的浓度，mg/mL；

　　　V_3——抗坏血酸标准溶液的体积，mL；

　　　V_4——消耗 2,6-二氯靛酚的体积，mL；

3. 操作步骤

（1）提取

1）鲜样制备：称 100 g 鲜样，加等量的 20 g/L 草酸溶液，倒入组织捣碎机中打成匀浆。取 10~40 g 匀浆（含抗坏血酸 1~2 mg）于 100 mL 容量瓶内，用 10 g/L 草酸稀释至刻度，混合均匀。

2）干样制备：称 1~4 g 干样（含 1~2 mg 抗坏血酸）放入乳钵内，加 10 g/L 草酸溶液磨成匀浆，倒入 100 mL 容量瓶中，用 10 g/L 草酸稀释至刻度。过滤上述样液，不易过滤的可用离心机沉淀后倾出上清液，过滤备用。

（2）滴定　吸取 5~10 mL 滤液。置于 50 mL 锥形瓶中，快速用 2,6-二氯靛酚溶液滴定，直到红色不能立即消失，而后再尽快地一滴一滴加入（样品中可能存在其他还原性杂质，但一般杂质还原染料的速度均比抗坏血酸慢），以呈现的浅红色在 15 s 内不消失为终点。同时做空白试验。

4. 结果计算

$$X = \frac{(V - V_0) \times T}{m} \times 100\%$$

式中　X——样品中抗坏血酸的含量，mg/100 g；

　　　T——每毫升染料溶液相当于抗坏血酸标准溶液的量，mg/mL；

　　　V——滴定样液时消耗染料的体积，mL；

　　　V_0——滴定空白时消耗染料的体积，mL；

　　　m——滴定时所取滤液中含有样品的质量，mg。

5. 注意事项

1）所有试剂的配制最好都用重蒸馏水。

2）滴定时，可同时吸两个样品。一个滴定，另一个作为观察颜色变化的参考。

3）样品进入实验室后，应浸泡在已知量的 2% 草酸液中，以防氧化而损失维生素 C。

4）储存过久的罐头食品，可能含有大量的低铁离子（Fe^{2+}），要用 8% 醋酸代替 2% 草酸。这时如用草酸，低铁离子可以还原 2,6-二氯靛酚，使测定数值偏高，使用醋酸可以避免这种情况的发生。

5）整个操作过程中要迅速，避免还原型抗坏血酸被氧化。

6）在处理各种样品时，如遇有泡沫产生，可加入数滴辛醇消除。

7）测定样液时，需做空白对照，样液滴定体积扣除试剂空白滴定体积。

任务六　园艺产品中矿物元素的测定

园艺产品种类繁多、成分复杂、矿物元素的含量范围大，每种矿物元素又有很多检验的方法，并且各种方法各具特点。

一、钙的测定

钙的测定主要有高锰酸钾滴定法、EDTA 络合滴定法、原子吸收分光光度法，这三种中最经典的是高锰酸钾滴定法，此方法虽具有较高精确度，但需要经过很多步骤，费时费力。目前，广泛应用的是 EDTA 络合滴定法和原子吸收分光光度法。

（一）EDTA 络合滴定法

1. 原理

根据钙与氨羧络合剂能定量地形成金属络合物，该络合物的稳定性较钙与指示剂所形成的络合物强。在一定的 pH 范围内，以氨羧络合剂 EDTA 滴定，在达到化学计量点时，EDTA 就从指示剂络合物中夺取钙离子，使溶液呈现游离指示剂的颜色。由 EDTA 消耗量计算出钙的含量。

2. 试剂

1）1.25 mol/L 氢氧化钾溶液：精确称取 70.13 g 氢氧化钾，用去离子水稀释至 1000 mL。

2）混合酸消化液：硝酸与高氯酸以体积比 4∶1 混合。

3）EDTA 溶液：精确称取 4.50 g EDTA（乙二胺四乙酸二钠），用去离子水稀释至 1000 mL 储存于聚乙烯瓶中，4 ℃ 保存。使用时稀释 10 倍即可。

4）钙标准溶液：精确称取 0.1248 g 碳酸钙（纯度大于 99.99%，105 ~ 110 ℃ 烘干 2 h），加 20 mL 去离子水及 3 mL 0.5 mol/L 盐酸溶解，移入 500 mL 容量瓶中，加去离子水稀释至刻度，储存于聚乙烯瓶中，4 ℃ 保存。此溶液每毫升相当于 100 μg 钙。

5）钙红指示剂：称取 0.1 g 钙红指示剂（$C_{21}O_7N_2SH_{14}$），用去离子水稀释至 100 mL，溶解后即可使用。储存于冰箱中可保持一个半月以上。

3. 仪器

1）玻璃仪器：高型烧杯（250 mL）、微量滴定管（1 mL 或 2 mL）、碱式滴定管（50 mL）、刻度吸管（0.5 ~ 1 mL）、试管等。

2）电热板：1000 ~ 3000 W，消化样品用。

4. 操作步骤

（1）样品处理

1）样品制备：每种样品采集的总重量不得少于 1.5 kg，样品必须打碎混匀后再称重。鲜样（如蔬菜、水果等）应先用水冲洗干净后，再用去离子水充分洗净，晾干后打碎称重。所有样品应放在塑料瓶或玻璃瓶中于 4 ℃或室温下保存。

2）样品消化：准确称取样品干样 0.3 ~ 0.7 g，湿样 1.0 g 左右，饮料等其他液体样品 1.0 ~ 2.0 g，然后将其放入 50 mL 消化管中，加混合酸 15 mL 左右，过夜。次日，将消化管放入消化炉中，消化开始时可将温度调低（约 130 ℃），然后逐步将温度调高（最终调至 200 ℃左右）进行消化，一直消化到样品冒白烟并使之变成无色或黄绿色为止。若样品未消化好可再加几毫升混合酸，直到消化完全。消化完后，待凉，再加 5 mL 去离子水，继续加热，直到消化管中的液体约剩 2 mL，取下，放凉，然后转移至 10 mL. 试管中，再用去离子水冲洗消化管 2 ~ 3 次，并最终定容至 10 mL。样品进行消化时，应同时进行空白消化。

（2）标定 EDTA 浓度　吸取 0.5 mL 钙标准溶液，以 EDTA 滴定，标定 EDTA 的浓度，根据滴定结果计算出每毫升 EDTA 相当于钙的毫克数，即滴定度（T）

（3）样品及空白滴定　吸取 0.1 ~ 0.5 mL（根据钙的含量而定）样品消化液及空白于试管中，加 1 滴氰化钠溶液和 0.1 mL 柠檬酸钠溶液，用滴定管加 1.5 mL 1.25 mol/L 氢氧化钾溶液，加 3 滴钙红指示剂，立即以稀释 10 倍的 EDTA 溶液滴定，至指示剂由紫红色变蓝色为止。

5. 计算

$$X = \frac{T \times (V - V_0) \times f \times 100}{m}$$

式中　X——样品中元素含量，mg/100 g；

　　　T——EDTA 滴定度，mg/mL；

　　　V——滴定样品时消耗 EDTA 的体积，mL；

　　　V_0——滴定空白时消耗 EDTA 的体积，mL；

　　　f——样品的稀释倍数；

　　　m——样品质量，g。

6. 注意事项

1）样品处理要防止污染，所用器皿均应使用塑料或玻璃制品，使用的试管、器皿均应在使用前泡酸，并用去离子水冲洗干净，干燥后使用。

2）样品消化时，注意酸不要烧干，以免发生危险。

3）加指示剂后不要等太久，最好加后立即滴定。

4）加氰化钠和柠檬酸钠的目的是除去其他离子的干扰。

5）滴定时的 pH 为 12 ~ 24。

6）实验室平行测定或连续两次测定结果的重复性小于 10%。本方法的检测范围为 5 ~ 50 g。

（二）原子吸收分光光度法

1. 原理

用干灰化或湿消化后的样品测定液导入原子吸收分光光度计中，经火焰原子化后，吸收 422.7 nm 的共振线，根据吸收量的大小与钙的含量成正比的关系，与标准系列比较定量分析。

本法适用于果蔬产品在内的该类食品中钙、镁、钾、钠等的测定。

2. 试剂

1）盐酸。

2）硝酸。

3）高氯酸。

4）混合酸消化液：硝酸 + 高氯酸 = 4 + 1。

5）0.5 mol/L 硝酸溶液：量取 32 mL 硝酸，加去离子水并稀释至 1000 mL。

6）20 g/L 氧化镧溶液：称取 23.45 g 氧化镧（纯度大于 99.99%），先用少量水湿润再加 75 mL 盐酸于 1000 mL 容量瓶中，加去离子水稀释至刻度。

7）钙标准储备溶液：准确称取 1.2486 g 碳酸钙（纯度大于 99.99%），加 50 mL 去离子水，加盐酸溶解，移入 1000 mL 容量瓶中，加 20 g/L 氧化镧溶液稀释至刻度。储存于聚乙烯瓶内，4 ℃保存。此溶液每毫升相当于 500 μg 钙。

8）钙标准使用液：钙标准使用液的配制见表 7-2。钙标准使用液配制后储存于聚乙烯瓶内，4 ℃保存。

表 7-2　钙标准使用液配制

元　素	标准储备溶液浓度/（μg/mL）	吸取储备标准溶液量/mL	稀释体积（容量瓶）/mL	标准使用液浓度/（μg/mL）	稀释溶液
钙	500	5.0	100	25	20 g/L 氧化镧溶液

3. 主要仪器

原子吸收分光光度计。

4. 操作步骤

1）试样制备：微量元素分析的试样制备过程中应特别注意防止各种污染。所用设备，如电磨匀浆器、打碎机等必须是不锈钢制品。所用容器必须使用玻璃或聚乙烯制品，做钙的测定的试样不得使用石磨研碎。鲜样（如蔬菜、水果）先用自来水冲洗干净后，要用去离子水充分洗净。干粉类试样取样后立即装容器密封保存，防止空气中的灰尘和水分污染。

2）试样消化：精确称取均匀干试样 0.5 ~ 1.5 g（湿样 2.0 ~ 4.0 g，饮料等液体试样 5.0 ~ 10.0 g）于 250 mL 烧杯中，加混合酸消化液 20 ~ 30 mL，上盖表面皿。置于电热板或沙浴上加热消化。如未消化好而酸液过少时，再补加几毫升混合酸消化液，继续加热消化，直至无色透明为止。加几毫升水，加热以除去多余的硝酸。待烧杯中液体接近 2 ~ 3 mL 时，取下冷却。用 20 g/L 氧化镧溶液洗并转移于 10 mL 刻度试管中，并定容至刻度。

取与消化试样相同量的混合酸消化液，按上述操作做试剂空白试验测定。

3）测定：将钙标准使用液分别配制不同浓度系列的标准稀释液，见表 7-3。

表 7-3　不同浓度系列标准稀释液的配制方法

元　素	使用液浓度 /（μg/mL）	吸取使用液量 /mL	稀释体积 /mL	标准系列浓度 /（μg/mL）	稀 释 溶 液
钙	25	1	50	0.5	20 g/L 氧化镧溶液
		2		1	
		3		1.5	
		4		2	
		6		3	

原子吸收分光光度计测定操作参数见表 7-4。

表 7-4　原子吸收分光光度计测定操作参数

元素	波长/nm	光源	火焰	标准系列浓度范围/（μg/mL）	稀释溶液
钙	422.7	可见光	空气-乙炔	0.5 ~ 3.0	20 g/L 氧化镧溶液

将消化好的试样液、试剂空白液和钙元素的标准浓度系列分别导入火焰进行测定。

5. 计算

$$X = \frac{(c_1 - c_0) \times V \times f \times 1000}{m \times 1000}$$

式中　X——试样中元素的含量，mg/100 g；

　　　c_1——测定用样品液中元素的浓度，μg/mL；

　　　c_0——试剂空白液中元素的浓度，μg/mL；

　　　m——试样质量，g；

　　　V——试样定容体积，mL；

　　　f——稀释倍数。

6. 注意事项

1）所用玻璃仪器均以硫酸-重铬酸钾洗液浸泡数小时，再用洗衣粉充分洗刷，后用水反复冲洗，最后用去离子水反复冲洗，晒干或烘干后方可使用。

2）精密度：在重复性条件下获得的两次独立测定结果的绝对差值不得超过算术平均值的 10%。

二、铁的测定

主要介绍火焰原子吸收光谱法

1. 原理

本法测铁含量可参考《食品中铁的测定》（GB 5009.90—2016），试样消解后，经原子吸收火焰原子化，在 248.3 nm 处测定吸光度值。在一定浓度范围内，铁的吸光度值与铁含量成正比，与标准系列比较定量。

2. 主要试剂

1）硝酸溶液（5 + 95）：量取 50 mL 硝酸，倒入 950 mL 水中，混匀。硝酸溶液（1 + 1）：量取 250 mL 硝酸，倒入 250 mL 水中，混匀。

2）硫酸（1 + 3）：量取 50 mL 硫酸，缓慢倒入 150 mL 水中，混匀

3）高氯酸（$HClO_4$）。

4）铁标准储备液（1000 mg/L）：准确称取 0.8631 g（精确至 0.0001 g）硫酸铁铵，加水溶解，加 1.00 mL 硫酸溶液（1 + 3），移入 100 mL 容量瓶，加水定容至刻度。混匀。此铁溶液质量浓度

5）铁标准中间液（100 mg/L）：准确吸取铁标准储备液（1000 mg/L）10 mL 于 100 mL 容量瓶中，加硝酸溶液（5 + 95）定容至刻度，混匀。此铁溶液质量浓度为 100 mg/L。

6）铁标准使用液：分别准确吸取铁标准中间液（100 mg/L）0 mL、0.50 mL、1.00 mL、2.00 mL、4.00 mL、6.00 mL 于 100 mL 容量瓶中，加硝酸溶液（5 + 95）定容至刻度，混匀。此铁标准系列溶液中铁的质量浓度分别为 0 mg/L、0.50 mg/L、1.00 mg/L、2.00 mg/L、4.00 mg/L、6.00 mg/L 可根据仪器的灵敏度及样品中铁的实际含量确定标准溶液系列中铁的具体浓度。

3. 仪器

所有玻璃器皿及聚四氟乙烯消解内罐均需硝酸溶液（1 + 5）浸泡过夜，用自来水反复冲洗，最后用水冲洗干净。

1）原子吸收光谱仪：配火焰原子化器，铁空心阴极灯。

2）分析天平：感量 0.1 mg 和 1 mg。

3）微波消解仪：配聚四氟乙烯消解内罐。

4）可调式电热炉。

5）可调式电热板。

6）压力消解罐：配聚四氟乙烯消解内罐。

7）恒温干燥箱。

8）马弗炉。

4. 操作步骤

（1）**样品湿法消化** 准确称取固体试样 0.5 ~ 3 g（精确至 0.001 g）或准确移取液体试样 1.00 ~ 5.00 mL 于带刻度消化管中，加入 10 mL 硝酸和 0.5 mL 高氯酸，在可调式电热炉上消解（参考条件：120℃/0.5 ~ 1 h、升至 180℃/2 ~ 4 h、升至 200 ~ 220℃）。若消化液呈棕褐色，再加硝酸，消解至冒白烟，消化液呈无色透明或略带黄色，取出消化管，冷却后将消化液转移至 25 mL 容量瓶中，用少量水洗涤 2 ~ 3 次，合并洗涤液于容量瓶中并用水定容至刻度，混匀备用。同时做试样空白试验。还可采用锥形瓶，于可调式电热板上，按上述操作方法进行湿法消解。

（2）**样品测定** 将处理好的样品溶液、试剂空白液和铁标准溶液分别导入火焰原子化器进行测定。记录其对应的吸光度，与标准曲线比较定量。

三、碘的测定

以下主要介绍氯仿萃取比色法。

1. 原理

样品在碱性条件下灰化，碘被有机物还原成碘离子，碘离与碱金属离子结合成碘化物，碘化物在酸性条件下与重铬酸钾作用，定量析出碘。当用氯仿萃取时，碘溶于氯仿中呈粉红色。当碘含量低时，溶液颜色的深浅与碘的含量成正比，与标准系列比较定量。

2. 试剂

1）氢氧化钾（10 mol/L）。

2）氯仿。

3）浓硫酸。

4）0.02 mol/L 重铬酸钾溶液。

5）碘标准储备液：称取 0.1308 g 在 105 ℃ 烘干 1 h 的碘化钾于烧杯中，加少量水溶解，移入 100 mL 容量瓶中，加水定容至刻度，摇匀。此溶液每 1 mL 含碘 100 μg。

6）碘标准使用液：用水稀释碘标准储备液，使溶液每毫升含碘 10 μg。

3. 仪器

可见分光光度计、恒温干燥箱、马弗炉。

4. 测定步骤

（1）样品处理　准确称取 2~3 g 样品中坩埚中，加入 5 mL 10 mol/L 氢氧化钾，烘干、炭化、灰化（500 ℃），冷却。取出后加水 10 mL，加热溶解，分次洗涤坩埚，转移到 50 mL 容量瓶中，定容，摇匀。

（2）标准曲线绘制　准确吸取 10 μg/mL 碘标液 0 mL、2 mL、4 mL、6 mL、8 mL、10 mL 于分液漏斗中，加水至 40 mL，加入 2 mL 浓硫酸和 15 mL 0.02 mol/L 重铬酸钾，摇匀后静置 30 min，加入氯仿 10 mL，振摇 1 min，静置分层后通过棉花将氯仿层过滤于 1 cm 比色皿中，在波长 510 nm 处测吸光度，绘制标准曲线。

（3）样品测定　吸 5~10 mL 样液于 125 mL 分液漏斗中，以下步骤同"（2）标准曲线绘制"，测吸光度，与标准系列比较定量。

5. 结果计算

$$X = \frac{M_0}{M \times (V/V_0)}$$

式中　X——碘含量，mg/kg；

　　M_0——在标准曲线中查得测定用样品溶液中碘含量，μg；

　　V——测定时吸取样品溶液的体积，mL；

　　V_0——样品溶液总体积，mL；

　　M——样品的质量，g。

6. 注意事项

1）灰化样品时，加入氢氧化钾的作用是使碘形成难挥发的碘化钾，防止碘在高温灰化时挥发损失。

2）本方法操作简便、显色稳定、重现性好。

参 考 文 献

[1] 高锦明. 植物化学 [M]. 北京：科学出版社，2003.

[2] 高金燕，陈红兵. 芹菜中活性成分的研究进展 [J]. 中国食物与营养，2005（7）：28-31.

[3] 张立新，杭瑚，王宗花，等. 某些常见蔬菜抗氧化活性的研究 [J]. 食品科学，1999（11）：21-23.

[4] 赵长琦，许有玲. 抗肿瘤植物药及其有效成分 [M]. 北京：中国中医药出版社，1997.

[5] 夏延斌. 食品化学 [M]. 北京：中国轻工业出版社，2001.

[6] 唐传核. 植物功能性食品 [M]. 北京：化学工业出版社，2004.

[7] 王威，王春利. 从山楂叶中提取黄酮类物质及其鉴定方法 [J]. 食品科学，1994（3）：53-55.

[8] 陈尚武，马会勤，陈雷，等. 葡萄酒中的白藜芦醇及其衍生物 [J]. 食品与发酵工业，1999（4）：53-55.

[9] 王建新. 天然活性化妆品 [M]. 北京：中国轻工业出版社，1997.

[10] 王贺祥. 食用菌学 [M]. 北京：中国农业大学出版社，2004.

[11] 郑建仙. 功能性食品（第一卷）[M]. 北京：中国轻工业出版社，1995.

[12] 江文德. 大豆中的异黄酮 [J]. 台湾食品工业，1998，30（9）：6-12.

[13] 郑建仙. 植物活性成分开发 [M]. 北京：中国轻工业出版社，2005.

[14] 程双奇，陈兆平. 营养学 [M]. 广州：华南理工大学出版社，1999.

[15] 邓泽元，乐国伟. 食品营养学 [M]. 南京：东南大学出版社，2007.

[16] 刘宏振. 吃与健康 [M]. 北京：人民卫生出版社，2005.

[17] 赵霖，鲍善芬. 蔬菜营养健康 [M]. 北京：人民卫生出版社，2009.

[18] 中国营养学会. 中国居民膳食指南（2011 版）[M]. 西藏：西藏人民出版社，2010.

[19] 段振离. 平衡膳食吃出健康 [M]. 郑州：中原农民出版社，2005.

[20] 刘爱月. 食品营养与卫生 [M]. 2 版. 大连：大连理工大学出版社，2012.

[21] 蒋爱民，赵丽琴. 食品原料学 [M]. 南京：东南大学出版社，2007.

[22] 潘静娴. 园艺产品贮藏加工学 [M]. 北京：中国农业大学出版社，2007.

[23] 范志红. 食物营养与配餐 [M]. 北京：中国农业大学出版社，2010.